计算机应用基础

杨奔全　左　靖　主编

北京理工大学出版社
BEIJING INSTITUTE OF TECHNOLOGY PRESS

内 容 简 介

本书是根据教育部计算机基础课程教学指导委员会提出的《计算机应用基础》课程教学大纲，并结合大学生的特点与人才培养要求而编写的。

全书共 6 章，其中，第 1 章为信息基础知识；第 2 章为 Windows 7 操作系统；第 3 章为字处理；第 4 章为电子表格；第 5 章为演示文稿；第 6 章为数据库基础。本书将理论知识和操作技能融为一体，注重实际操作的章节内容先用案例分析引导，以此提出问题和任务，然后再对理论知识和操作技巧进行详细讲解。

本书内容编排采取由浅入深、循序渐进的方式，尽量突出适用性、实用性和新颖性，适合作为高等职业技术学院计算机基础课程教材，也可作为全国计算机等级考试和自学考试用书。

图书在版编目（CIP）数据

计算机应用基础/杨奔全，左靖主编 . —北京：北京理工大学出版社，2014.9（2021.1重印）
ISBN 978 - 7 - 5640 - 9793 - 6

Ⅰ.①计…　Ⅱ.①杨…②左…　Ⅲ.①电子计算机 - 高等职业教育 - 教材　Ⅳ.①TP3

中国版本图书馆 CIP 数据核字（2014）第 216242 号

出版发行／北京理工大学出版社有限责任公司

社　　　址／北京市海淀区中关村南大街 5 号

邮　　　编／100081

电　　　话／（010）68914775（总编室）
　　　　　　82562903（教材售后服务热线）
　　　　　　68948351（其他图书服务热线）

网　　　址／http：//www. bitpress. com. cn

经　　　销／全国各地新华书店

印　　　刷／唐山富达印务有限公司

开　　　本／787 毫米×1092 毫米　1/16

印　　　张／17.5

字　　　数／405 千字

版　　　次／2014 年 9 月第 1 版　2021 年 1 月第 7 次印刷

定　　　价／44.80 元

责任编辑／高　芳
文案编辑／高　芳
责任校对／周瑞红
责任印制／李志强

前言
Preface

随着我国信息技术教育的日益普及和推广，大学新生计算机知识的起点也越来越高，大学计算机基础课程的教学已经不再是零起点，很多学生在中学或者高中阶段都系统地学习了计算机基础知识，并具备相当的操作和应用能力，新一代大学生对大学计算机基础课程教学提出了更新、更高、更具体的要求。

根据国家教育部印发的有关计算机应用教学大纲，结合当前计算机教学实际情况和客观需要，本书编者特组织了有着丰富教学经验的计算机老师编写了本教材。

全书共分为 6 章，第 1 章为信息基础知识，主要内容包括计算机的基本知识、计算机信息表示、计算机安全、计算机网络基础；第 2 章为 Windows 7 操作系统，内容包括了解操作系统、信息资料录入、文件及文件夹的管理、应用软件管理、系统设置与优化、信息浏览与搜索、网络交流；第 3 章为字处理，内容包括了解 Word 2010、公司人事管理制度制作、制作求职申请表及成绩表、旅游与美食报纸设计，制作数学单元测试卷、毕业论文封面及目录；第 4 章为电子表格，内容包括了解 Excel 2010、创建公司员工信息采集簿、美化公司员工信息采集表、公司上半年销售业绩表的计算、员工信息采集表的数据管理、创建公司销售业绩图表等；第 5 章为演示文稿，主要内容包括"大学生关注的问题"演示文稿的制作和"Hello! 厦门"旅游短片的制作；第 6 章为数据库基础，主要内容包括数据库基础知识、了解 Access 2010、建立学生管理数据库、数据的查询、窗体与报表。每章末都有大量的课后练习题，便于学生巩固掌握。

本套教材的编者是长期从事大学计算机基础教学的一线教师，他们不仅教学经验丰富，而且对当代大学生的现状非常熟悉，在编书过程中充分考虑了不同学生的特点和需求，加强了对计算机网络应用于网络安全方面的教学内容，凝聚了多年来的教学经验和成果。

由于作者水平有限，书中错误、疏漏之处在所难免。在感谢您选择本书的同时，希望您能够把对本书的意见和建议告诉我们。也欢迎有关专家、教师批评指正。

本教程可作为各学校计算机应用课程教学和计算机应用水平考试用书。

编 者
2014 年 8 月

目录
Contents

第1章 信息基础知识

1.1 计算机的基本知识

1.1.1 第一台计算机

20 世纪 40 年代中期，由于导弹、火箭、原子弹等现代科学技术的发展，出现了大量极其复杂的数学问题，原来的计算工具已无法满足要求。而人类在电磁学、电工学、电子学领域不断取得重大进展，恰好为电子计算机的出现奠定了坚实的基础。

1946 年，在美国宾夕法尼亚大学，由 John Mauchly 和 J. P. Eckert 领导的研究小组为精确测算炮弹的弹道特性而研究成功了 ENIAC（埃尼阿克）计算机，这是世界上第一台真正能自动运行的电子数字计算机。

这台名为"埃尼阿克"的电子计算机，如今看来简直就是一个"庞然大物"。在它内部，总共安装了 18800 只电子管、7200 个二极管、70000 多个电阻器、10000 多只电容器和 1500 只继电器，电路的焊接点多达 50 万个；在机器表面则布满电表、电线和指示灯。机器被安装在一排 2.75 米高的金属柜里，占地面积 170 平方米左右，总重量达到 30 吨。"埃尼阿克"每秒能做 5000 次加法，或者 3000 次乘法。

尽管存在着许多缺点，运算速度也远不及现在的计算机，但"埃尼阿克"的诞生宣布了电子计算机时代的到来。

1.1.2 电子计算机的发展

电子计算机从问世到现在已经 70 多年，每隔 8～10 年就更新换代一次，运算速度与可靠性大大提高，而价格却成倍下降。

人们根据计算机使用的元器件的不同，将计算机的发展划分为 4 个阶段。

1. 电子管计算机（1946—1958 年）

第一代计算机的逻辑器件采用电子管作为基本元件，内存储器为水银延迟线，外存储器为磁鼓、纸带、卡片等。运算速度为每秒几千～几万次基本运算，内存容量为几千个字节。用二进制表示的机器语言或汇编语言编写程序。

第一代计算机体积庞大、耗电量大、可靠性差，主要应用于科学计算领域。

2. 晶体管计算机（1959—1964 年）

第二代计算机的逻辑器件采用晶体管作为基本元件，内存储器为磁芯，外存储器出现了磁带和磁盘。这一代计算机体积缩小，功耗减小，可靠性提高，运算速度加快，提高到每秒几十万次基本运算，内存容量扩大到几十万字。同时，软件技术也有了很大的发展，出现了 FORTRAN、ALGOL - 60、COBOL 等高级程序设计语言。

晶体管计算机重量轻、体积小、耗电量小、成本低，应用范围从科学数值计算扩展至商业领域，包括数据处理、事务处理、自动控制等。第二代计算机的典型代表是 IBM 7094 机和 CDC 1604 机。

3. 集成电路计算机（1965—1970 年）

第三代计算机的基本元件采用中小规模集成电路，基本运算速度提高到每秒几十万到几百万次。内存储器开始采用半导体存储器芯片，存储容量和可靠性都有较大提高。

这一代计算机的特点是小型化、耗电省、可靠性高、运算速度快。在结构上，引入了具有输入、输出功能的终端设备。计算机的生产已形成系列化和标准化。在科学计算、数据处理、实时控制等方面得到更加广泛的应用，最有影响力的是 IBM - 360 系列计算机。

4. 大规模集成电路计算机（1971 年至今）

第四代计算机普遍采用大规模、超大规模集成电路制作各种逻辑部件，出现了把运算器和控制器等部件集成在一块芯片上的微处理器（CPU）。运算速度可达每秒几百万次甚至上亿次。在软件方面，出现了数据库系统、分布式系统等，应用软件开发已经逐步成为一个庞大的现代化产业。

这一时期的计算机特点是微型化、运算速度更快、可靠性更高。此时微型计算机问世并迅速得到推广，逐渐成为现代计算机的主流。计算机技术以前所未有的速度在各个领域迅速普及、应用，快速进入寻常百姓家。

随着第四代计算机技术的日趋成熟，人们开始了第五代计算机的研制与开发。作为新一代计算机，第五代计算机以超大规模集成电路和人工智能为主要特征，可以在某种程度上模仿人的推理、联想、学习和记忆等思维功能。

计算机各个发展阶段的主要特点如表 1 - 1 所示。

表 1 - 1　计算机各个发展阶段的主要特点

发展阶段 性能指标	第一代 （1946—1958 年）	第二代 （1959—1964 年）	第三代 （1965—1970 年）	第四代 （1971 年至今）
逻辑元件	电子管	晶体管	中、小规模集成电路	大规模、超大规模集成电路
主存储器	磁芯、磁鼓	磁芯、磁鼓	半导体存储器	半导体存储器
辅助存储器	磁鼓、磁带	磁鼓、磁带、磁盘	磁带、磁鼓、磁盘	磁带、磁盘、光盘
处理方式	机器语言 汇编语言	作业连续处理 编译语言	实时、分时处理 多道程序	实时、分时处理 网络结构
运算速度 （次/秒）	几千～几万	几万～几十万	几十万～几百万	几百万～百亿
主要特点	体积大，耗电大，可靠性差，价格昂贵，维修复杂	体积较小，重量轻，耗电小，可靠性高	小型化，耗电少，可靠性高	微型化，耗电极少，可靠性很高

1.1.3　计算机的应用领域和发展趋势

1. 计算机的应用领域

由于计算机有运算速度快、计算精度高、记忆能力强、可靠性高和通用性强等一系列特点，使得计算机几乎进入了一切领域，它服务于科研、生产、交通、商业、国防、卫生等各个领域。可以预见，其应用领域还将进一步扩大。计算机的主要用途如下。

◇ **数值计算**

主要指计算机用于完成和解决科学研究和工程技术中的数学计算问题。计算机具有计算速度快、精度高的特点，数值计算等领域刚好是计算机施展才能的地方，尤其是一些十分庞大而复杂的科学计算，靠其他计算工具有时是无法解决的。

◇ **数据及事务处理**

所谓数据及事务处理，泛指非科技方面的数据管理和计算处理。其主要特点是要处理的原始数据量大，而算术运算较简单，并有大量的逻辑运算和判断，结果常要求以表格或图形等形式存储输出。

◇ **自动控制与人工智能**

由于计算机不但计算速度快，而且又有逻辑判断能力，所以可广泛用于自动控制。到了21世纪，人工智能的研究目标是使计算机更好地模拟人的思维活动，那时的计算机将可以完成更复杂的控制任务。

◇ **计算机辅助设计、辅助制造和辅助教育**

计算机辅助设计 CAD（Computer Aided Design）和计算机辅助制造 CAM（Computer Aided Manufacturing）是设计人员利用计算机来协助进行最优化设计，协助制造人员进行生产设备的管理、控制和操作。目前，在电子、机械、造船、航空、建筑、化工、电器等方面都有计算机的应用，这样可以提高设计质量，缩短设计和生产周期，提高自动化水平。

◇ **通信与网络**

随着信息化社会的发展，通信业也发展迅速，计算机在通信领域的作用越来越大，特别是计算机网络的迅速发展。除此之外，计算机在电子商务、电子政务等应用领域也得到了快速的发展。

2. 计算机的发展趋势

随着计算机应用的广泛和深入，人们又向计算机技术本身提出了更高的要求。当前，计算机的发展表现为四种趋势：巨型化、微型化、网络化和智能化。

◇ **巨型化**

巨型化是指发展高速度、大存储和强功能的巨型计算机，满足诸如天文、气象、地质、核反应等尖端科学的需要，记忆巨量的知识信息，以及使计算机具有类似人脑的学习和复杂推理的功能。巨型机的发展集中体现了计算机科学技术的发展水平。

◇ **微型化**

微型化就是进一步提高集成度，利用高性能的超大规模集成电路研制质量更加可靠、性能更加优良、价格更加低廉、整机更加小巧的微型计算机。

◇ **网络化**

网络化就是把各自独立的计算机用通信线路连接起来，形成各计算机用户之间可以相互通信并能使用公共资源的网络系统。网络化能够充分利用计算机的宝贵资源并扩大计算机的使用范围，为用户提供方便、及时、可靠、广泛、灵活的信息服务。

◇ **智能化**

智能化是指让计算机具有模拟人的感觉和思维过程的能力。智能计算机具有解决问题、逻辑推理、知识处理和知识库管理等功能。人与计算机的联系是通过智能接口，用文字、声音、图像等与计算机进行自然对话。目前，已研制出的各种"机器人"，有的能代替人劳动，有的能与人下棋等。智能化使计算机突破了"计算"这一初级的含义，从本质上扩充了计算机的能力，可以越来越多地代替人类脑力劳动。

1.1.4 计算机的分类与特点

计算机种类繁多，分类的方法也很多，传统上按照计算机系统的功能和规划进行划分。

1. 计算机的分类

◎ 巨型计算机

巨型计算机也称超级计算机，巨型机运算速度快、存储量大、结构复杂、价格昂贵，主要用于军事、科研、气象、石油勘探等领域，如 IBM – 390 系列、银河机等。在某种程度上，巨型机的使用和研制水平代表了一个国家的科学技术发展水平。

◎ 小巨型计算机

与巨型机类同，但使用了更加先进的大规模集成电路与制造技术，因而体积较小、成本较低，甚至可以做成桌面机形式，放在用户的办公桌上，便于巨型机的推广使用。

◎ 大型主机

大型主机或称主干机、大型机。这类计算机具有极强的综合处理能力和极大的性能覆盖面。在一台大型机中可以使用几十台微机芯片，用以完成特定的操作。可同时支持上万个用户，支持几十个大型数据库。主要应用于政府部门、银行、大公司、大企业等。

◎ 小型计算机

小型机的机器规模小、结构简单、设计制作周期短，便于及时采用先进工艺技术，软件开发成本低，易于操作维护。它们已广泛应用于工业自动控制、大型分析仪器、测量设备、企业管理、大学和科研机构等，也可以作为大型或巨型计算机系统的辅助计算机，并广泛用于中小型公司和企业。

◎ 工作站

工作站指 SGI、SUN、DEC、HP、IBM 等大公司推出的具有高速运算能力和很强的图形处理功能的计算机，它的独到之处就是易于联网，配有大容量主存、大屏幕显示器，特别适合于 CAD/CAM 和办公自动化。

◎ 个人计算机

个人计算机也称个人电脑（PC 机）或微型计算机，它们价格便宜、性能不断提高，适合个人办公或家庭使用。PC 机又分为台式机（也称为电脑）和便携机（也称为笔记本电脑）。个人计算机软件丰富、价格便宜、功能齐全，主要用于办公、联网终端、家庭使用等。

2. 计算机的特点

计算机是一种可以进行自动控制、具有记忆功能的现代化计算工具和信息处理工具。它有以下 5 个特点。

◎ 运算速度快

计算机运算速度（也称处理速度）可用 MIPS（每秒百万条指令）来衡量。现代的计算机运算速度在几十 MIPS 以上，巨型计算机的速度可达到千万个 MIPS。计算机如此高的运算速度是其他任何计算工具无法比拟的，它使得过去需要几年甚至几十年才能完成的复杂运算任务，现在只需几天、几小时、甚至更短的时间就可完成，这正是计算机被广泛使用的主要原因之一。

◇**计算精度高**

一般来说，现在的计算机有几十位有效数字，而且理论上还可以更高。因为数在计算机内部是用二进制编码的，数的精度主要由这个数的二进制码的位数决定，可以通过增加数的二进制位数来提高精度，位数越多精度就越高。

◇**记忆力强**

计算机的存储器类似于人的大脑，可以"记忆"（存储）大量的数据和计算机程序而不丢失，在计算的同时，还可以把中间结果存储起来，供以后使用。

◇**具有逻辑判断能力**

计算机在程序的执行过程中，会根据上一步的执行结果，运用逻辑判断方法自动确定下一步的执行命令。正是因为计算机具有这种逻辑判断能力，使得计算机不仅能解决数值计算问题，而且能解决非数值计算问题，比如信息检索、图像识别等。

◇**可靠性高、通用性强**

由于采用了大规模和超大规模集成电路，现在的计算机具有非常高的可靠性。现代计算机不仅可以用于数值计算，还可以用于数据处理、工业控制、辅助设计、辅助制造和办公自动化等，具有很强的通用性。

1.1.5　计算机系统组成

计算机是由若干个相互区别、相互联系和相互作用的要素组成的有机整体，包括硬件系统和软件系统两大部分，如图 1－1 所示，两者协同工作，缺一不可。

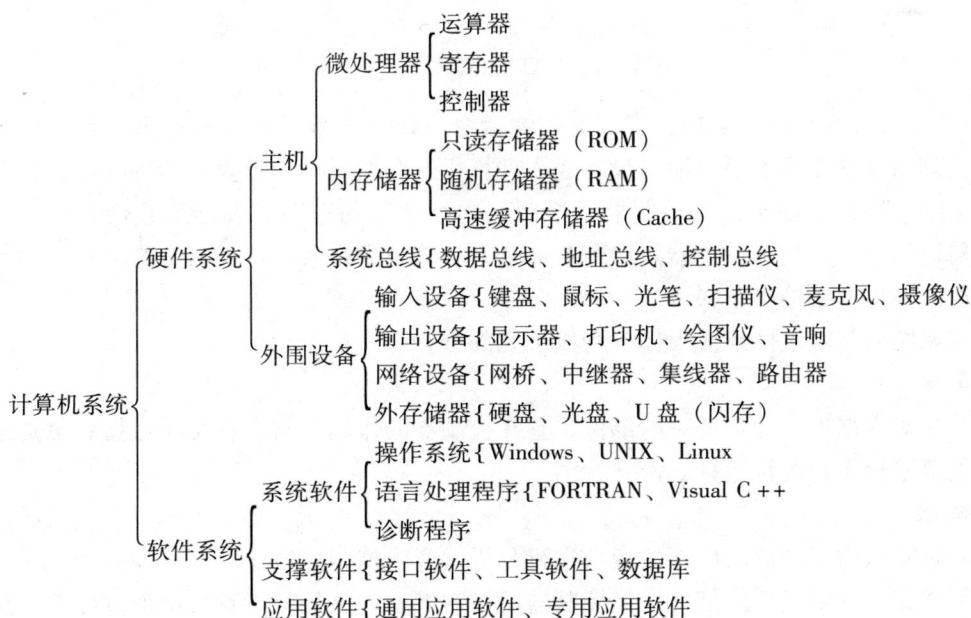

图 1－1　计算机系统的组成

　　硬件泛指实际的物理设备，主要包括运算器、控制器、存储器、输入设备和输出设备五部分。只有硬件的裸机是无法运行的，它需要软件的支持。所谓软件，是指为解决问题而编制的程序及其文档。计算机软件包括计算机本身运行所需要的系统软件和用户完成任务所需要的应用软件。计算机是依靠硬件系统和软件系统的协同工作来执行给定任务的。

　　在计算机系统中，硬件是物质基础，软件是指挥枢纽、灵魂，软件发挥管理和使用计算机的作用。软件的功能与质量在很大程度上决定了整个计算机的性能。故软件和硬件一样，是计算机工作必不可少的组成部分。

　　1. 计算机的硬件系统

　　自第一台计算机诞生至今，计算机的制造技术日新月异、突飞猛进，但就其体系结构而言，到目前并没有发生实质的变化。即这些计算机均由运算器、控制器、存储器、输入和输出设备组成，都是基于同一个基本原理——存储程序和程序控制的原理。这个思想是由美籍匈牙利数学家冯·诺依曼于1946年首先提出，所以人们把基于这种存储程序和程序控制原理的计算机称为冯·诺依曼计算机。

　　冯·诺依曼计算机的工作原理是：在计算机工作时，由控制器控制先将数据由输入设备传送到存储器存储，再由控制器将要参加运算的数据运往运算器加工处理，最后将计算机处理的结果信息由输出设备输出，如图1-2所示。

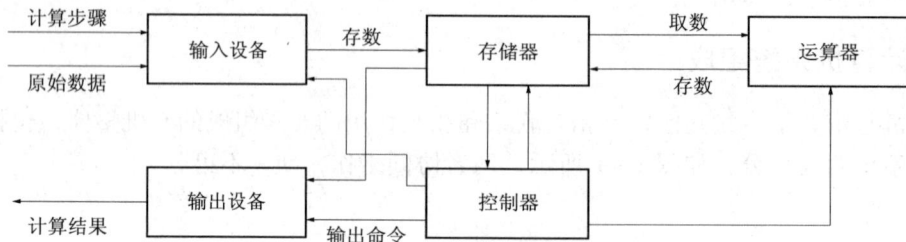

```
计算步骤  →  ┌──────┐  存数   ┌──────┐  取数   ┌──────┐
            │输入设备│ ──────→ │ 存储器│ ──────→ │ 运算器│
原始数据  →  └──────┘         └──────┘  存数   └──────┘
                │                 │
                ↓                 │
计算结果  ←  ┌──────┐         ┌──────┐
            │输出设备│ ←────── │ 控制器│
            └──────┘  输出命令  └──────┘
```

图1-2　计算机的工作原理

　　图1-2中实线为程序和数据，虚线为控制命令。计算步骤的程序和计算中需要的原始数据，在控制命令的作用下通过输入设备送入计算机的存储器。当计算开始的时候，在取指令的作用下把程序指令逐条送入控制器。控制器向存储器和运算器发出取数命令和运算命令，运算器进行计算，然后控制器发出存数命令，计算结果存放回存储器，最后在输出命令的作用下通过输出设备输出结果。

　　计算机系统的基本硬件组成大体分为以下几部分。

　　◇ 运算器

　　运算器是对数据进行加工处理的部件，它在控制器的作用下与内存交换数据，负责进行各类基本的算术运算和逻辑运算。

　　◇ 控制器

　　控制器是对从内存中依次取出的指令进行分析，产生控制信号，并统一控制和指挥计算机的各个部件完成一定任务的部件。在控制器的控制下，计算机就能够自动地按照人们预先编制好的程序，实现一系列指定的操作，以完成一定的任务。

　　随着集成电路制作工艺的不断提高，出现了大规模集成电路和超大规模集成电路，于是可以把控制器和运算器集成在一块集成电路芯片上，构成了我们平时所说的中央处理器 CPU。中央处理器是计算机的核心部件，是计算机的心脏。

◇存储器

存储器是计算机系统内最主要的记忆装置，既能接收计算机内的信息（数据和程序），又能保存信息，还可以根据命令读取已保存的信息。

存储器按功能可分为主存储器（简称主存）和辅助存储器（简称辅存）。主存是相对存取速度快而容量小的一类存储器，辅存则是相对存取速度慢且容量很大的一类存储器。

主存储器，也称为内存储器（简称内存），内存直接与 CPU 相连接，是计算机中主要的工作存储器，当前运行的程序与数据存放在内存中。

辅助存储器也称为外存储器（简称外存），计算机执行程序和加工处理数据时，要将外存中的信息按信息块或信息组送入内存后才能使用，即计算机通过外存与内存不断交换数据的方式使用外存中的信息。

◇输入设备

输入设备是计算机用来接收用户输入的数据和程序的设备。计算机中常用的输入设备有键盘、鼠标、数字化仪、扫描仪、光笔、摄像头等。

◇输出设备

输出设备是将计算机处理后的最后结果或中间结果，以某种人们能够识别或其他设备所需要的形式表现出来的设备。如显示器、打印机、绘图仪、声音输出设备等。

2. 计算机的软件系统

软件是指为了发挥硬件系统的功能和方便人们使用硬件系统，为解决各类应用问题而设的各种程序的总称。软件分为系统软件与应用软件两大类。

◇系统软件

系统软件是为了让计算机能正常高效工作所配备的各种管理、监控和维护的程序及其有关资料。

系统软件是计算机系统正常运行必不可少的软件，目前计算机中常用的系统软件有 Windows、UNIX、网络操作系统，各种语言处理程序等。

◇应用软件

应用软件是为了解决用户的各种实际问题而编制的程序，以及相应的技术文档资料。应用软件种类非常多，如文字、表格处理方面的 WPS、Excel、Word 软件；辅助设计方面的 AutoCAD 软件；事务管理方面的财务、财政、金融、实时控制软件等。

系统软件是计算机运行的基础，没有系统软件，计算机将很难使用。而应用软件是建立在系统软件基础上的，是为了更好地发挥计算机作用而开发的程序。

1.1.6　微型计算机的组成

一台典型微型计算机系统的硬件，宏观上可分为主机箱、显示器、键盘、鼠标和打印机等几个部分。主机箱内部装有电源、系统主板、软盘驱动器、硬盘和光盘驱动器等。系统主板上插有 CPU、内存条、网卡和各适配器。

1. 系统主板

主板又称系统板、母板（Motherboard）或底板，它是一块安装于主机箱内底部的一块大型印刷电路板。从"母"字可以看出主板在电脑各个配件中的重要性，计算机所有的关键设备几乎都安装在主机板上，同时还担负着系统中各种信息的交流的作用，如图 1 - 3 所示。

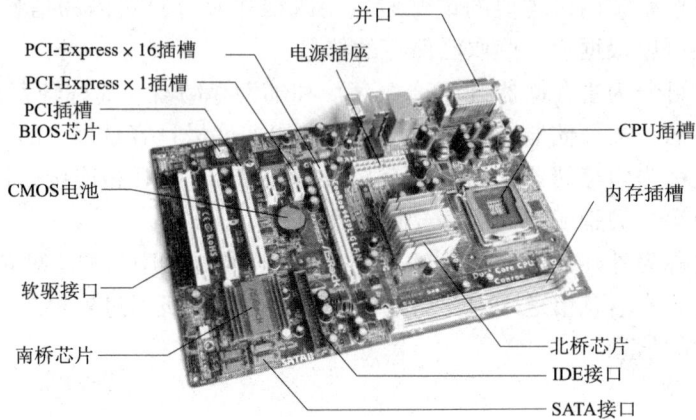

图 1 - 3 主板

主机板是一块多层印刷电路板，表面的两层印刷信号电路，中间层印刷电源和地线，通过表面的一个六线插座将电源提供的直流电压引入主板。计算机的核心部件 CPU 就是安装在主板 CPU 插座上。主机板上有 6 ~ 8 个长条形 PCI 插槽，用于插接显示卡、声卡、网卡、内置调制解调器等卡板。主机板上还有 2 ~ 4 个内存条插槽，用于安装内存条。

2. CPU

CPU 是 Central Processing Unit（中央处理器）的缩写，它是整台计算机的核心部件，主要由控制器和运算器组成，并采用大规模集成电路工艺制成芯片，又称微处理器芯片。CPU的外观如图 1 - 4 所示。

图 1 - 4 中央处理器 CPU

CPU 的性能直接决定了由它构成的微型计算机系统的性能。CPU 的性能指标主要由字长和时钟频率决定。字长表示 CPU 每次处理数据的能力。字长越长，微机的运算精度就越高，数据处理能力就越强。

时钟频率以 MHz（兆赫）为单位。时钟频率的大小在很大程度上决定了微机运算速度的快慢，时钟频率越高，微机的运算速度就越快。在启动计算机时，BIOS 自检程序会在屏幕上显示出 CPU 的工作频率，如图 1 - 5 所示。

目前 CPU 的生产厂商有 Intel、AMD 等。

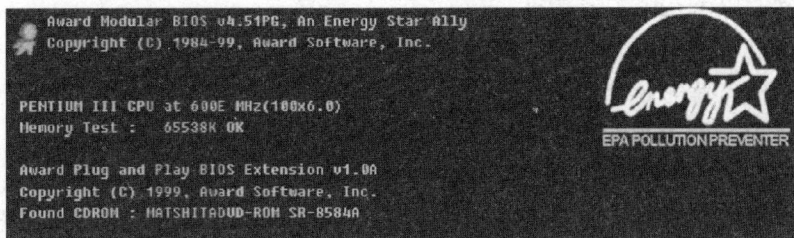

图 1 - 5　BIOS 自检显示信息

3. 内存

内存储器简称内存，是 CPU 可以直接访问的存储器，位于计算机主板的内存插槽上，用来存放当前计算机运行所需的数据和程序，如图 1 - 6 所示。

计算机使用的内存有 SDRAM、DDR SDRAM、DDR Ⅱ SDRAM、DDR Ⅲ SDRAM 和 RDRAM 等类型。目前市场上的产品主要以 DDR SDRAM 和 DDR2 SDRAM 为主。

内存的大小是衡量计算机性能的主要指标之一。内存的大小和快慢直接影响到一个程序的运行速度。

内存的容量表示内存可以存储数据的多少，其单位有 B、KB、MB 和 GB 等，目前市场上常见的内存容量是 2GB、4GB 和 8GB。

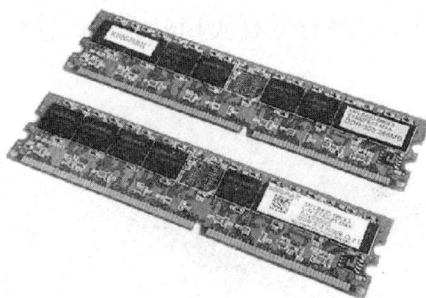

图 1 - 6　内存条

内存的时钟频率代表内存稳定运行时的最大频率，它代表了内存运行的速度。由于内存主频并不能完全真实的反映内存的数据传输效率，因此在选购内存时还必须对传输标准有所了解。

4. 显示器

显示器是直接向计算机用户提供图像内容的设备。早期的微机使用的是单色显示器，现在多为彩色显示器。目前市场上常见的显示器有 CRT（阴极射线管）显示器和 LCD（液晶）显示器两种，如图 1 - 7 和图 1 - 8 所示。

CRT 显示器体积大、比较笨重，且工作时有辐射，但价格相对低廉，色彩还原效果好。LCD 显示器轻巧，视觉效果比较平和，但价格高，色彩还原效果不如前者。由于 LCD 显示器对人体健康的危害较小，已经成为越来越多的家用微机用户的首选。

图 1 - 7　CRT 显示器

图 1 - 8　LCD 显示器

显示器通常有以下几个主要指标。

尺寸：是指显示器屏幕的大小。目前显示器的常用尺寸有 19 英寸和 21.5 英寸等规格。尺寸越大，显示器支持的分辨率往往越高。

分辨率：是指显示器屏幕能显示的像素数目。常用的显示器分辨率有 1440×900 像素的 19 英寸 LCD 宽屏显示器和 1920×1080 像素的 21.5 英寸 LCD 宽屏显示器。

刷新频率：是指显示屏幕刷新的速度，它的单位是 Hz。刷新频率越低，图像的闪烁和抖动就越厉害。刷新频率越高，图像显示就越自然清晰，一般 CRT 显示器设置 75Hz 的刷新频率就可完全消除图像的闪烁和抖动感，眼睛也不会太疲劳。LCD 显示器刷新频率一般设置为 60Hz 即可。

5. 显示卡

显示卡，又称显卡或视频适配器，如图 1-9 所示。它是计算机的重要配件之一，显示卡的主要任务是从 CPU 获取信息并将这些信息传输到显示器上显示出来。

图 1-9 显示卡

显示卡主要由显示芯片、显存、金手指、BIOS 芯片和显示输出接口等几个部分组成。显示卡的性能主要由显示卡芯片、显存频率、像素填充率、显存大小和数据位宽等参数决定。

显示芯片是显示卡的核心，负责处理各种图像数据，相当于计算机中的 CPU。显示卡的性能主要取决于显示卡上使用的图形芯片。目前设计、制造显示芯片的厂家仅有 NVIDIA（采用 NVIDIA 显示芯片的显示卡常称为 N 卡）、ATI（采用 ATI 显示芯片的显示卡常称为 A 卡）、AMD、Intel、SIS、3D Labs 等少数几家公司。

显存又被称为显示缓存，主要用于临时存储显示数据，其容量与存取速度对显示卡的整体性能有很大的影响，显存越大，所能显示的分辨率及色彩位数也就越高。

显示卡的核心频率是指显示核心的工作频率，其工作频率在一定程度上可以反映出显示核心的性能。但显示卡的性能是由核心频率、显存、像素管线、像素填充率等多方面的因素所决定的，因此在显示核心不同的情况下，核心频率高并不代表此显示卡性能强劲。当然，在同样级别的芯片中，核心频率高的芯片性能要强一些。

6. 硬盘

硬盘是微型计算机必备的外部存储设备，它由一个盘片组（包括多个盘片）和硬盘驱动器组成，被固定在一个密封的盒内，如图 1-10 所示。

图 1-10 硬盘外观和内部结构

硬盘具有存储容量大、存储成本低等特点。硬盘与内存不同，内存主要存储临时数据，而硬盘可以存储大量需要长期保存的永久性数据，因此成为计算机的数据存储中心，用户的所有程序、文件以及操作系统都可存储在硬盘中。

硬盘主要有以下几个性能指标。

◇容量

硬盘的容量指的是硬盘能够存储数据的多少，通常以 GB 为单位。目前市场上主流硬盘的容量一般为 320GB ~ 2TB（1TB = 1024GB）。

◇转速

硬盘的转速指的是硬盘主轴电机的旋转速度，转速是决定硬盘内部传输速率的关键因素之一，它的快慢在很大程度上影响了硬盘的读/写速度，在读取硬盘数据时，转速越快，等待的时间也就越短。目前市面上主流硬盘的转速一般为 7200rpm（r/min），而 SCSI 硬盘的转速已经高达 15000rpm。转速越快，同时硬盘的发热量也会越大，笔记本硬盘的转速一般控制在 5400rpm 左右。

◇缓存

硬盘的缓存能够大幅度提高硬盘整体性能和数据传输速度。现在的 IDE 硬盘缓存多为 2MB ~ 8MB，缓存大的可以到 16MB ~ 32MB。目前主流硬盘的缓存一般在 8MB ~ 32MB 之间。

固态硬盘（SSD）是用固态电子存储芯片阵列而制成的硬盘，由控制单元和存储单元构成，目前容量有 64GB、128GB、256 GB 等，如图 1 – 11 所示。

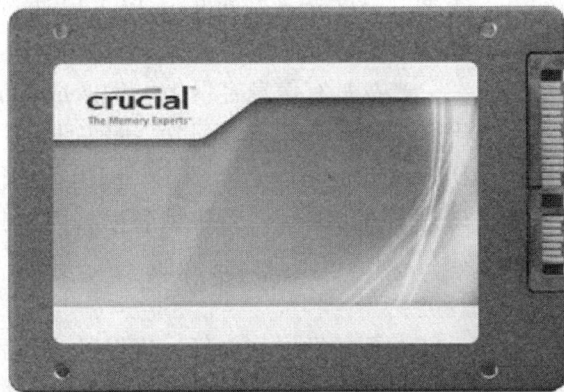

图 1 – 11　美光 M4 CT256M4SSD2（256GB）固态硬盘

7. 可移动存储器

顾名思义，就是可以在不同终端间移动的存储设备，大大方便了资料存储。

U 盘全称"USB 接口闪存盘"，英文名为 USB flash disk。U 盘的称呼最早来源于朗科公司生产的一种新型存储设备，名曰"优盘"，也叫"U 盘"，使用 USB 接口进行连接。USB 接口连到电脑的主机后，U 盘的资料就可传到电脑上了。电脑上的数据也可以放到 U 盘上，很方便。而之后生产的类似技术的设备由于朗科已进行专利注册，便不再称之为"优盘"，而改称谐音的"U 盘"，或形象地称之为"闪存"、"闪盘"等。后来 U 盘这个称呼因其简单易记而广为人知，现在这两者已经通用，并不再对它们作区分。其最大的特点就是：小巧便于携带、存储容量大、价格便宜，是移动存储设备之一。一般的 U 盘容量有 8GB、16GB、32GB、64GB、128GB 等，价格上以最常见的 8G 为例，20 ~ 60 元就能买到。它携带方便，属移动存储设备，所以我们可以把它挂在胸前、吊在钥匙串上、甚至放进钱包里。

移动硬盘（Mobile Hard disk）是计算机之间交换大容量数据、强调便携性的存储产品。市场上绝大多数的移动硬盘都是以标准硬盘为基础的，而只有很少部分的是微型硬盘（1.8英寸硬盘等），但价格因素决定着主流移动硬盘还是以标准笔记本硬盘为基础。因为采用硬盘为存储介质，因此移动硬盘对数据的读/写模式与标准 IDE 硬盘是相同的。移动硬盘多采用 USB 3.0、IEEE 1394 等传输速度较快的接口，可以较高的速度与系统进行数据传输。目前主流 2.5 英寸品牌移动硬盘的读/写速度为 80～100MB/s。

8. 光盘与光盘驱动器

◇光盘

光盘是一种使用非磁介质的存储设备。随着多媒体技术的推广，光盘存储器以其容量大、寿命长、成本低的特点，很快受到人们的欢迎，并因此得到迅速的普及。由于目前市面上出售的软件绝大多数都使用光盘作为存储介质，因此光盘驱动器也成为微机必不可少的配置之一。

目前，用于计算机系统的光盘有四类，只读光盘（DVD - ROM、CD - ROM）、一次写入光盘（DVD - R、CD - R）、可读/写光盘（MO）和可擦写 DVD（DVD - RW、DVD - RAM）。

图 1 - 12 光盘及光盘驱动器

只读光盘的主要特点是所存内容在生产过程由生产厂家写入，用户只能进行读操作，我们常说的光盘主要是指这种类型。只读光盘数据的读出主要通过 CD - ROM 或 DVD - ROM 驱动器，如图 1 - 12 所示。

光盘具有信息容量大、生产成本低的特点，读信息的速度介于软盘和硬盘之间。一般一张 CD 光盘的容量是 700MB，DVD 光盘的容量是 4.7GB。因为在进行读操作时，激光头与碟片不直接接触，无机械磨损，因此其寿命比磁盘长，可使用长达数十年，但在使用中注意不要划伤、污染盘片表面。

◇光盘驱动器

早期的光驱只有 CD - ROM，经过不断发展和创新，现在的光驱种类越来越多，功能也越来越强大，例如下面介绍的 DVD - ROM、CD 刻录机、COMBO 光驱、DVD 刻录机等。

CD - ROM 是基本的光驱，它只能对 CD、CD 刻录盘和 VCD 格式的光盘执行读取操作。CD - ROM 光驱的兼容性和速度都非常好，并且价格便宜，唯一的缺点就是无法记录和读取 DVD 格式的光盘。

DVD - ROM 由 CD - ROM 升级而来，是目前主流的光驱类型，它不仅能够对 CD、CD 刻录盘和 VCD 格式的光盘执行读取操作，还能读取 DVD 格式光盘中的数据，但是不能刻录。

CD 刻录机也是由 CD - ROM 发展而来的，它具有 CD - ROM 的全部功能。CD 刻录机的特点是可以刻录 CD 光盘，它虽然不能像 DVD - ROM 一样读取 DVD 格式的光盘，但它可以将计算机硬盘中的数据写入 CD - R 光盘中或反复擦写 CD - RW 光盘中的数据。

COMBO 光驱是一种集 CD 刻录机和 DVD - ROM 读取功能于一体的光驱类型，能够读取 CD - R、CD - RW 和 DVD - ROM 等格式的光盘，并能刻录 CD - R 和 CD - RW 光盘。

DVD 刻录机拥有 CD – ROM、DVD – ROM 和 CD 刻录机全部的功能，它不但能够兼容读取所有格式的光盘，还可以刻录 CD、DVD 等多种格式的刻录盘。

9. 键盘

键盘是微机最常用的一种输入设备，用户通过按下键盘上的键输入命令或数据，还可以通过键盘控制计算机的运行，如热启动、命令中断和命令暂停等。

目前主流键盘按功能与用途的不同，大致可以分为标准键盘、人体工程学键盘和多媒体键盘三种。现在常用的标准键盘有 101、104 和 107 键盘等，键盘外观如图 1 – 13 所示。

10. 鼠标

鼠标是 Windows 操作系统中必不可少的外设之一，如图 1 – 14 所示。它利用自身的移动，把移动距离及方向的信息变成脉冲信号传输到计算机，再由计算机将脉冲信号转换成鼠标光标的坐标数据，从而达到指示位置的目的。用户可以通过鼠标快速地对屏幕上的对象进行操作。

图 1 –13 键盘

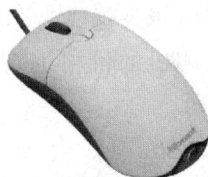

图 1 –14 鼠标

根据鼠标的工作原理，可以将鼠标分成机械鼠标（半光电鼠标）、光电鼠标和轨迹球鼠标三大类。目前常用的是光电鼠标。光电鼠标内部有一个发光二极管，通过该发光二极管发出的光线的反射，来判断鼠标的移动方向和移动距离，从而完成光标的定位。

11. 打印机

打印机是计算机目前最常用的输出设备，它将计算机结果、文字、图形输出打印到纸张上，以作永久保存。

打印机可以分为击打式和非击打式两种。击打式打印机主要有针式打印机（又称点阵打印机），非击打式打印机主要有热敏打印机、喷墨打印机和激光打印机等，如图 1 – 15 所示。

图 1 –15 针式打印机、喷墨打印机及激光打印机

◇针式打印机

针式打印机主要由打印头、运载打印头小车机构、色带机构、输纸机构和控制电路等几部分组成。打印头是针式打印机的核心部分，对打印速度、印字质量等性能有决定性影响。目前国内较流行的针式打印机，有 9 针和 24 针两种。9 针打印机的打印头由 9 根针组成，24

针打印机的打印头由 24 根针组成。针数越多，打印出来的字就越美观。针式打印机的主要优点是结构简单、价格便宜、维护费用低，它的主要缺点是打印速度慢、噪声大，打印质量也较差。国内使用较多的针式打印机有 Epson 系列、AR 系列等，如 LQ - 1600、LQ1600K、AR - 3240等宽行打印机。

◇喷墨打印机

喷墨打印机没有打印头，打印头用微小的喷嘴代替，按图形信号将专用墨水喷在记录纸上形成字符图形。按打印机打印出来的字符颜色，可以将它分为黑白和彩色两种。喷墨打印机的主要性能指标有：分辨率、打印速度、打印幅面、兼容性以及喷头的寿命等。喷墨打印机的主要优点是打印精度较高、噪声较低、价格较便宜。主要缺点是打印速度较慢、墨水消耗量较大。HP（惠普）系列、Epson（爱普生）系列、Canon（佳能）系列彩色喷墨打印机因价格低、性能好，可以打印照片级的彩色图像，目前在国内较受欢迎。

◇激光打印机

激光打印机是近年来发展很快的一种输出设备，由于它具有精度高、打印速度快、噪声低等优点，已越来越成为办公自动化的主流产品，受到广大用户的青睐。随着普及率的提高，激光打印机的价格也有了大幅度的下降。目前国内常用的激光打印机有 HP、Canon、Epson 等系列。

12. 扫描仪

扫描仪是一种光、机、电一体化的高科技产品，它是将各种形式的图像信息输入计算机的重要工具，是继键盘和鼠标之后的第三代计算机输入设备。扫描仪具有比键盘和鼠标更强的功能，从最原始的图片、照片、胶片到各类文稿资料都可用扫描仪输入到计算机中，进而实现对这些图像形式的信息的处理、管理、使用、存储、输出等，配合光学字符识别软件 OCR（Optic Character Recognize）还能将扫描的文稿转换成计算机的文本形式，如图 1 - 16 所示。

13. 数码相机

目前，数码相机作为一种先进的输入设置，已开始流行。数码相机内部都有几百兆甚至更大容量的存储器，用来存储拍摄的照片。数码相机上都设有串行接口，可以由专用的线路与计算机进行连接，然后将拍摄到的照片传给计算机。如图 1 - 17 所示。

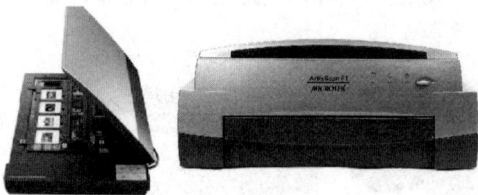

图 1 - 16　扫描仪　　　　　　　　图 1 - 17　数码相机

1.2　计算机信息表示

1.2.1　常用数制

在日常生活中，人们习惯于用十进制计数，即"逢十进一"。在计算机领域，最常用的是二进制，由于二进制书写和记忆不方便，人们又采用八进制和十六进制等。在表示非十进制数时，通常用小括号将其括起来，数制以下标形式标注在括号外，如（1011）$_2$、（125）$_8$ 和（2C7）$_{16}$。

1. 十进制数

十进制数有 0、1、2、3、4、5、6、7、8、9 共 10 个数码，其计数特点以及进位原则是"逢十进一"。十进制的基数是 10，位权为 10^K（K 为整数）。一个十进制数可以写成以 10 为基数按位权展开的形式。

例：把十进制数 223.45 按位权展开。

解：$(223.45)_{10} = 2 \times 10^2 + 2 \times 10^1 + 3 \times 10^0 + 4 \times 10^{-1} + 5 \times 10^{-2}$

2. 二进制数

二进制数只有 0 和 1 两个数码，它的计数特点及进位原则是"逢二进一"。二进制的基数为 2，位权为 2^K（K 为整数）。一个二进制数可以写成以 2 为基数按位权展开的形式。

例：把二进制数 1001 按位权展开。

解：$(1001)_2 = 1 \times 2^3 + 0 \times 2^2 + 0 \times 2^1 + 1 \times 2^0$

二进制数的加法和乘法运算如下：

$0+0=0 \qquad 0+1=1 \qquad 1+0=1 \qquad 1+1=10$

$0\times0=0 \qquad 0\times1=0 \qquad 1\times0=0 \qquad 1\times1=1$

3. 八进制数

八进制数中共有 0~7 共 8 个数码，其计数特点及进位原则是"逢八进一"。八进制的基数为 8，位权为 8^K（K 为整数）。

例：把八进制数 2234 按位权展开。

解：$(2234)_8 = 2 \times 8^3 + 2 \times 8^2 + 3 \times 8^1 + 4 \times 8^0$

4. 十六进制数

十六进制数有 0~9 及 A、B、C、D、E、F 共 16 个数码，其中 A~F 分别表示十进制数的 10~15。十六进制计数特点及进位原则是"逢十六进一"。十六进制的基数为 16，位权为 16^K（K 为整数）。

例：把十六进制数 A2234 按位权展开。

解：$(A2234)_{16} = A \times 16^4 + 2 \times 16^3 + 2 \times 16^2 + 3 \times 16^1 + 4 \times 16^0$

1.2.2 信息单位

计算机只能接收和处理二进制信息。因此，计算机的数值数据、非数值数据、各种控制命令等信息都是以二进制码来表示的。常用的信息单位有位和字节。

位，也称比特，记为 bit，是计算机中信息的最小单位，表示 1 个二进制数位。例如，$(10101101)_2$ 占有 8 位。1 位信息只能表示 2 个状态（0 或 1）中的 1 个。

字节，记为 Byte 或 B，是计算机中信息的基本单位，表示 8 个二进制数位。例如，$(10101101)_2$ 占有 1 个字节。

此外，常用的信息单位还有 KB（千字节）、MB（兆字节）、GB（吉字节），它们之间的关系为：

1Byte = 8bit

$$1KB = 2^{10}B = 1024B$$

$$1MB = 2^{10}KB = 1024KB$$

$$1GB = 2^{10}MB = 1024MB$$

$$1TB = 2^{10}GB = 1024GB$$

1.2.3 字符编码

计算机只能识别和处理用二进制表示的信息，因此我们所有要使用的数字、字母、字符、标点以及其他特殊符号，都只能用0、1的不同组合来表示，以便计算机能够识别，这些二进制数组合我们就称之为"编码"。目前，在计算机中普遍采用的符号编码是ASCII码（American Standard Code for Information Interchange，美国标准信息交换码），它规定用七位二进制数码表示一个字符，七位二进制数码共有 $2^7 = 128$ 种组合，故可表示128个字符。例如，$(1000001)_2$ 表示字母"A"，$(0111110)_2$ 表示符号" > "。但是由于计算机存储器都是以字节（8位二进制）为单位进行存储，为了方便，字符的二进制编码都占8个二进制位，它正好占计算机存储器一个字节，每个字节的最高位用作奇偶校验。

ASCII字符编码如表1-2所示。

表1-2 7位 ASCII 编码表

	000	001	010	011	100	101	110	111
0000	NUL	DLE	SP	0	@	P	`	p
0001	SOH	DC1	!	1	A	Q	a	q
0010	STX	DC2	"	2	B	R	b	r
0011	ETX	DC3	#	3	C	S	c	s
0100	EOT	DC4	$	4	D	T	d	t
0101	ENQ	NAK	%	5	E	U	e	u
0110	ACK	SYN	&	6	F	V	f	v
0111	BEL	ETB	`	7	G	W	g	w
1000	BS	CAN	(	8	H	X	h	x
1001	HT	EM	)	9	I	Y	i	y
1010	LF	SUB	*	:	J	Z	j	z
1011	VT	ESC	+	;	K	[	k	{
1100	FF	FS	,	<	L	\	l	|
1101	CR	GS	-	=	M	]	m	}
1110	SO	RS	.	>	N	^	n	~
1111	SI	US	/	?	O	-	o	DEL

ASCII码字符分为图形字符和控制字符两大类。图形字符是可显示打印的字符，包括数字、英文字母、算术运算符、标点符号、空格符及一些常用符号；控制字符共33个，用作基本控制，如传送、格式、分隔、擦除等。

1.2.4 汉字编码

具有悠久历史的汉字是中国民族文化的象征。世界上四分之一以上的人口使用汉字，因此，在计算机中，汉字的应用占有十分重要的地位。

要让计算机能处理汉字，也必须同样使用 0、1 组成的代码来表示汉字和中文中使用的符号，也就是对汉字进行编码。

汉字编码不能脱离国际标准的字符编码，但是 ASCII 码最多只能表达 128 个字符，并且已经为英文字母等所占用，因此必须采用扩展编码法，即用两个 ASCII 码代表一个汉字编码，其中第一个字节的最高位是 1，这样不会与已存储的 ASCII 码的字节混淆。

常用的汉字编码标准有 GB2312 – 80、BIG – 5 和 GBK。

1. 国标码

GB2312 – 80（GB 是 "国标" 二字的汉语拼音缩写）由国家标准局于 1981 年 5 月颁布，通常称作国标码。GB 码是一个简化汉字的编码，通行于我国大陆。

在国标码中，共收纳了 6763 个汉字和 682 个非汉字图形符号。国家标准的编码原则是，一个汉字用两个字节表示，分别称为前字节和后字节，每个汉字用七位码，共计可用 14 位二进制码，能组成 $2^{14} = 16384$ 个可区别代码（能表示 16384 个汉字字符）。

根据使用频率将 6763 个汉字分为两级，一级为常用汉字 3755 个，按拼音字母排列，同音字以笔型排列（横、竖、撇、点、折为序）；二级为次常用汉字 3008 个，按部首和笔型顺序排列。

根据国标码，每个汉字与一个区号和位号对应；反过来，给定一个区号和位号，就可确定一个汉字或汉字符号。例如，"青" 在 39 区 64 位，"岛" 在 21 区 26 位。

2. BIG – 5

BIG – 5 码是通行于我国台湾省、香港特别行政区等地区的一个繁体字编码方案，俗称 "大五码"。它并不是一个法定的编码方案，但它被广泛地应用于计算机业，尤其是互联网中，并且成为一种事实上的行业标准。

BIG – 5 码收录了 13461 个符号和汉字，包括符号 408 个，汉字 13053 个。汉字分常用字和次常用字两部分，各部分中汉字按笔画/部首排列，其中常用字 5401 个，次常用字 7652 个。

3. GBK

GBK 又是一个汉字编码标准，全称是 "汉字内码扩展规范"，于 1995 年 12 月 15 日发布和实施。GB 即 "国际"，K 是 "扩展" 的 "扩" 字的第一个字母。

GBK 是对 GB2312 – 80 的扩充，并且与 GB2312 – 80 兼容，即 GB2312 – 80 中的任何一个汉字，其编码与在 GBK 中的编码完全相同。GBK 共收录了 21886 个汉字和图形符号，其中汉字（包括部首和构件）21003 个，图形符号 883 个。微软公司自 Windows 95 简体中文版开始采用 GBK 编码。

1.3 计算机安全

1.3.1 计算机不安全因素

计算机信息系统并不安全，其不安全因素有计算机信息系统自身的、自然的，也有人为的。可以导致计算机信息系统不安全的因素包括软件系统、硬件系统、环境因素和人为因素等几个方面。

1. 软件系统

软件系统一般包括系统软件、应用软件和数据库部分。所谓软件就是用程序设计语言写成的机器能处理的程序，这种程序可能会被篡改或盗窃，一旦软件被修改或破坏，就会损害系统功能，以致整个系统瘫痪。而数据库中存有大量的各种数据，有的数据资料价值连城，如果遭到破坏，损失是难以估计的。

2. 硬件系统

硬件即除软件以外的所有设备，这些电子设备最容易被破坏或盗窃，其安全存取控制功能还比较弱。而信息或数据要通过通信线路在主机间或主机与终端及网络之间传送，在传送过程中也可能被截取。

3. 环境因素

电磁波辐射：计算机设备本身就有电磁辐射问题，也怕外界电磁波的辐射和干扰，特别是自身辐射带有信息，容易被别人接收，造成信息泄露。

辅助保障系统：水、电、空调中断或不正常会影响系统运行。

自然因素：火、电、水、静电、灰尘、有害气体、地震、雷电、强磁场和电磁脉冲等的危害。这些危害有的会损害系统设备，有的则会破坏数据，甚至毁掉整个系统和数据。

4. 人为因素

人为因素包括安全管理水平低、人员技术素质差、操作失误、违法犯罪行为等。

1.3.2 计算机病毒（Virus）和黑客（Hacker）

计算机病毒就是能够通过某种途径潜伏在计算机存储介质（或程序）里，当达到某种条件时即可被激活的具体对计算机资源进行破坏作用的一组程序或指令集合。

下面将具体介绍计算机病毒的相关知识。

1. 计算机病毒的产生

计算机病毒不是来源于突发或偶然。一次突发的停电和偶然的错误，会在计算机的磁盘和内存中产生一些乱码和随机指令，但这些代码是无序和混乱的。计算机病毒则是一种精巧严谨的代码，该代码有严格的秩序，与所在的系统网络环境相适应。

2. 计算机病毒的特点

计算机病毒对系统构成很大的威胁，其具有以下特点：

➢破坏性：主要表现在占用系统资源、破坏数据、干扰运行或造成系统瘫痪等，有些病毒甚至会破坏硬件。

➢传染性：当对文件读/写操作时，计算机病毒便会将自身复制到被读/写的文件中。

➢潜伏期：很多计算机病毒都有一定的潜伏期，感染该类病毒后并不会立刻发作，直到满足一些条件时才会表现出来。例如，在特定时间发作的病毒等。

➢隐藏性：计算机病毒文件很小，很多仅为1KB左右，并且会隐藏于正常文件中，如果不熟悉操作系统的结构、运行和管理机制，将很难判断计算机是否已经感染了病毒。

3. 计算机病毒的攻击方式及感染后的症状

当病毒进入计算机后，会对计算机进行攻击，其攻击能力主要取决于计算机病毒制造者的主观愿望和所具有的技术因素。计算机病毒的常见攻击方式及感染后的症状如下所述。

➢影响运行速度、降低系统的运行，甚至造成死机现象。

➢干扰系统正常运行，不执行命令，中止内部命令的执行，打不开文件，缓冲区溢出，占用特殊数据区，时钟倒转，自动重新启动计算机，死机，强制游戏以及扰乱串并行接口等。

➢扰乱屏幕显示，屏幕中显示的字符出现环绕、倒置，显示前一屏幕，自动滚屏及屏幕自动抖动等现象。

➢干扰打印机，打印机出现假警报，间断打印和更换字符等现象。

➢发出噪声，使计算机的喇叭发出非正常的声音，例如一些音乐等。

黑客是指利用计算机系统的漏洞和缺陷，通过网络非法进入计算机系统盗窃、修改、破坏信息的人，是网络管理人员与企业组织的心腹大患之一，而一般的家庭用户也难逃其魔掌。

黑客的常见手段是利用操作系统或软件的漏洞攻击系统和破译用户密码。为了防止黑客利用漏洞进行攻击，用户要及时在软件的官方网站下载更新或补丁来减少漏洞。为了防止密码被破译，在设置密码时，要保证密码有足够的位数（至少8位），避免用自己的生日、电话号码等作为密码。另外，密码要注意保密，防止泄露。

1.3.3 计算机病毒的防范

计算机用户有必要了解计算机病毒的一些基本知识，这样有助于尽早发现病毒，估计病毒对计算机的破坏程度，以便尽快采取措施，把损失降到最低程度。

1. 计算机病毒的预防

◇从管理上预防

➢谨慎地使用公用软件和共享软件。

➢定期检测软、硬盘上的系统区和文件，并及时消除病毒。

➢对所有系统盘和文件或重要的磁盘文件进行写保护。

◇从技术上预防

➢硬件保护法。任何计算机病毒对系统的入侵都是利用RAM提供的自由空间及操作系统所提供的相应的中断功能来达到传染的目的。因此，可以通过增加硬件设备来保护系统，此硬件设备既能监视RAM中的常驻内存情况，又能阻止对外存储器的异常写操作，这样就能实现对计算机病毒预防的目的。

➢计算机病毒疫苗。计算机病毒疫苗是一种能够监视系统的运行、可以在发现某些病毒入侵时防止或禁止病毒入侵、当发现非法操作时及时警告用户或直接拒绝这种操作的不具备传染性的可执行程序。

2. 计算机病毒的检查与消除

计算机病毒的检查与消除有很强的技术性。一般我们都是用现成的反病毒软件来完成这一工作，反病毒软件很多，目前主要有瑞星、金山毒霸、360 等。

1.4 计算机网络基础

1.4.1 计算机网络的基本概念

1. 计算机网络的定义

计算机网络是把分布在不同地点，并具有独立功能的多个计算机系统通过通信设备和线路连接起来，在功能完善的网络软件和协议的管理下，以实现网络中资源共享为目标的系统。

2. 计算机网络的形成与发展

计算机网络从 20 世纪 60 年代开始发展至今，经历了从简单到复杂、从单机到多机、由终端与计算机之间的通信演变到计算机与计算机之间的直接通信。计算机网络的发展大致可以分为以下 4 个阶段：

➢ 远程联机阶段

➢ 多机互联网络阶段

➢ 标准化网络阶段

➢ 互联与高速网络阶段

3. 计算机网络的主要功能

计算机网络主要具有下述功能。

◎资源共享

计算机的资源一般是指与计算机有关的软件和硬件，如数据、应用程序、硬盘空间、打印机等。例如，在某个单位里，只要将几台计算机连接起来成为一个局域网，几台计算机就可以共同使用一台打印机，从而节省了硬件投资。

◎计算机通信

不同地点的计算机，即使是远隔重洋也可以通过网络互相对话，相互传输数据、程序和信息，这也是网络最基本的功能之一。随着 Internet 的发展，计算机用户之间的通信越来越频繁，据统计，当今世界上电子邮件的数量已经远远超过普通信件的数量。

◎集中管理与处理

地址上分散的组织机构使用网络进行集中的管理和处理，如银行财经系统、电信部门、飞机订票系统、邮政系统等。

◎分布式处理

某些工程的信息处理量非常庞大，这时就可以通过网络将某些工作交给联网的其他计算机进行处理，这将大大提高信息处理的速度。

◎均衡负荷

当网络中某台计算机的任务负荷太重时，通过网络和应用程序的控制和管理，将作业分散到网络中的其他计算机中，由多台计算机共同完成。

1.4.2 数据通信的基础知识

1. 数据通信的基本概念

◇**数据、信息和信号**

信息（Information）是客观事物属性和相互联系特性的表征，它反映了客观事物的存在形式和运动状态。

数据（Data）在计算机网络系统中，通常被广义地理解为在网络中存储、处理和传输的二进制数字编码。而狭义的"数据"通常是指具有一定数字特性的信息，如统计数据、气象数据等。

信号（Signal）简单地讲就是携带信息的传输媒介。在通信系统中常常使用的电信号、电磁信号、光信号、脉冲信号、调制信号等术语就是指携带某种信息的具有不同形式或特性的传输媒介。

◇**数据通信、数字通信和模拟通信**

数据通信是指信源和信宿之间传送数据信号的通信方式，它强调的是信源和信宿之间所传输的信息形式。

数字（模拟）通信是指在通信信道中传送数字信号（模拟信号）的通信方式，它（们）强调的是信道的形式或者信道中传输的信号形式。

2. 数据通信的主要技术指标

◇**带宽**

带宽是指信道所能传送的信号频率宽度，它的值为信道上可传送信号的最高频率与最低频率之差。根据频率范围的不同，通常可将信道分为窄带信道（0～300Hz）、音频信道（300～3400Hz）和宽带信道（3400Hz以上）。

◇**传输速率**

传输速率是在单位时间内、信道内传输的二进制代码位（比特）数，即比特率。记为b/s 或 bps。

◇**误码率**

误码率是指在信息传输过程中的出错率，是通信系统的可靠性指标。在计算机系统中，一般要求误码率低于 10^{-6}（百万分之一）。

1.4.3 计算机网络的结构组成

一个完整的计算机网络系统是由网络硬件和网络软件所组成的。网络硬件是计算机网络系统的物理实现，网络软件是网络系统中的技术支持。两者相互作用，共同完成网络功能。

1. 网络硬件的组成

计算机网络硬件系统是由计算机（主机、客户机、终端）、通信处理机（集线器、交换机、路由器）、通信线路（同轴电缆、双绞线、光纤）、信息变换设备（Modem、编码解码器）等构成。

2. 网络软件的组成

在计算机网络系统中，除了各种网络硬件设备外，还必须具有网络软件（网络操作系统、网络协议软件、网络管理软件、网络通信软件、网络应用软件等）。

3. 网络的拓扑结构

计算机网络的拓扑结构就是指计算机网络中的通信线路和结点相互连接的几何排列方法和模式。拓扑结构影响着整个网络的设计、功能、可靠性和通信费用等许多方面，是决定局域网性能优劣的重要因素之一。网络的拓扑结构主要分为总线型拓扑结构、星型拓扑结构、树型拓扑结构、环型拓扑结构、网状拓扑结构和蜂窝状拓扑结构六类。

1.4.4 计算机网络的分类

由于计算机网络自身的特点，其分类方法有多种。根据不同的分类原则，可以得到不同类型的计算机网络。下面简单介绍其中的三种分类。

1. 按覆盖范围分类

根据网络连接的地理范围，可将计算机网络分为局域网（LAN）、城域网（MAN）、广域网（WAN）三种类型。

2. 按传播方式分类

如果按传播方式不同，可将计算机网络分为广播网络和点对点网络两大类。

3. 按传输介质分类

如果按传输介质的不同，可将计算机网络分为有线网、无线网两大类。

1.4.5 Internet 概述

1. Internet 简介

Internet 又称国际互联网，是世界上最大的计算机网络和信息资源库。Internet 奇迹般的崛起已经引起了全世界所有国家的瞩目，许多专家认为，它如同电的发明一样改变着人类生活方式与行为。因此，为了适应时代的需求，也为了我们自身的发展，需要进一步了解 Internet，学习和掌握它的使用。

Internet 的前身是始于 20 世纪 60 年代美国国防部组织研制的 ARPAnet 网（高级研究计划署网络），当时是为了使在地域上相互分离的军事机构能够共享数据而创建的，它标志着 Internet 的诞生。

随着 Internet 的兴起，以美国 Internet 为中心的网络互联，迅速向全球扩展，许多国家先后加入 Internet，加入到 Internet 中的人员、计算机和网络的数量成指数增长。

我国在 1994 年 3 月正式加入 Internet，1994 年 5 月在中国科学院高能物理研究所实现联网。到目前为止，我国共有四大网络主流体系：中国科学院的"中国国家计算与网络设施工程"（简称 NCFC）、国家教委的"中国教育科研计算机网"（CERNET）、邮电部的"国家公用信息通信网"（简称 CHINANET）、电子工业部的"国家公用信息通信网"（又称金桥网，或 CHINAGBN）。

其中，中国公用计算机互联网是国内第一个以提供公共服务为主要目的的计算机广域网，为国内广大用户提供了 Internet 服务，电话拨号采用全国统一特服号 163。

2. Internet 提供的服务

Internet 提供的服务包括 WWW 服务、电子邮件（E-mail）、文件传输（FTP）、远程登录（Telnet）、新闻论坛（Usenet）、新闻组（News Group）、电子布告栏（BBS）、Gopher 搜索、文件搜寻（Archie），等等，全球用户可以通过 Internet 提供的这些服务，获取 Internet

上提供的信息和功能。这里简单地介绍以下几个最常用的服务。

◇**收发 E-mail**（**E-mail 服务**）

电子邮件（E-mail）服务是 Internet 所有信息服务中用户最多和接触面最广泛的一类服务。电子邮件不仅可以到达那些直接与 Internet 连接的用户和通过电话拨号可以进入 Internet 结点的用户，还可以用来同一些商业网（如 CompuServe、America Online）以及世界范围的其他计算机网络（如 BITNET）上的用户通信联系。电子邮件的收发过程和普通信件的工作原理是非常相似的。

◇**共享远程的资源**（**远程登录服务 Telnet**）

远程登录是指允许一个地点的用户与另一个地点的计算机上运行的应用程序进行交互对话。

远程登录使用支持 Telnet 协议的 Telnet 软件。Telnet 协议是 TCP/IP 通信协议中的终端机协议。

◇**FTP 服务**

FTP 是文件传输的最主要工具，它可以传输任何格式的数据。用 FTP 可以访问 Internet 的各种 FTP 服务器。访问 FTP 服务器有两种方式：一种是注册用户登录到服务器系统，另一种是用"隐名"（anonymous）进入服务器。

◇**高级浏览 WWW**

WWW（World Wide Web）是一张附着在 Internet 上的覆盖全球的信息"蜘蛛网"，镶嵌着无数以超文本形式存在的信息，其中有璀璨的明珠，当然也有腐臭的垃圾。有人叫它全球网，有人叫它万维网，或者就简称为 Web（全国科学技术名词审定委员会建议，WWW 的中译名为"万维网"）。WWW 是当前 Internet 上最受欢迎、最为流行、最新的信息检索服务系统。它把 Internet 上现有资源统统连接起来，使用户能在 Internet 上已经建立了 WWW 服务器的所有站点提供超文本媒体资源文档。这是因为，WWW 能把各种类型的信息（静止图像、文本声音和音像）无缝地集成起来。WWW 不仅提供了图形界面的快速信息查找，还可以通过同样的图形界面（GUI）与 Internet 的其他服务器对接。

3. Internet 中的网址

◇**TCP/IP**

TCP/IP 是用来将计算机和通信设备组织成网络的一大类协议的统称。

TCP/IP 有 100 多个协议，其中最重要的两个协议是传输控制协议 TCP（Transmission Control Protocol）协议和网际互联协议 IP（Internet Protocol）。IP 负责信息的实际传送，而 TCP 则保证所传送的信息是正确的。其中使用较广泛的还有 SMTP（电子邮件协议）、FTP、Telnet 等。

◇**IP 地址**

为了能够正确地被别人访问，连接到 Internet 上的每台计算机就必须有一个能唯一标识该主机在网上的位置的地址，这个地址用数字来表示，称为 IP 地址，就好像每部电话都必须有一个电话号码一样。

IP 地址含有 4 个字节，32 个二进制位，为了便于记忆，将 32 位二进制数分成 4 组，每组 8 位，用小数点"."作为分隔符将它们隔开，然后把每一组都翻译成相应的十进制数（每组数字范围在 0～255 之间）。

例如：202. 196. 112. 166，202. 119. 2. 199

◇**Internet 上的域名**

在 Internet 上，尽管 IP 地址能标识一台主机，然而，对一般 Internet 用户来说，这种毫无意义的数字很难记忆。为此，Internet 引进了域名管理系统 DNS（Domain Name System），每台计算机都使用一串唯一的英文字母作为该计算机的名字以示区别，这个名字就是我们常说的"域名"。域名采用层次结构，每一层构成一个子域名，子域名之间用圆点"．"隔开，自左至右分别为：主机名．机构名．网络名．最高层域名。

以机构区分的最高域名有 7 个：

com　商业机构　　edu　教育机构　　net　网络管理部门　　mil　军事网点
gov　政府部门　　int　国际机构　　org　非营利组织

以地区区分的最高域名有：UK（美国）、AU（澳大利亚）、CN（中国）、HK（中国香港）、TW（中国台湾）、MO（中国澳门）、JP（日本）、UK（英国）等。

4. Internet 的接入方式

目前，接入 Internet 的方式比较多，用户可根据上网需要选择最经济、可靠的方案。

➢拨号上网：只要具备一条能打通 ISP 特服电话（比如 169、263 等）的电话线、一台计算机、一台调制解调器（Modem），并且办理了必要的手续（得到用户名和密码），就可以轻轻松松上网了。缺点是上网速度慢，最高接入速度只能达到 56Kbps，而且在上网的同时还不能正常拨打和接听电话。进入 21 世纪以后，部分运营商已经逐步停止了 96163、96169 等模拟拨号上网业务。

➢ ADSL 宽带上网：在普通电话线上加装 ADSL Modem，在电脑上装上网卡即可（外置 Modem）。优点是上网的同时可以打电话，互不影响，上网时不需要另交电话费，且上网速度快（512bps～8Mbps）。

➢小区宽带上网：通过所在的单位或社区的局域网接入 Internet，当局域网中上网用户少时，接入速度快（10Mbps～100Mbps）。而当网内上网用户增多时，网速会明显降低。

➢无线上网：无线上网是大多使用在笔记本电脑和移动电话等无线通信工具的上网方式，它不受地域和物理设备等条件限制，从而得到越来越多用户的青睐。

现在电脑上网主要以 ADSL 宽带入网方式、LAN 小区宽带以及无线上网等为主，下面我们以 ADSL 宽带上网方式进行介绍。

5. 建立 ADSL 宽带连接

在硬件连接完毕且所有信号正常的状态下，就可以进行软件设置拨号上网了。有些 Modem 自带有"配置程序"，在不同操作系统下都可以完成设置，并自动拨号上网，Windows 系统本身已提供了 ADSL 拨号工具。

01 单击"开始"→"网络"→"网络和共享中心"命令，打开"网络和共享中心"窗口，如图 1 - 18 所示，在"更改网络设置"栏单击"设置新的连接或网络"链接。

02 弹出"设置连接或网络"对话框，如图 1 - 19 所示，选择"连接到 Internet"选项，直接单击"下一步"按钮。

03 在弹出的对话框中单击"宽带（PPPoE）"选项，如图 1 - 20 所示。

04 在弹出的如图 1 - 21 所示的对话框中输入从网络运营商处获取的 ADSL 用户名和密码，然后单击"连接"按钮。系统将自动进行拨号连接，连接成功后就可以上网了。

图1-18 设置新的连接或网络

图1-19 选择连接类型

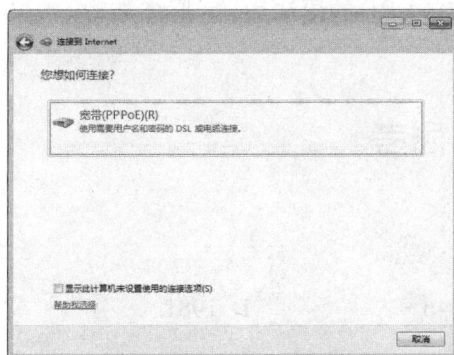

图1-20 连网方式选择

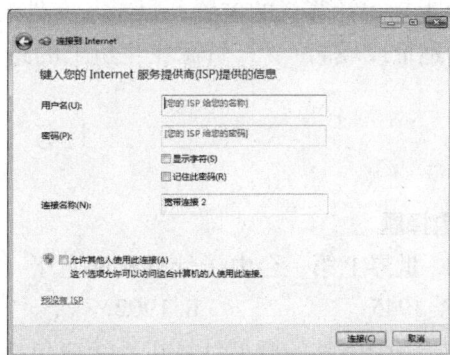

图1-21 用户信息输入窗口

05 建立好 ADSL 拨号连接后,用户就可以随时进行拨号上网了。打开"网络和共享中心"窗口,在左侧列表中单击"更改适配器设置"链接,打开"网络连接"窗口。如图1-22所示,鼠标右键单击新建的宽带连接图标,在弹出的快捷菜单中单击"连接"命令。

06 弹出"连接宽带连接"对话框,在用户名和"密码"文本框中输入用户名和密码,然后单击"连接"按钮,如图1-23所示。

图1-22 连接宽带

图1-23 拨号窗口

6. Internet 的术语

◎**文本与超文本**

➤文本指可见字符的有序组合,又称为普通文本。

➤ 超文本是一种电子文档，其中的文字包括可以链接到其他文档的超文本链接，允许从当前阅读位置直接切换到超文本链接所指向的对象。

◇ **超文本标记语言**

超文本标记语言 HTML 在 WWW 中用来描述超媒体文本的模式和内容，是编写超媒体文本的语言，也称为网页编写语言。

◇ **浏览器**

用户浏览网页时使用的客户端软件，目前最流行的 WWW 浏览器有微软公司的 IE Internet Explorer 、Mozilla 公司的 FireFox 和傲游公司的 Maxthon 等。

◇ **统一资源定位器 URL**

URL（Universal Resource Location）主要功能是定位信息，即所谓的网址，是唯一在 Internet 上标识计算机的位置、目录与文件的命名协议。URL 的语法为"〈服务类型〉：//〈主机 IP 地址或域名〉/〈资源在主机上的路径〉"。

1.5 练习与思考

一、选择题

1. 世界上第一台电子计算机诞生于（   ）年。
A. 1945   B. 1902   C. 1946   D. 1981

2. 一个完整的微型计算机系统应包括（   ）。
A. 计算机及外部设备   B. 主机箱、键盘、显示器和打印机
C. 硬件系统和软件系统   D. 系统软件和系统硬件

3. 以下设备中，属于输出设备的是（   ）。
A. 绘图仪   B. 鼠标   C. 光笔   D. 扫描仪

4. 万维网（World Wide Web）又称为（   ），是 Internet 中应用最广泛的领域之一。
A. Internet   B. 全球信息网   C. 城市网   D. 远程网

5. 调制解调器的功能是实现（   ）。
A. 数字信号的编码   B. 数字信号的整形
C. 模拟信号的放大   D. 模拟信号与数字信号的转换

6. 互联网上的服务都是基于某种协议，WWW 服务基于（   ）协议。
A. SMIP   B. HTTP   C. SNMP   D. TELNET

7. com 结尾的域名表示的机构为（   ）。
A. 网络管理部门   B. 商业机构
C. 教育机构   D. 国际机构

8. Internet 使用一种称之为（   ）的专用机器将网络互连在一起。
A. 服务器   B. 终端   C. 路由器   D. 网卡

9. 在 Internet 的通信协议中，可靠的数据传输是由（   ）来保证的。
A. HTTP 协议   B. TCP 协议   C. FTP 协议   D. SMTP 协议

10. 免费软件下载，是利用了 Internet 提供的（   ）功能。
A. 网上聊天   B. 文件传输   C. 电子邮件   D. 电子商务

11. 域名为 BBS. szptt. net. cn 的站点一般是指（　　　）。

A. 文件传输站点

B. 新闻讨论组站点或文件传输站点

C. 电子公告栏站点

D. 电子邮件中对方的地址或文件传输站点

12. 下列不属于 Internet 信息服务的是（　　　）。

A. 远程登录　　　　B. 文件传输　　　　C. 网上邻居　　　　D. 电子邮件

13. Internet 上使用最广泛的标准通信协议是（　　　）。

A. TCP/IP　　　　B. FTP　　　　C. SMTP　　　　D. ARP

14. 缩写 WWW 表示的是（　　　），它是 Internet 提供的一项服务。

A. 局域网　　　　B. 广域网　　　　C. 万维网　　　　D. 网上论坛

15. 目前，Internet 为人们提供信息浏览的最主要的服务方式是（　　　）。

A. WWW　　　　B. FTP　　　　C. TELNET　　　　D. WAIS

16. 在互联网上，用来发送电子邮件的协议是（　　　）。

A. HTTP　　　　B. SMTP　　　　C. FTP　　　　D. ASP

17. 局域网的网络有（　　　）。

A. 逻辑网、物理网、总线网　　　　　　B. 星型网、总线网、环型网

C. 局域网、城域网、广域网　　　　　　D. 总线网、广域网、城域网

18. 对于城域网来说，下列说法正确的是（　　　）。

A. 只能是专用网

B. 只能是公用网

C. 既可以是专用网，也可以是公用网

D. 既不可以是专用网，也不可以是公用网

19. 提供不可靠的数据传输协议是（　　　）。

A. PHP　　　　B. UDP　　　　C. IP　　　　D. P2P

20. HTTP 协议采用（　　　）方式传送 Web 数据。

A. 自愿接收　　　　B. 被动接收　　　　C. 请求/响应　　　　D. 随机发送

21. 要能顺利发送和接收电子邮件，下列设备必需的是（　　　）。

A. 邮件服务器　　　　　　　　　　B. 打印机服务器

C. Web 服务器　　　　　　　　　　D. 扫描仪

22. HTML 是一种（　　　）。

A. 超文本标记语言　　　　　　　　B. 超文本传输协议

C. 域名　　　　　　　　　　　　　D. 服务器名称

23. 下列四项中主要用于在 Internet 上交流信息的是（　　　）。

A. BBS　　　　B. DOS　　　　C. Word　　　　D. Excel

24. 如果申请了一个免费电子信箱为 zjxm@ sina. com，则该电子信箱的账号是（　　　）。

A. zjxm　　　　B. @ sina. com　　　　C. @ sina　　　　D. sina. com

25. UDP 的全称是（　　　）。

A. 传输控制协议　　　　　　　　　B. 文件传输协议

C. 用户数据报协议　　　　　　　　　　D. 超文本传输协议

26. TCP 协议把数据分成若干数据段，称为（　　　）。

A. 分组　　　　　　B. 协议单元　　　　C. 数据报　　　　D. 段落

27. 以下活动中，不属于电子商务范畴的是（　　　）。

A. 网上购物　　　　B. 网上支付　　　　C. 在线谈判　　　D. 现场交易

28. Internet 用户的电子邮件地址格式必须是（　　　）。

A. 用户名@单位网络名　　　　　　　　B. 单位网络名@用户名

C. 邮件服务器域名@用户名　　　　　　D. 用户名@邮件服务器域名

29. HTML 的结构包括（　　　）两大部分。

A. 头部和主体　　　　　　　　　　　　B. IP 地址和主体

C. 网络号和主机号　　　　　　　　　　D. 网络号和主体

30. 常用的接入 Internet 的方式有（　　　）。

A. 电话拨号接入　　　　　　　　　　　B. ADSL 接入

C. Cable Modem 接入　　　　　　　　　D. 以上都是

31. 通过局域网方式接入 Internet，必需的硬件有（　　　）。

①网卡　②网线　③路由器　④Modem

A. ①④　　　　　　B. ②④　　　　　　C. ③④　　　　　　D. ①②

32. 网关地址指的是（　　　）。

A. DNS 服务器地址　　　　　　　　　　B. 接入 Internet 路由器地址

C. 局域网内相邻 PC 机地址　　　　　　D. 子网地址

33. Internet 代理服务器的作用是（　　　）。

A. 视频服务　　　　　　　　　　　　　B. 邮件服务

C. 提供共享接入 Internet　　　　　　　D. 音频服务

34. 代理服务器可以加快对网络的浏览速度，原因是（　　　）。

A. 保存用户访问数据记录　　　　　　　B. 服务器性能优良

C. 服务器客户端少　　　　　　　　　　D. 以上都不是

35. 以下说法正确的是（　　　）。

A. 局域网访问 Internet 不需要 ISP

B. 拨号速度比局域网要快

C. 局域网双绞线传输距离可以达到 1000 米

D. 以上都不正确

36. 应用层可以支持的是（　　　）。

A. CPP 协议和 UDP 协议　　　　　　　B. HTTP 协议和 SMTP 协议

C. CPP 协议和 HTTP 协议　　　　　　　D. CPP 协议和 SMTP 协议

37. 目前实际存在和使用的广域网基本上都是采用（　　　）。

A. 流线拓扑结构　　　　　　　　　　　B. 开放型拓扑结构

C. 网状拓扑结构　　　　　　　　　　　D. 直线型拓扑结构

38. 下列协议中提供不可靠的数据传输的是（　　　）。

A. P2P　　　　　　B. UDP　　　　　　C. IP　　　　　　D. PHP

39. 以下不属于目前常用的传输介质的是 (　　　)。

A. 双绞线　　　　　B. 同轴电缆　　　　C. 光纤　　　　　D. 卫星信道

40. IPv4 地址可分 (　　　) 类。

A. 2　　　　　　　B. 3　　　　　　　C. 4　　　　　　D. 5

41. 城域网是介于广域网与局域网之间的一种高速网络，城域网的设计目标是要满足几十公里范围的大量企业、机关、公司的 (　　　)。

A. 多个计算机互联的需求　　　　　B. 多个局域网互联的需求

C. 多个主机互联的需求　　　　　　D. 多个 SDH 网互联的需求

42. 按照网络信号的传输延迟，从小到大排序正确的是 (　　　)。

A. 局域网、广域网、城域网　　　　B. 局域网、城域网、广域网

C. 城域网、广域网、局域网　　　　D. 城域网、局域网、广域网

43. TCP/IP 协议中 TCP 协议负责 (　　　)。

A. 音频传输　　　　　　　　　　　B. 数据传输的可靠性

C. 视频传输　　　　　　　　　　　D. 文本传输

44. TCP/IP 协议分层模型中，(　　　) 定义了 TCP 和 UDP 协议。

A. 应用层　　　　　　　　　　　　B. 运输层 (或称传输层)

C. 网络层　　　　　　　　　　　　D. 物理层

45. 下列 IP 地址合法的是 (　　　)。

A. 0. 0. 0. 0　　　　　　　　　　　B. 202：196：65：35

C. 202，196，65，35　　　　　　　D. 202. 196. 65. 35

46. 连接到 Internet 常用的方式有 (　　　)。

A. 电话拨号　　　　B. ADSL 接入　　　C. LAN　　　　　D. 以上都是

47. 理论带宽为 56Kbps 的接入互联网方式是 (　　　)。

A. ADSL　　　　　　B. 电话拨号　　　　C. LAN 接入　　　D. SDH

48. 目前局域网的带宽一般为 (　　　)。

A. 10Mbps ~ 100Mbps　　　　　　　B. 128Kbps

C. 56Kbps　　　　　　　　　　　　D. 10Kbps

49. 适合移动用户接入互联网的方式是 (　　　)。

A. 无线 LAN　　　　B. 光纤　　　　　C. 电话拨号　　　D. Cable Modem

50. 适合智能手机接入互联网的方式是 (　　　)。

A. GPRS　　　　　　B. CDMA　　　　　C. 3G　　　　　　D. 以上都是

51. 使用代理服务器时，所有用户对外占用 IP 数目为 (　　　)。

A. 0　　　　　　　B. 一个　　　　　C. 任意个数　　　D. 不确定

52. ipconfig 命令参数 (　　　) 可以查看更详细的信息。

A. all　　　　　　　B. renew　　　　　C. release　　　　D. EL

53. 要想查看 IP 地址配置，可以使用命令 (　　　)。

A. ipconfig　　　　　B. netstat　　　　　C. ping　　　　　D. tracert

54. ping 127. 0. 0. 1 这个命令数据包被送到 (　　　)。

A. 远端服务器　　　　　　　　　　B. 本机

C. Internet
D. 网关

55. Internet 的通信协议是（　　　）。

A. HTTP
B. TCP/IP
C. FTP
D. SMTP

56. 提供可靠传输的传输层协议是（　　　）。

A. TCP
B. FTP
C. HTTP
D. SMTP

57. 使用命令（　　　）可查看当前 TCP/IP 的配置。

A. ipconfig
B. dir
C. cmd
D. cd

58. 查看 MAC 地址应使用命令（　　　）。

A. ipconfig
B. dir/all
C. ip
D. mac

59. 代理服务器可以加快对网络的浏览速度，原因是（　　　）。

A. 对外只占用一个 ip
B. 服务器性能优良

C. 服务器客户端少
D. 保存用户访问数据记录

60. UDP 是一种（　　　）。

A. 软件
B. 协议
C. 设备
D. 病毒

61. 当使用 ipconfig 时不带参数选项，则它为每个已经配置的接口显示内容不包括（　　　）。

A. IP 地址
B. 子网掩码

C. 默认网关
D. 所有与本接口连接的主机 IP

62. （　　　）是一种价格低廉、易于连接的有线传输介质。

A. 双绞线
B. 同轴电缆

C. 光纤
D. 以上都不是

二、填空题

1. 计算机系统一般由_____和_____两大系统组成。

2. 微型计算机系统结构由_____、控制器、_____、输入设备、输出设备五大部分组成。

3. 在表示存储容量时，1GB 表示 2 的_____次方，或是_____MB。

4. 衡量计算机中 CPU 的性能指标主要有_____和_____两个。

5. 存储器一般可以分为主存储器和_____存储器两种。主存储器又称_____。

6. 构成存储器的最小单位是_____，存储容量一般以_____为单位。

7. 计算机软件一般可以分为_____和_____两大类。

8. 衡量显示设备能表示像素个数的性能指标是_____，目前微型计算机可以配置不同的显示系统，在 CGA、EGA 和 VGA 标准中，显示性能最好的一种是_____。

9. 系统总线按其传输信息的不同可分为_____、_____和_____ 3 类。

10. 光盘按性能不同可分为_____光盘、_____光盘和_____光盘。

11. 7 个二进制位可表示_____种状态。

12. 在微型计算机中，西文字符通常用_____编码来表示。

13. 以国标码为基础的汉字机内码是两个字节的编码，一般在微型计算机中每个字节的最高位为_____。

14. 计算机的开机应该遵循先开_____，后开_____的原则。

15. 常见的计算机病毒按其寄生方式的不同可以分为_____、_____和混合型病毒。

16. 操作系统的功能由 5 个部分组成：处理器管理、存储器管理、_____管理、_____管理和作业管理。

17. 操作系统可以分成单用户、批处理、实时、_____、_____以及分布式操作系统。处理器管理最基本的功能是处理_____事件。

18. 每个用户请求计算机系统完成的一个独立的操作称为_____。

19. Windows 的整个屏幕画面所包含的区域称_____。

20. 窗口是 Windows _____程序存在的基本方式，每一个窗口都代表一段运行的_____。

21. Windows 是一个完全_____化的环境，其中最主要的_____设备或称交互工具是鼠标。

22. 任务栏上显示的是_____以外的所有窗口，按 Alt + _____组合键可以在包括对话框在内的所有窗口之间切换。

23. 在任何窗口下，用户都可以用组合键（Ctrl + _____组合键或 Ctrl + _____组合键）或热键切换输入法。

24. 要安装或卸载某个中文输入法，应先启动_____，再使用其中_____的功能。在"控制面板"的"添加/删除程序"中，可以方便地进行_____程序和 Windows _____的删除和安装的工作。

25. 当你要删除某一应用程序时，可以使用_____工具。如果采用直接删文件夹的方法，很可能造成系统_____错误。在"添加/删除程序"对话框中列出要_____或删除的应用程序，表示该应用程序已经_____了。

26. 按_____键，从关闭程序列表中选择程序，再单击_____按钮可以退出应用程序。

27. 对于 MS – DOS 方式，输入_____命令可以退出"命令提示符"环境。

28. 从 Windows 95 开始，Windows 就抛弃了传统的 DOS 的_____的命名方式，文件的名称最多可以由_____个字符构成。

29. Windows 的文件名中用"＊"代表任意_____个字符，用"？"代表任意_____个字符。

30. 可供选择的各种查看文件夹内容的显示方式的菜单项，共有 5 项，分别是大图标、_____、_____、详细资源和缩略图。

31. 复制文件夹时，按住_____键，然后拖放文件夹图标到另一个_____图标或驱动器图标上即可。

32. 移动文件夹时，按住_____键再拖放_____图标到目的位置后释放即可。Windows 把所有的系统_____设置功能都统一到了_____中。

33. 在添加新硬件时，如果该硬件符合_____的规范，那么操作系统在启动的过程中将能找到该硬件并将在屏幕上显示_____的提示信息。

三、判断题

1. 冯·诺依曼原理是计算机的唯一工作原理。 （   ）
2. 应用软件的作用是扩大计算机的存储容量。 （   ）

3. CPU 是由控制器和运算器组成的。 （　　）

4. 只读存储器的英文名称是 ROM，其英文原文是 Read Only Memory。 （　　）

5. 任何存储器都有记忆能力，其中的信息不会丢失。 （　　）

6. CPU 的主要任务是取出指令、解释指令和执行指令。 （　　）

7. 微机总线主要由数据总线、地址总线和控制总线三类组成。 （　　）

8. 计算机中的所有信息都是以 ASCII 码的形式存储在机器内部的。 （　　）

9. 文字信息处理时，各种文字符号都是以二进制数的形式存储在计算机中。 （　　）

10. 计算机能够直接识别和处理的语言是汇编语言。 （　　）

11. ROM 和 RAM 的最大区别是，ROM 是只读，RAM 可读可写。 （　　）

12. 运算器的主要功能是进行算术运算，不能进行逻辑运算。 （　　）

13. 和内存储器相比，外存储器的特点是容量小、速度快、成本高。 （　　）

14. 内、外存储器的主要特点是内存由半导体大规模集成电路芯片构成，存取速度快、价格高、容量小，不能长期保存数据。外存是由电磁转换或光电转换的方式存储数据，容量高、可长期保存，但价格相对较低，存取速度较慢。 （　　）

15. 目前计算机语言可分为机器语言、汇编语言和高级语言。 （　　）

16. 计算机中的浮点数用阶码和尾数表示。 （　　）

17. Internet 是全球最大的计算机网络，它的基础协议是 TCP/IP。 （　　）

18. DNS 是域名系统的英文缩写，与 IP 地址等同。 （　　）

19. 一台计算机远程连接到另一台计算机上，并可以运行远程计算机上的各种程序，这种服务称为 Telnet 或远程登录。 （　　）

20. Homepage 是指个人或机构的基本信息页面，通常称之为主页。 （　　）

21. 计算机网络是由两个或多个计算机设备互连而成，其主要目的是共享资源。（　　）

22. 计算机网络按其计算机的分布范围通常被分为局域网（LAN）、城域网（MAN）和广域网（WAN）。 （　　）

23. 计算机网络中，通信双方必须共同遵守的规则或约定，称为协议。 （　　）

24. Internet 上的地址有 IP 地址、域名地址两种表示形式。 （　　）

25. 在 Internet 中，WWW 的含义是环球信息网（万维网）。 （　　）

26. FTP 的含义是文件传输协议。 （　　）

27. URL 的含义是统一资源定位器。 （　　）

四、思考题

1. 计算机系统由哪几部分组成？其中硬件系统和软件系统又分别由哪几部分组成？

2. 计算机的发展经历了哪几个阶段？各阶段又有什么特点？

3. 什么是总线？常用的总线有哪几种？

4. 简述冯·诺依曼计算机的工作原理。

第 2 章　Windows 7 操作系统

2.1　了解计算机

电子计算机是一种具有快速计算和逻辑运算能力，依据一定程序自动处理信息、储存并输出处理结果的电子设备，是 20 世纪人类最伟大的发明创造之一。电子计算机的出现是现代文明进入高速发展阶段的重要标志，特别是近年来微型计算机和网络技术的快速发展，使全社会真正进入了信息时代。

2.1.1　了解 Windows 7

Windows 7 是由微软公司（Microsoft）开发的操作系统，核心版本号为 Windows NT 6.1。Windows 7 可供家庭及商业工作环境、笔记本电脑、平板电脑、多媒体中心等使用。Windows 7 具有以下几个版本类型，它们分别为 Windows 7 Starter（初级版）、Windows 7 Home Basic（家庭普通版）、Windows 7 Home Premium（家庭高级版）、Windows 7 Professional（专业版）、Windows 7 Enterprise（企业版）以及 Windows 7 Ultimate（旗舰版）。

1. Windows 7 概述

2009 年 7 月 14 日，Windows 7 正式上线，2009 年 10 月 22 日，微软于美国正式发布 Windows 7，2009 年 10 月 23 日，微软于中国正式发布 Windows 7 简体中文版。

Windows 7 同时也发布了服务器版本——Windows Server 2008 R2。

2011 年 2 月 23 日凌晨，微软面向大众用户正式发布了 Windows 7 升级补丁——Windows 7 SP1（Build 7601.17514.101119 – 1850），另外还包括 Windows Server 2008 R2 SP1 升级补丁。

微软公司已于 2014 年 4 月 8 日取消对 Windows XP 的所有技术支持。Windows 7 成为 Windows XP 的继承者。

2. Windows 7 的特点

与以往的 Windows 操作系统相比，Windows 7 具有以下一些特点。

◇简单

Windows 7 将会让搜索和使用信息更加简单，包括本地、网络和互联网搜索功能，直观的用户体验将更加高级，还会整合自动化应用程序提交和交叉程序数据透明性。

◇易用

Windows 7 简化了许多设计，如快速最大化、窗口半屏显示、跳转列表（Jump List）、系统故障快速修复等。

◇快速

Windows 7 大幅缩减了 Windows 的启动时间。据实测，在中低端配置下运行，系统加载时间一般不超过 20 秒，这比 Windows Vista 的 40 余秒相比，是一个很大的进步。

◇高效搜索框

Windows 7 系统资源管理器的搜索框在菜单栏的右侧，可以灵活调节宽窄。它能快速搜索 Windows 中的文档、图片、程序、Windows 帮助甚至网络等信息。Windows 7 系统的搜索是动态的，当我们在搜索框中输入第一个字的时刻，Windows 7 的搜索就已经开始工作，大大提高了搜索效率。

◇小工具

Windows 7 的小工具不像 Windows Vista 的侧边栏，可以放在桌面的任何位置，而不只是固定在侧边栏。

◇最节能的 Windows

微软总裁称，Windows 7 是最绿色、最节能的系统。Windows 7 及其桌面窗口管理器能充分利用 GPU 的资源进行加速，而且支持 Direct 3D 10.1 API。

3. 正确的开关机顺序及启动方式

◇开关机顺序

开机顺序：先开外设，再开主机。

关机顺序：先关主机，再关外设。

◇启动方式

冷启动：按主机电源开关（Power）。

热启动：按键盘 Ctrl + Alt + Delete 组合键。

复位启动：按主机复位键（Reset）。

2.1.2　Windows 7 应用基础

正确使用 Windows 7 的前提是需要了解 Windows 7 的基本操作。

1. Windows 7 桌面

桌面是打开计算机并登录到 Windows 7 之后看到的主屏幕区域。就像实际的桌面一样，它是用户工作的平面。

◇桌面图标

这些图标各自都代表着一个程序，用鼠标双击图标就可以运行相应的程序。要想重新排列桌面上的图标，可以在桌面上单击鼠标右键，选择"排列方式"子菜单中的命令排列桌面上的图标，如图 2-1 所示。

◇"开始"菜单

Windows 中的所有程序都可以通过"开始"菜单打开运行，用鼠标左键单击桌面左下角的 按钮，打开如图 2-2 所示的"开始"菜单。

"开始"菜单主要选项自下而上介绍如下。

"关机"：单击该选项可以退出 Windows 7 操作系统，并关闭计算机电源，也可以注销当前用户，以其他用户身份重新登录 Windows 操作系统。

"所有程序"：把鼠标放在"所有程序"上，就会出现当前所使用电脑上所安装的全部程序，再单击打开相应的程序名即可。

"运行"：单击该选项可以打开"运行"对话框，输入命令直接运行程序或者进入指定

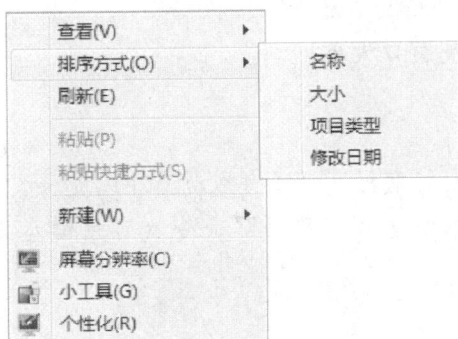

图 2-1 排列方式

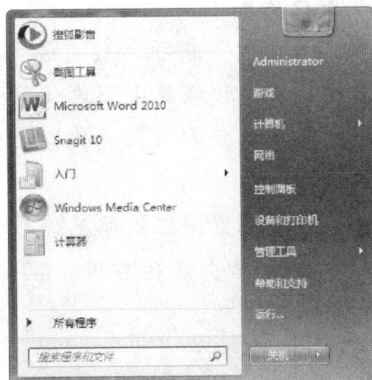

图 2-2 "开始"菜单

位置；当然也可以直接在左下角的长方框里输入想要进入的程序，这样更方便快捷。

"帮助和支持"：单击该选项可以打开帮助窗口，获取需要的帮助信息，Windows 帮助是入门学习 Windows 7 操作系统的很好教材。

◇**任务栏**

任务栏位于桌面最下方，它是 Windows 7 的重要组成部分，通常包括"开始"菜单按钮、快速启动栏、任务按钮区和系统图标区 4 个部分。

此外，在任务栏空白位置单击鼠标右键，可以打开任务栏控制菜单，可以控制任务栏显示的内容，以及窗口在桌面上排列的方式等。在空白位置按下鼠标左键拖动任务栏，可以将任务栏放置到屏幕任意 4 个边沿，如果拖动任务栏边框则可以调整任务栏大小。

2. Windows 7 窗口及操作

所谓窗口指的是屏幕上一块矩形的工作区域，Windows 是采用窗口方式工作的，各个应用程序都有一个属于自己的窗口区域。

在 Windows 7 中，可以同时打开多个窗口，并且每一个窗口都有一些相同的组件，包括菜单栏、工具栏、地址栏、工作区、搜索栏等，如图 2-3 所示。

图 2-3 窗口的组成

◇改变窗口的大小

➤单击"最小化"按钮、"最大化"按钮、"还原"按钮。

➤拖动窗口4个边缘或4个角（可随意改变窗口大小）。

➤双击标题栏（使窗口最大化）。

◇移动窗口

➤在窗口标题位置按住鼠标左键不放，拖动标题栏（可随意拖动窗口）。

➤在标题栏上单击鼠标右键，在弹出菜单中选择"移动"命令（可用键盘方向键进行）。

◇窗口排列

在任务栏上的空白处单击鼠标右键，选择"层叠窗口"、"堆叠显示窗口"或"并排显示窗口"命令，即会按相应命令进行排列。

◇窗口切换

单击要切换到的窗口或单击任务栏上的窗口图标。或是按 Alt + Tab 组合键在各窗口之间进行切换。

◇关闭窗口

➤单击标题栏上的"关闭"按钮。

➤按快捷键 Alt + F4。

➤单击窗口左上角的图标打开控制菜单，选择"关闭"命令。

3. Windows 7 中的菜单和对话框

◇菜单

菜单是一组命令的集合，上面有许多相关的命令，很像餐厅的菜谱，所以形象地称其为菜单。使用 Windows 系统时，会经常与菜单打交道，使用菜单的好处是在 Windows 里操作时，用户既不需要记忆任何的命令，也不需要从键盘输入每个命令。

菜单一般可分为三类：系统菜单、下拉式菜单和快捷菜单。

➤系统菜单位于窗口标题的前面，一般用于对窗口进行操作。

➤下拉式菜单一般位于窗口标题栏的下方（也就是菜单栏），单击菜单栏上的菜单标题可以打开下拉菜单。

➤快捷菜单需通过单击鼠标右键弹出，快捷菜单的内容会因不同的位置而有所改变。

不同的应用程序，其菜单有较大的差别，但有一些特定符号或显示状态的约定具有通用性。这些符号和显示状态及其含义如表2-1所示。

表 2-1　菜单的约定表

约　定	示　例	含　义
热键	插入(I)	可以直接按带下划线的字母键选择菜单
灰色显示	剪切(T)	表示当前状态下不能使用该项命令
前有"√"	√ 锁定任务栏(L)	复选标记，控制某些功能的开关
后带"…"	删除单元格(D)…	选择此类命令后会出现一个对话框

续表

约　定	示　例	含　义
前有"●"	● 中等图标(M)	单选标记。一组选项中只可选中一个
快捷字母组合	撤销图片 (Ctrl+Z)	使用该菜单命令的快捷键
下有"▾"	A̲ 文本框 ▾	下级菜单箭头，表示该菜单选项有子菜单

◇ **对话框**

对话框是用户和电脑之间相互交流最方便的方式。通过对话框，用户将信息输入计算机，计算机再执行命令，就像对话交谈一样，所以称之为"对话框"。当用户选择了带"…"标记的菜单命令时，就会出现对话框。对话框让用户做出必要的选择和输入相关的信息。图 2 - 4 即是一个典型的对话框。

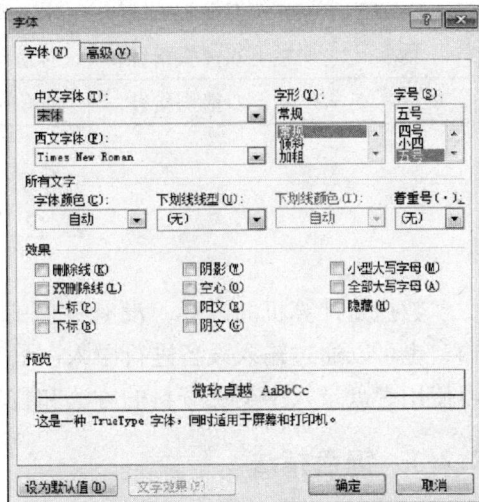

图 2 - 4　"字体"对话框

4. 鼠标的基本操作

鼠标和键盘是使用计算机不可缺少的输入工具，启动 Windows 系统后，屏幕上会出现鼠标的符号 ，该符号称为鼠标指针。鼠标的操作是 Windows 的主要操作之一，其操作方式有如下几种。

➤ 指向：指移动鼠标，将鼠标指针移到操作对象上。

➤ 单击：指快速按下并释放鼠标左键。单击一般用于选定一个操作对象。

➤ 双击：指连续两次快速按下并释放鼠标左键。双击一般用于打开窗口，启动应用程序。

➤ 拖动：指按下鼠标左键，移动鼠标到指定位置，再释放按键的操作。拖动一般用于选择多个操作对象、复制或移动对象等。

➤ 右击：指快速按下并释放鼠标右键。右击一般用于打开一个与操作相关的快捷菜单。

通常，鼠标指针是一个单向的箭头，但在特定的环境下会变成各种形状的符号。不同形状的鼠标指针表示不同的含义，了解这些指针的含义，有助于判断当前可以执行的操作。表 2 - 2 给出了部分鼠标的形状及其作用。

表 2 - 2　鼠标指针和工作状态的对应关系

指针形状	指针名称	工作状态	含　义
⃗	左上箭头形指针	正常选择	表示选择执行某一命令
⃗?	问号形指针	帮助选择	单击该按钮出现的鼠标指针，可获得帮助
⃗○	箭头形指针 + 圈圈	后台运行	操作正在进行中
○	圈圈形指针	忙	后台运行忙碌中，需要等待

续表

指针形状	指针名称	工作状态	含 义
✛	十字形指针	精确选择	通过十字形指针可以精确定位
I	"I"形指针	文本选择	用于选择一部分文本或定位于文本中的某一处
✎	笔形指针	手写	进行手写输入状态
⦸	禁止形指针	禁用	表示该操作不可执行
↕	上下双箭头指针	垂直调整	通过窗口的上、下边框调整窗口高度
⟷	左右双箭头指针	水平调整	通过窗口的左、右边框调整窗口宽度
⤡	左上双箭头指针	对角调整	通过窗口左下角或右上角同时调整窗口高度和宽度
⤢	右上双箭头指针	对角调整	通过窗口右下角或左上角同时调整窗口高度和宽度

2.2 信息资料录入

数据是计算机的内涵，没有数据的计算机只能是一堆废品。数据可以利用网络进行传输，也可以通过输入设备进行录入。最基本的输入设备就是键盘，本任务将从键盘入手，学习使用键盘录入中英文资料的方法和技巧。

2.2.1 键盘指法

键盘是计算机系统最重要的输入设备，各种程序和数据都要通过键盘输入到计算机中。要使用好计算机，首先必须明白键盘上各键的作用及其用法。

1. 键盘分区

目前普遍使用的都是104标准键盘，如图2-5所示。键盘大致可分为四个区域：主键盘区（打字区）、功能键区、光标控制键区和数字键区。

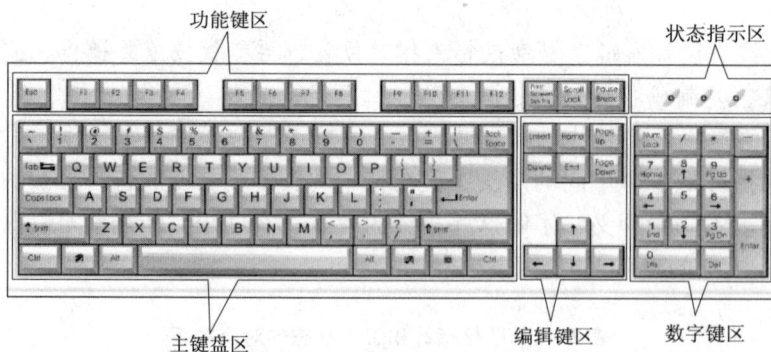

图2-5 104标准键盘分区

2. 常用键的功能

键盘上有许多常用的功能键，表2-3中列举了部分常用键的功能，它们的功能如表2-3所示。

表2-3 常用键的功能

辅助操作键	功　　　能
Ctrl	控制键。该键不能单独使用，必须和其他键配合，才能够完成某些特定的功能
Shift	上档键。利用此键来输入上档字符或切换字母的大小写
Alt	控制键。该键不能单独使用，必须和其他的键配合才能完成一定的功能
Caps Lock	大写锁定键，配合指示灯。当 Caps Lock 指示灯亮，则可以输入大写字母，反之（Caps Lock 指示灯灭）则输入小写字母
Tab	制表键。按一下该键，光标向右移动一个制表位
空格键	键盘上最长的一个按键。输入空格使用
Backspace	退格键。按下此键，可以删除当前光标的前一个字符，并使光标左移一个字符的位置
Enter	执行键，又称回车键。当向电脑输入命令后，按下该键后表示确认执行或换行
Esc	退出键。用来中止某项操作
Insert	插入键。在当前光标位置插入一个字符或汉字。一个字符被插入后，光标右侧的字符向右移动一个位置
Delete	删除键。用来删除当前光标位置的字符。当一个字符被删除后，光标右侧的所有字符向左移动一个位置

3. 指法分布

基准键位于键盘的第二行，共有 8 个字母键（G、H 键除外）：A、S、D、F、J、K、L 和 ";"。在打字之前和打字的过程中，分别用左、右手的小指、无名指、中指和食指手指放置于基准键上。如何能正确地击打而又不至于引起混乱，这就必须严格遵循键盘的指法分工，每个手指各司其职，分别负责一片键区，如图 2-6 所示。

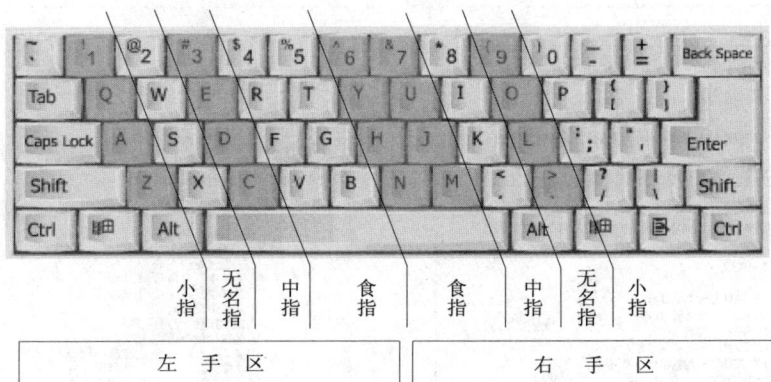

图 2-6 键盘指法分区图

提示：在所有的字母键中，F 键和 J 键与众不同，在它们键面的下部都有一个微微的凸起，利用这两个凸起可以帮助我们判断当前手指是否正确放置于基准键上。如果我们的两个食指能感觉到这两个凸起，就说明我们的手指放置正确。

4. 击键要领

➤ 手腕要平直，手臂要保持静止，全部动作仅限于手指部分（上身其他部位不接触工作台或键盘）。

➤ 手指要保持弯曲，稍微拱起，指尖后的第一关节微成弧形，分别轻轻放在基准键上。

➤ 输入时，手抬起，只有要击键的手指才可伸出击键。击毕立即缩回到基准键位置，不可停留在刚才击打的键上。

➤ 输入过程中，要用相同的节拍轻轻地击键，不可用力过猛。

➤ 用大拇指击空格键，一次输入一空格。

➤ 需要换行时，抬起右手小指击一次 Enter 键，击完后回到基准键位。

2.2.2　汉字输入方法

1. 汉字输入法的安装

◎ **在系统中添加内置输入法（中文简体—郑码）**

操作步骤如下：

01 单击"开始"菜单，选择"控制面板"命令，打开"控制面板"窗口。

02 在"控制面板"窗口中，选择"更改键盘或其他输入法"，打开"区域和语言"对话框。单击"更改键盘"按钮，打开"文本服务和输入语言"对话框，如图 2-7 所示。

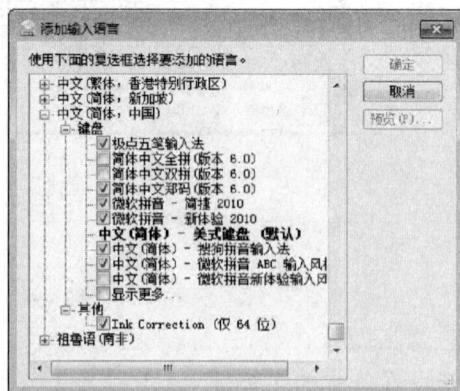

03 单击"添加"按钮，打开"添加输入语言"对话框。在下拉列表框中选择"简体中文郑码"，在它前面的方框内打"√"，如图 2-8 所示，单击"确定"按钮，即可将"简体中文郑码"输入法添加到系统中。

> 提示：如果想要删除某个输入法，方法很简单，只要在如图 2-7 所示对话框中的"已安装服务"列表中选中要删除的输入法，单击"删除"按钮即可。

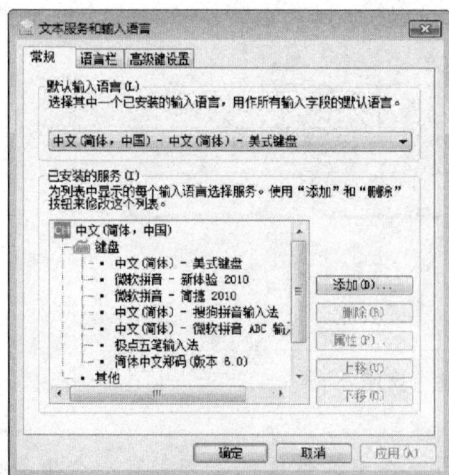

图 2-7　"文本服务和输入语言"对话框　　　图 2-8　"添加输入语言"对话框

◎ **在系统中添加非内置输入法（搜狗拼音输入法）**

操作步骤如下：

01 在网上下载搜狗拼音输入法的安装程序。在浏览器的地址栏中输入"pinyin. sogou. com",打开搜狗输入法的官方首页,如图2-9所示。

02 单击该页面中的"立即下载"按钮,下载搜狗拼音输入法软件。

03 下载完成后,双击搜狗拼音输入法程序,进入安装向导,按照提示进行操作即可完成搜狗拼音输入法的安装。

图2-9 搜狗输入法官方网首页

04 安装完成后,单击任务栏中的语言栏选项,选中搜狗输入法,或者将鼠标移到要输入的地方单击,使系统进入到输入状态,然后按 Ctrl + Shift 组合键切换输入法,调出搜狗拼音输入法,弹出一个如图2-10所示的输入状态栏。此时即可使用该输入法进行正常输入了。

图2-10 搜狗输入状态栏

搜狗输入法的状态栏图标依次是:中英文切换、全半角切换、中英文标点切换、软键盘、用户账户登录、打开皮肤盒子、菜单项。

2. 汉字输入法的设置

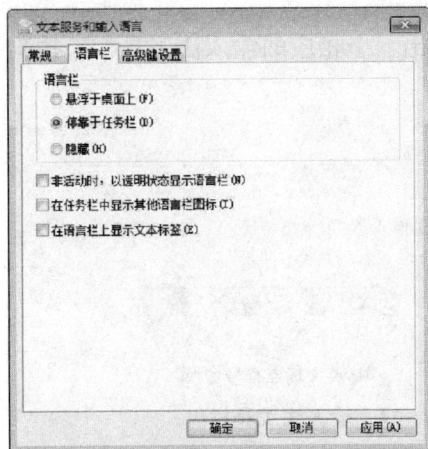

图2-11 "文本服务和输入语言"对话框

◇去除任务栏上的语言指示器

操作步骤如下:

01 在"控制面板"中选择"更改键盘或其他输入法",打开"区域和语言"对话框。

02 单击"更改键盘"按钮,打开"文本服务和输入语言"对话框,如图2-11所示,选择"语言栏"选项卡,选中"悬浮于桌面上"或"隐藏"单选按钮。

03 单击"确定"或"应用"按钮,即可将任务栏上的语言指示器去除。

提示：如果想要重新显示任务栏上的语言指示器，只要重新选中"停靠于任务栏"单选按钮即可。

◇设置"极点五笔输入法"的热键为 Ctrl + 0

操作步骤如下：

01 在"控制面板"中选择"更改键盘或其他输入法"，打开"区域和语言选项"对话框。

02 单击"更改键盘"按钮，打开"文本服务与输入语言"对话框。选择"高级键设置"选项卡，在"输入语言的热键"列表中选择"中文（简体）－极点五笔输入法"选项。

03 单击"更改按键顺序"按钮，打开"更改按键顺序"对话框，如图2－12所示。

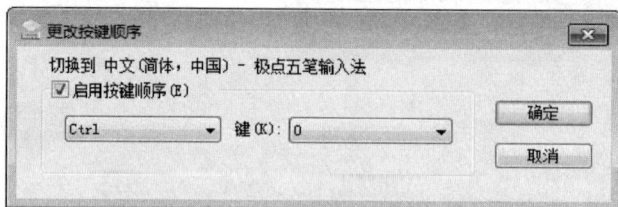

图2－12 "更改按键顺序"对话框

04 在该对话框中勾选"启用按键顺序"复选框，选择 Ctrl 单选按钮，在"键"下拉列表中选择"0"。

05 单击"确定"按钮，退出对话框。

06 这样，不管当前输入法是何种状态，按下 Ctrl + 0 组合键时，即可打开极点五笔输入法。

3. 输入法之间的切换

在中文 Windows 系统中，可以自由选用、切换系统已安装的各种输入法。单击任务栏系统图标区的输入法指示器，就会出现一个输入法列表，如图2－13所示。在输入法列表中单击选择自己喜欢的输入法即可。

在选择了一个中文输入法之后，屏幕上就会显示出一个相应的输入法工具栏，搜狗拼音输入法工具栏如图2－14所示。

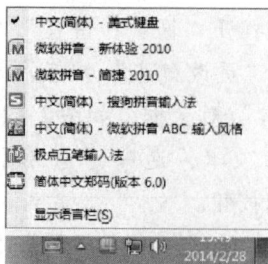

图2－13 输入法列表

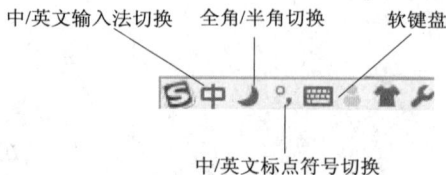

图2－14 输入法工具栏

◇如何在中文状态下输入英文

01 单击"开始"菜单，选择"所有程序"→"附件"→"记事本"程序，打开"记

事本"窗口。

02 单击任务栏系统图标区的输入法指示器，选择"搜狗拼音输入法"，则出现该输入法的工具栏。

03 单击输入法工具栏上的"中/英文"切换按钮或者按键盘上的 Caps Lock 键，该按钮即变为英文字母 A，这时就可以输入英文字母了。此时按 Shift + 字母键，可进行大小写字母的切换输入。

◎如何在全角/半角方式输入字符

01 接上一步操作，单击"中/英文"切换按钮中，使其恢复汉字输入，单击"中/英文标点"切换按钮，使其变为中文标点，单击"全/半角"按钮切换，将其保持在半角按钮输入状态，然后输入 1234567890ABCDE ，。''""……《》等字符。

02 单击"全/半角"按钮，使其变为 ● 全角输入状态，单击"中/英文标点"切换按钮，使其变为英文标点，并单击"中/英文"切换按钮英，返回英文输入状态，输入 123456789abcde,. \ ""＾< >等字符，然后观察它们之间的区别。

◎如何输入 αβπ × ÷ ±∮ 特殊符号

01 在输入法工具栏的"软键盘"按钮上单击鼠标右键，打开软键盘快捷菜单，单击"希腊字母"命令，打开"希腊字母"软键盘，如图 2－15 所示。

02 单击软键盘上带有 α、β、π 的按钮，即可输入 αβπ 符号。

03 在"软键盘"按钮上单击鼠标右键，在软键盘快捷菜单中单击"数学符号"命令，打开"数学符号"软键盘，如图 2－16 所示。

04 单击软键盘上带有×、÷、±、∮ 的按钮，即可输入 × ÷ ±∮ 符号。

图 2－15 "希腊字母"软键盘   图 2－16 "数学符号"软键盘

4. 搜狗汉字输入法的使用

搜狗拼音输入法是 2006 年 6 月由搜狐（SOHU）公司推出的一款 Windows 平台下的汉字拼音输入法。搜狗拼音输入法是基于搜索引擎技术的、特别适合网民使用的、新一代的输入法产品，用户可以通过互联网备份自己的个性化词库和配置信息。搜狗拼音输入法为中国国内现今主流汉字拼音输入法之一。

◎全拼

输入规则：按规范的汉语拼音输入，输入过程和书写汉语拼音的过程完全一致。按词输入时，词与词之间用空格或者标点隔开。注意隔音符号"'"的使用。

用搜狗拼音输入"绿"字和"亲爱的妈妈"操作步骤：

01 按 Ctrl + Shift 组合键，切换到搜狗输入法状态。

02 输入编码"lv"，按空格键后，如图 2－17 所示，按数字键 2 即可输入"绿"字。

03 输入编码："qin'aidemama"，按空格键后，如图2－18所示。

04 按数字键1，或直接按 Enter 键即可。

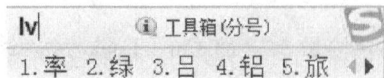

| lv | ① 工具箱(分号) |
| 1.率 2.绿 3.吕 4.铝 5.旅 ▸ |

图 2－17　输入单个字

| qin'ai'de'ma'ma | ① 工具箱(分号) |
| 1.亲爱的妈妈 2.亲爱的 3.亲爱 4.其 5.起 ▸ |

图 2－18　输入词语

> 提示：单字输入时，韵母"ü"要用"V"代替；对于像"qin'ai"的这些词语，系统无法区分第一个汉字的拼音是否结束，导致第一个字符的拼音和第二个字符的拼音连在一起，所以这里就需要使用单引号，将其隔开。

◇ 简拼和混拼

使用简拼可以提高录入信息的效率。混拼输入是汉语拼音开放式、全方位的输入方式。

用搜狗输入词汇"计算机"和"长城"操作步骤：

01 输入编码"jsj"，按空格键。

02 可看到输入法面板的第一行就显示了"计算机"词汇，直接按空格键即可输入词汇。

03 输入"chch"、"cc"、"cch"和"chc"其中任意一组编码，按空格键。

04 按下相应的数字键，都可输入词汇"长城"。

为了提高输入速度，部分汉字可以使用简码快速进行输入，简码表如表2－4所示。

表 2－4　部分汉字简码表

汉字	啊	吧	才	的	额	发	个	和	一
简码	a	b	c	d	e	f	g	h	i
汉字	就	看	了	没	你	哦	平	去	日
简码	j	k	l	m	n	o	p	q	r
汉字	是	他	我	小	有	在	这	出	上
简码	s	t	w	x	y	z	zh	ch	sh

◇ 双拼输入

双拼是一种建立在拼音输入法基础上的输入方法，可视为全拼的一种改进，它通过将汉语拼音中每个含多个字母的声母或韵母各自映射到某个按键上，使得每个音都可以用最多两次按键打出，极大地提高了拼音输入法的输入速度。

搜狗拼音输入法也支持全拼，在搜狗输入状态栏上单击右键，或者按下 Ctrl + Shift + M 组合键打开快捷菜单，选择"属性设置"选项，打开"搜狗拼音输入法设置"对话框。在"特殊习惯"栏中选中"双拼"单选按钮，即可进入双拼输入模式，如图2－19所示。

单击"双拼方案设置"按钮，在弹出的对话框中可对双拼方案进行设置，如图2－20所示。

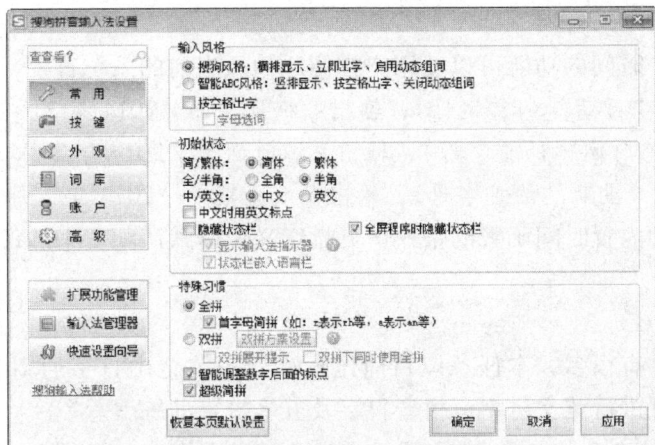

图 2 – 19   "搜狗拼音输入法设置"对话框

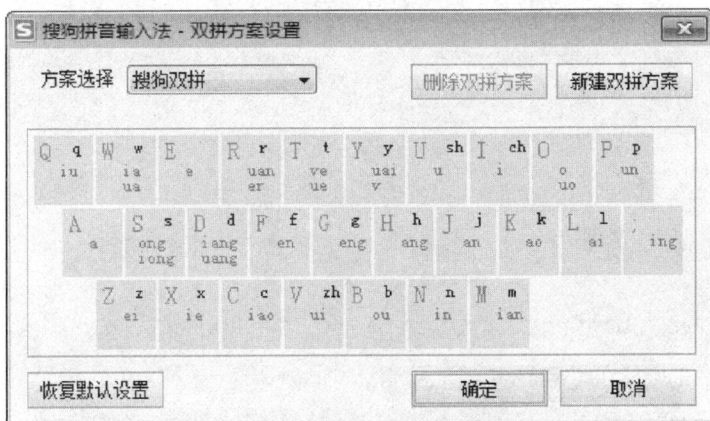

图 2 – 20   双拼方案设置框

◇**U 模式笔画输入**

U 模式是专门为输入用户不认识的汉字而设计的。在按完 u 键后，依次输入一个字的笔顺（笔顺规则为：h 横、s 竖、p 撇、n 捺、z 折），就可以得到该字，小键盘上的 1、2、3、4、5 也代表 h、s、p、n、z。这里的笔顺规则与普通手机上的五笔输入是完全一样的。其中点也可以用 d 键来输入。需要注意的是，竖心旁的笔顺是"点点竖（nns）"，而不是"竖点点"。例如，要想输入"你"字，只要输入"upspzs"或者"u32352"即可。

◇**V 模式中文数字**

V 模式中文数字是一个功能组合，包括多种中文数字的功能。V 模式只能在全拼状态下使用。

中文数字金额大小写：如输入"v782.43"，输出"七百八十二元四角三分"。

罗马数字：输入 99 以内的数字如"v36"，输出"XXXVI"。

年份快捷输入：如输入"v2013n12y25r"，输出"2013 年 12 月 25 日"或者"二〇一三年十二月二十五日"。

年份自动转换：如输入"v2014.1.1"或"v2014 – 2 – 1"或"v2014/1/1"，输出"2014 年 1 月 1 日（星期三）"或者"二〇一四年一月一日（星期三）"。

◇插入当前的日期、时间

插入当前日期、时间的功能可以使用户方便地输入当前的系统日期、时间、星期。

➤ 输入"rq"（"日期"的首字母），输出系统日期如"2014 年 2 月 27 日"。

➤ 输入"sj"（"时间"的首字母），输出系统时间如"2014 年 2 月 27 日 15：32：07"。

➤ 输入"xq"（"星期"的首字母），输出系统星期如"2014 年 2 月 27 日　星期四"。

自定义短语中的内置时间函数的格式请见自定义短语默认配置中的说明。

2.2.3　录入练习

录入练习的软件有很多，本任务以目前比较流行的"金山打字通 2013"软件为例进行操作说明，该软件可进行英文打字、拼音打字及五笔打字的练习。

01 双击桌面上的金山打字通 2013 图标，启动打字通软件，如图 2 −21 所示。

图 2 −21　金山打字通登录界面

02 单击"英文打字"按钮，可进入英文测试界面，如图 2 −22 所示，用户可熟悉键盘各键的位置，并练习打字指法。

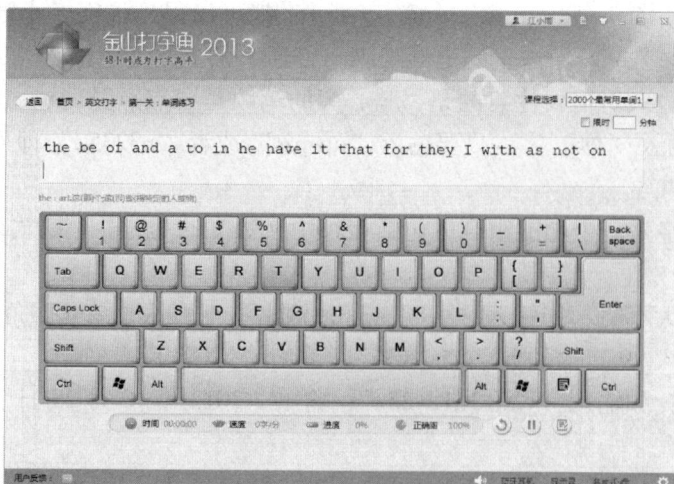

图 2 −22　英文测试界面

03 单击"五笔打字"按钮，可进入五笔练习测试界面，如图 2 − 23 所示。

图 2 − 23　五笔打字练习界面

2.3　文件及文件夹的管理

文件管理是操作系统的重要功能之一，Windows 7 提供了两个管理文件和文件夹的程序："资源管理器"和"计算机"。本任务将通过"资源管理器"来管理文件和文件夹。

2.3.1　了解文件和文件夹

1. 文件的命名

文件是指在计算机上存储的相关信息（程序和数据）的集合。

文件名由文件主名和扩展名两部分组成。文件的扩展名（后缀名）一般标识着文件的类型。

Windows 系统允许使用长文件名，文件命名规则如下。

➤文件名可用字符、数字或汉字命名，文件名最多可使用 255 个字符。

➤文件名中可以有空格和扩展名间隔符"、"，但不能有下列符号:?、/、\ 、* 、"、:、<、>、|。

➤由于文件名中可使用间隔符"、"，文件名中可能出现多个扩展名间隔符，此时，最后一个扩展名间隔符后的字符为文件扩展名。例如，文件名"report. la. kkk. oct 99"，其中的"oct 99"为扩展名。

➤ Windows 保留用户指定的名字的大小写格式，但不能利用大小写区别文件名。例如，"README. TXT"和"readme. txt"被认为是同一个文件。

➤当搜索和显示文件名时，可使用通配符"?"和"＊"来代表文件名中的一个或多个文件名中的字符。

2. 文件类型和图标

在 Windows 中，无论在"桌面"、"开始"菜单、"程序"菜单、"任务栏"上，还是

"资源管理器"以及"我的电脑"窗口中，每个文件和文件夹都有一个特色的图标，这些不同的图标就好像这些文件或文件夹的身份证一样，表明它们各自的"身份"。一般来说，不同的图标代表着不同的文件类型（以文件的扩展名区别文件类型）。双击它们的时候，Windows 会启动相应的程序来打开它们。

常见的文件或文件夹图标及其含义如表 2 - 5 所示。

表 2 - 5　常见文件或文件夹图标及其含义

图　标	扩展名	含　义	图　标	扩展名	含　义
		文件夹		.DOCX .DOC	Word 文档文件
	.TXT	文本文件		.RAR .ZIP	Zip、RAR 压缩文件
	.EXE	安装程序文件		.TTF	字体文件
		"我的文档"文件夹		.HTML	HTML 超文本文件
	.JPG	JPEG 格式图像文件		.HLT	帮助文件
	.XLSX .XLS	Excel 工作簿文件		.AVI	多媒体文件
	.PPT	PowerPoint 演示文稿		.BMP	BMP 格式图像文件

3. 文件夹

一个磁盘就相当于一个大的文件夹，如 C 盘、D 盘等。每个磁盘都可以存放文件夹和文件，这些文件夹下面又可以存放下一级的文件夹和文件。使用树型多级文件夹结构组织和管理文件，可以使磁盘文件存放有序，提高计算机的工作效率。文件夹的命名规则与文件相同。

2.3.2　管理文件和文件夹

1. 文件和文件夹的管理

双击"计算机"图标，在左边的文件夹列表中选择"库"这个文件夹，打开如图 2 - 24所示的窗口。或者通过单击"开始"→"所有程序"→"附件"→"Windows 资源管理器"命令，也可以打开资源管理器窗口。

资源管理器窗口分成左、右两个浏览窗口。左边是文件夹列表窗口，该窗口根据文件夹的层次，以树状结构显示"收藏夹"、"库"、"计算机"、"网络"等项目。右边是文件夹内容显示窗口，显示的是当前文件夹中的文件或子文件夹。

在左边的树状结构中，可通过单击文件夹左侧的◢或▷按钮，来展开或折叠文件夹，以显示或隐藏该磁盘或文件夹下的内容。

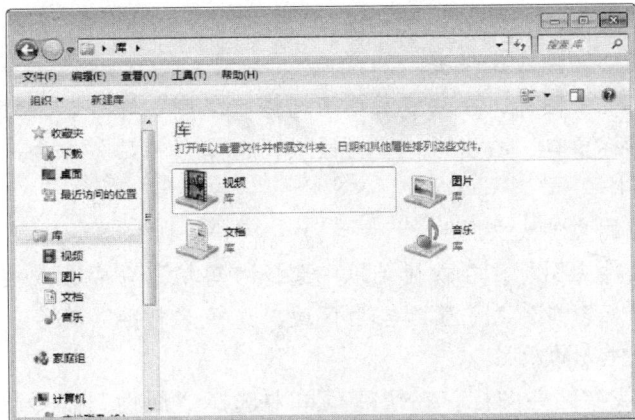

图 2-24 资源管理器

2. 文件或文件夹选定

◇选定

➤单个文件或文件夹：直接单击需要选定的对象。

➤多个连续文件或文件夹：单击最上面（最下面）的对象，按住 Shift 键，再单击最下面（最上面）对象。

➤多个不连续文件或文件夹：按住 Ctrl 键，依次单击需要选定的对象。

➤全部文件：执行"编辑"→"全选"命令。

◇取消选定

➤单个文件或文件夹：按住 Ctrl 键，依次单击需要取消选定的对象。

➤多个文件或文件夹：在空白区域处单击。

3. 新建文件夹

01 打开要建立文件夹的窗口。

02 右击窗口空白处，在快捷菜单中选择"新建"→"文件夹"命令。

03 即会在该窗口中创建一个名为"新建文件夹"的文件夹，也可输入新的文件夹名。

04 单击左键或按 Enter 键完成新建。

4. 更改文件或文件夹名称

01 选择需要重命名的文件或文件夹。

02 右击文件或文件夹图标，在快捷菜单中选择"重命名"命令，或者在选定对象后按 F2 键进入名称编辑状态。

03 直接输入新的名称，按 Enter 键确认。

5. 删除文件或文件夹

01 选择需要删除的文件或文件夹。

02 右击文件或文件夹图标，在快捷菜单中选择"删除"命令，或按 Delete 键。

03 在打开的对话框中单击"是"按钮，即可删除。

> **提示：** 上述删除方法为逻辑删除，只是将文件或文件夹从当前位置移动到了回收站文件夹中，我们还可以通过回收站将其还原到原来的位置。如果想要将该文件或文件夹彻底删除，可以在执行"删除"命令的同时按住 Shift 键。

6. 复制文件或文件夹

01 选择需要复制的文件或文件夹。

02 右击文件或文件夹图标，在快捷菜单中选择"复制"命令，或按 Ctrl + C 键。

03 打开复制的目标窗口，右击窗口空白区域，选择"粘贴"命令，或按 Ctrl + V 键。

7. 移动文件或文件夹

01 选择需要移动的文件或文件夹。

02 右击文件或文件夹图标，在快捷菜单中选择"剪切"命令，或按 Ctrl + X 键。

03 打开移动的目标窗口，右击窗口空白区域，选择"粘贴"命令，或按 Ctrl + V 键。

8. 设置文件或文件夹的属性

可通过右击文件或文件夹图标，在快捷菜单中选择"属性"命令，在属性对话框中进行属性设置，如图 2 - 25 所示。文件或文件夹的属性一般分为三种。

➤只读：该文件只能读取或执行，不能修改。

➤隐藏：可以通过"工具"→"文件夹选项"命令将对象设置成在 Windows 环境下是否可见，并自动设定具有只读的特性。

➤文档：在文件建立和修改后由系统自动添加的属性（又称"存档"）。

9. 查找文件或文件夹

想查找某类指定的文件，这时就可以使用 Windows 系统提供的查找功能。打开"搜索"对话框的方法有如下两种：

◇使用"开始"菜单的搜索框

01 单击"开始"按钮，打开"开始"菜单，在最底部的文本框中输入关键字。在输入关键字的同时，搜索过程已经开始，而且搜索速度非常快，搜索结果在输入关键字后会立刻显示在"开始"菜单中。如图 2 - 26 所示。

02 如果在"开始"菜单的搜索结果中没有要找到的文件，可以单击"查看更多结果"选项，打开文件夹窗口查看搜索结果。

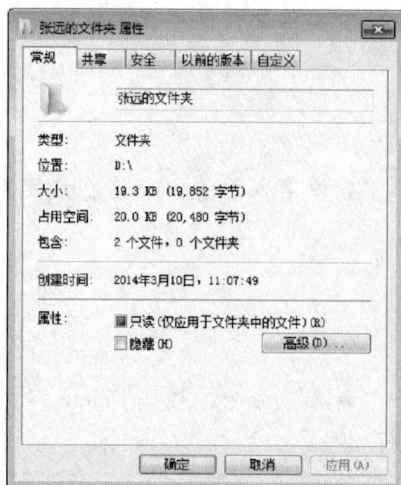

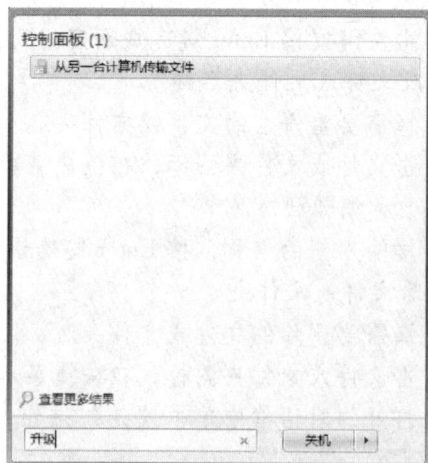

图 2 - 25　属性对话框　　　　图 2 - 26　在开始菜单中的搜索

◇使用计算机窗口搜索

01 打开"计算机"窗口，在窗口右上角的搜索框中输入关键字，在输入关键字的同时

系统开始进行搜索。进度条显示了搜索的进度，如图2-27所示。

图2-27 在"计算机"中的搜索

02 使用计算机窗口中的搜索框时仅在当前目录中搜索，因此只有在根目录"计算机"下才会以整台计算机为搜索范围。例如，进入D盘，使用搜索栏进行搜索，则系统只在D盘中搜索目标文件。如果想在某个特定文件夹中搜索文件，应首先进入该文件夹，然后在搜索框中输入关键字即可。

03 用户可以通过单击搜索框启动"添加搜索筛选器"，通过设置"修改日期"和"文件大小"可提高搜索精度，如图2-28所示。

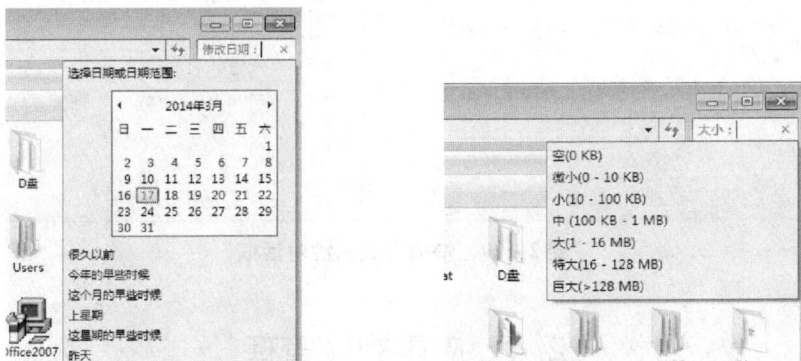

图2-28 通过"搜索筛选器"搜索

10. 快捷方式

快捷方式是一种无须进入应用程序所在目录，即可启动程序或打开文件和文件夹的图标，快捷方式可以添加在桌面、任务栏和"开始"菜单上。

◇ 在桌面上创建快捷方式

在桌面上创建快捷方式的方法有多种，这里只简单介绍几种常用的方法。

➤ 右击选定要创建快捷方式的对象，在快捷菜单中选择"发送到"→"桌面快捷方式"命令。

➤ 按住Alt键的同时，将要创建快捷方式的对象拖动到桌面上。

➤ 右击桌面空白处，在快捷菜单中选择"新建"→"快捷方式"命令。

➤ 在要创建快捷方式的对象上点击鼠标右键，并将其拖动到桌面空白处释放，然后选择"在当前位置创建快捷方式"命令。

◇ 在"开始"菜单上创建快捷方式

用鼠标选中快捷方式，拖动到"开始"菜单按钮上并停留片刻，然后在打开的"开始"菜单中拖放到相应位置。当拖动到打开的"所有程序"子菜单上时停留片刻，在打开的"所有程序"子菜单中，随着鼠标拖动会有一条黑色分隔线，用来选择快捷方式在菜单项的位置。

◇ 在任务栏上创建快捷方式

在任务栏上创建快捷方式与在"开始"菜单创建快捷方式相同，直接将快捷方式拖动到任务栏上，即可在相应的位置上创建快捷方式。

　　双击建立在桌面上的快捷方式，可以运行相应的程序或打开指向的文件或文件夹。右击选中的快捷方式，在快捷菜单中选择"属性"命令，打开该快捷方式的属性对话框，会出现5个选项卡"常规"、"快捷方式"、"安全"、"详细信息"和"以前的版本"，如图2-29所示。可在该对话框中查看快捷方式的大小、存放位置、快捷方式所指向的目标位置、目录文件名，还可以进行更改图标等操作。

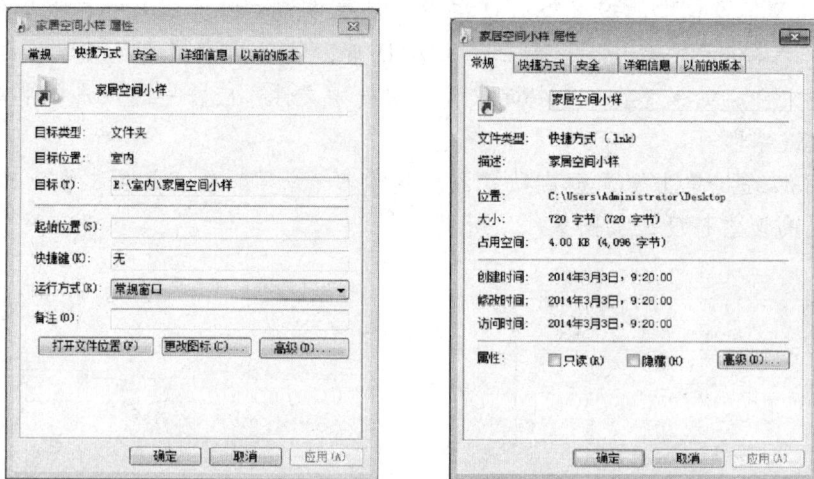

图2-29　快捷方式属性对话框

2.4　应用软件管理

　　Windows 7 操作系统是一种系统软件，它为用户提供了一个良好的操作环境，其内置的一些应用软件远远满足不了实际应用的需要。因此，用户需要安装各种软件，而对于不需要使用的软件，也可以及时卸载，以节省磁盘空间。在 Windows 7 中也提供了"添加和删除程序"的工具，所以，我们可以很方便地安装和删除一些应用程序。本任务从应用软件管理出发，介绍了安装、卸载、启动和退出应用程序的方法，以及如何新建文件、打开文件和保存文件。

2.4.1　应用软件的安装与卸载

1. 应用软件的安装

　　购买了软件光盘或从网上下载了软件，只是获取了它的安装程序，还需要进行相应的安装才能正常使用。

　　下面以安装迅雷7为例介绍其安装过程，通过本任务的学习，掌握带有安装向导的常用软件的安装方法。

　　01 找到要安装的软件所在的文件夹，双击其安装程序，如图2-30所示。

　　提示：软件的安装向导对应的可执行程序名一般为"Setup"、"Install"或者软件名，在安装时应注意选择。

02 打开如图2-31所示的对话框，然后单击"运行"按钮。

提示：有些软件带有"接受该许可协议"复选框，此时需要勾选复选框后才能继续安装。

图2-30 迅雷7安装软件

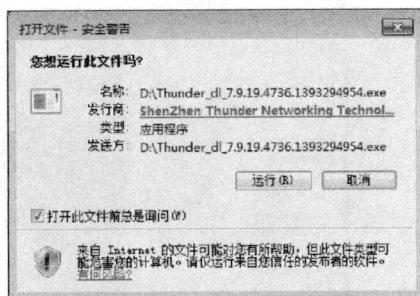

图2-31 迅雷7安装软件

03 进入"迅雷7安装向导"页面，如图2-32所示。单击"快速安装"按钮不需要选择安装目录。如果想要把它存放在指定的文件夹里，可以选择"自定义安装"，单击"浏览"按钮，选择安装位置，创建桌面快捷方式和开机启动，复选框如图2-33所示，在前单击打"√"即可，单击"立即安装"按钮。

图2-32 进入迅雷7安装页面

图2-33 指定安装目录选中相应的复选框

04 如图2-34所示，按进度进行安装，安装完成后会弹出"安装完成"信息页面，单击"立即体验"按钮即可打开迅雷7，如图2-35所示。

图2-34 显示安装进度

图2-35 安装完成

2. 应用软件的卸载

下面以卸载"金山打字通 2010"软件的过程为例，讲解通过"开始"菜单卸载软件的操作方法。

01 单击"开始"→"所有程序"→"金山打字通"→"卸载金山打字通"命令，如图 2-36 所示。

02 打开卸载信息提示框，单击选中"同时删除所有本机的用户信息"复选框，然后再单击"卸载"按钮，如图 2-37 所示。

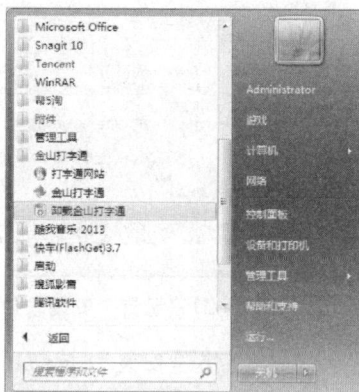

图 2-36　选择需要卸载的程序

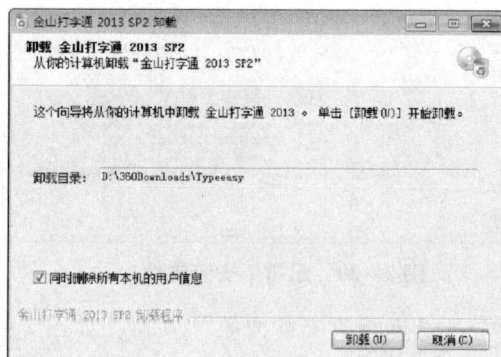

图 2-37　单击"卸载"按钮

03 进入"正在卸载"页面，显示卸载文件进度，如图 2-38 所示。

04 卸载完成后打开信息提示框，如图 2-39 所示，单击"完成"按钮，完成操作。

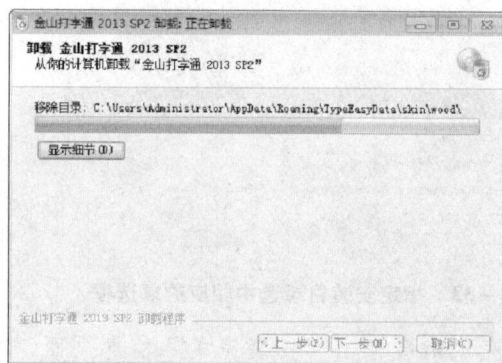

图 2-38　显示卸载文件进度

图 2-39　单击"确定"按钮

提示： 有些程序在卸载完成后会提示用户重启计算机，此时单击"是"按钮将重启计算机。

3. 其他应用软件的安装

在默认情况下，Windows 7 的用户账户控制功能处于激活状态，因此在 Windows 7 中安装与删除程序和以前版本的 Windows 有着很大的区别。

◇安装应用程序

在 Windows 7 中安装应用程序时，可以直接双击程序的安装文件，此时会弹出用户账户控制窗口，其中提供了"是"和"否"两个按钮。如果确认该程序的确是自己所需要安装的，则可以直接单击"是"按钮，接着就像之前一样正常安装应用程序。

◇卸载应用程序

以前版本的 Windows 都提供了一个"添加/删除程序"组件，以便用户直接卸载各种应用程序。虽然 Windows 7 没有提供这个组件，但是也能通过相似的组件完成应用程序的卸载操作：

01 打开"控制面板"窗口，单击"程序"图标下的"卸载程序"选项，打开如图 2–40 所示对话框。

02 在打开的"程序和功能"窗口中，选择"光速输入法"图标，右键单击，会出现一个"卸载/更改"选项，单击卸载。

03 在卸载程序之前，Windows 7 会弹出如图 2–41 所示的询问对话框。如果确定要卸载此程序，可以选择"我想直接卸载软件"选项继续。

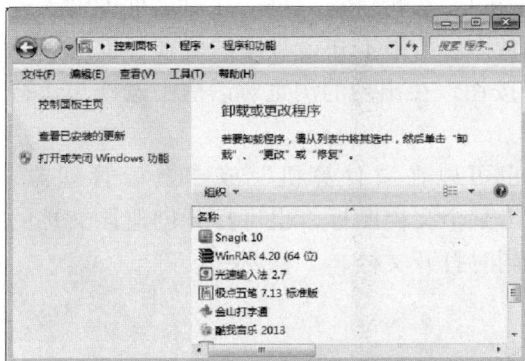

图 2–40 选择"卸载程序"选项

图 2–41 选择"我想直接卸载软件"按钮

04 单击"下一步"按钮后，Windows 7 开始卸载所选程序，最后单击"完成"按钮即可，如图 2–42 所示。

05 在程序卸载完成之后，返回到已安装程序列表，此时即可看见原先勾选的程序已经在列表中消除，这就说明程序已经成功卸载，如图 2–43 所示。

图 2–42 卸载完成

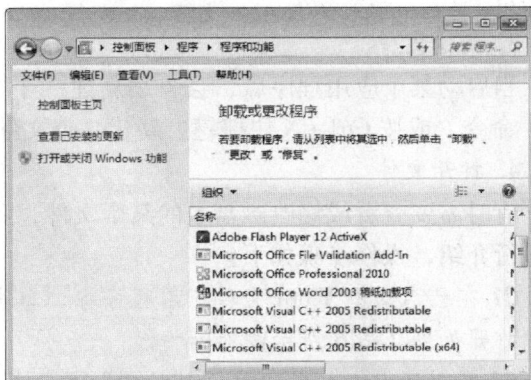

图 2–43 卸载之后的程序表

2.4.2　应用软件的使用

1. 启动应用程序

在 Windows 中启动某个程序，可以有多种不同的启动方法。较常用的有以下几种方法：

◇双击桌面图标启动程序

另外，在桌面下方的任务栏上，有一个"快速启动工具栏"，上面显示着一些常用的工具和应用程序图标，单击之也可启动相应的应用程序。

◇从"开始"菜单进入应用程序

使用"开始"菜单下的"所有程序"子菜单，单击相应程序的快捷方式即可启动。一般安装的程序都会在"开始"菜单的"所有程序"中添加自己的程序列表，所以使用"开始"菜单来启动程序可以说是一个"万能"的方式。

◇使用"运行"命令

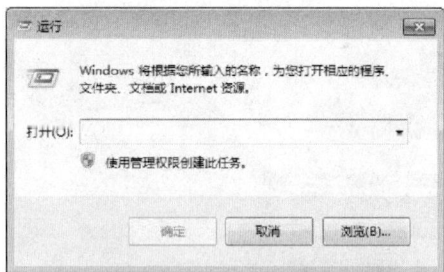

单击"开始"菜单下的"运行"命令，打开如图 2－44 所示的"运行"对话框。在对话框中输入程序的路径和名称。如果不知道程序的位置，也可以单击"浏览"按钮，在出现的浏览对话框中选择想运行的程序文件。

图 2－44　"运行"对话框

另外，也可以在"计算机"或"资源管理器"窗口中，双击某个文档图标，也可打开创建该文档的应用程序，同时打开文档。

2. 退出应用程序

要退出某个应用程序，可以选择下列操作之一：

➤单击应用程序窗口标题栏右侧的"关闭"按钮 ✕。

➤选择"文件"菜单中的"退出"命令。

➤按 Alt + F4 组合键。

某个应用在执行过程中可能会出现无响应的状态，此时我们可以通过"Windows 任务管理器"来解决。右键单击任务栏，选择"启动任务管理器"，会打开如图 2－45 所示的"Windows 任务管理器"对话框，在对话框中选择无响应的程序，右击选择"结束任务"按钮即可。

3. 新建文件

当启动某个应用程序后，会自动新建一个文件。我们也可以通过单击"文件"→"新建"命令，或按 Ctrl + N 快捷键，新建一个文件。

4. 打开文件

有时需要查看或修改磁盘上的某个文件，我们就必须打开该文件。下面以 Word 文件为例进行介绍，操作步骤如下：

01 在已启动的 Word 文件应用程序中，单击"文件"→"打开"命令或按 Ctrl + O 快捷键，打开如图 2－46 所示的对话框。

02 在对话框中可以通过"地址栏"的下拉列表框指定文件存放路径。

03 若已找到该文件，单击"打开"按钮，即可打开文件。

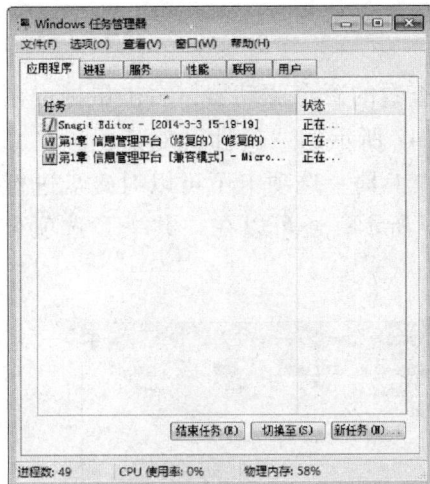

图 2 - 45　Windows 任务管理器

图 2 - 46　"打开"对话框

5. 保存文件

用户在使用应用程序的过程中，应该每隔一段时间就进行一次保存操作，以免一旦计算机断电或系统发生了意外而非正常退出应用程序时，会将这些信息全部丢失。

单击"文件"→"保存"命令或按 Ctrl + S 快捷键，打开"另存为"对话框，指定文件路径、文件名和文件类型即可。保存文件一般可通过"保存"和"另存为"两种命令进行操作，它们的区别是：

◇ 使用"保存"命令存储文件

对一个已经保存过的文件，在编辑完成后，可通过单击"文件"→"保存"命令或按 Ctrl + S 快捷键进行保存。系统将会按原存储路径及文件名进行保存。

对一个新建的文件进行保存，也可通过单击"文件"→"保存"命令或按 Ctrl + S 快捷键进行保存，此时会打开"另存为"对话框，指定文件路径、文件名和文件类型即可。

◇ 使用"另存为"命令存储文件

执行"文件"→"另存为"命令，可将新文件或旧文件保存在其他磁盘或其他文件夹下，如果想要将旧文件保存在原存储路径下，只需要在"另存为"对话框中输入一个新的文件名就可以了。

2.5　系统设置与优化

计算机在使用一段时间后，难免会出现一些多余的文件垃圾。所有的数据和程序都存储在磁盘上，如果不及时整理，会造成计算机运行缓慢、性能降低等现象。为保持计算机的性能和拥有一台个性化的计算机，用户需要对计算机平台进行设置与优化。

2.5.1　磁盘管理

在计算机中，所有的数据和程序都存储在磁盘上，因此，学习和掌握磁盘的管理和维护操作是十分必要的。Windows 系统提供了许多常用的磁盘管理工具，如磁盘格式化程序、磁盘扫描程序、磁盘清理程序、磁盘整理程序等。

1. 查看驱动器属性

在"计算机"或"资源管理器"窗口中，选择要查看的磁盘驱动器，右击鼠标，在弹出的快捷菜单中选择"属性"命令，即可打开如图 2 – 47 所示的"属性"对话框。在"常规"选项卡下可查看磁盘容量、进行磁盘清理等；在"工具"选项卡下可以对磁盘进行查错，进行磁盘备份和磁盘碎片整理等操作，如图 2 – 48 所示；还可以在"共享"选项卡下查看磁盘的共享情况。

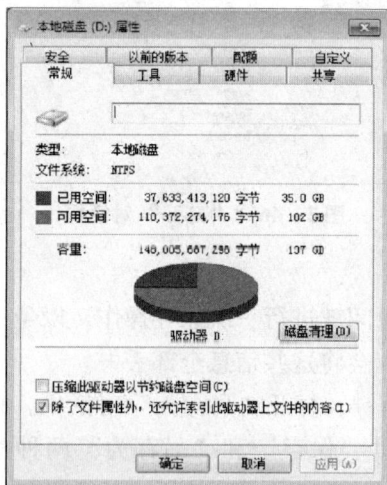

图 2 – 47　驱动器属性对话框

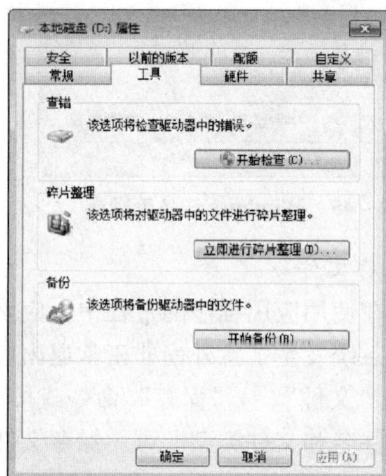

图 2 – 48　"工具"选项卡

2. 磁盘碎片整理程序

磁盘碎片整理程序通过整理一些零碎的文件使它们连续存放，来优化程序和数据的加载和运行速度。

01 选择"开始"→"所有程序"→"附件"→"系统工具"→"磁盘碎片整理程序"命令，便可启动磁盘整理程序，如图 2 – 49 所示。

02 选择希望整理的磁盘分区，然后单击"磁盘碎片整理"按钮，开始对其进行分析和整理。

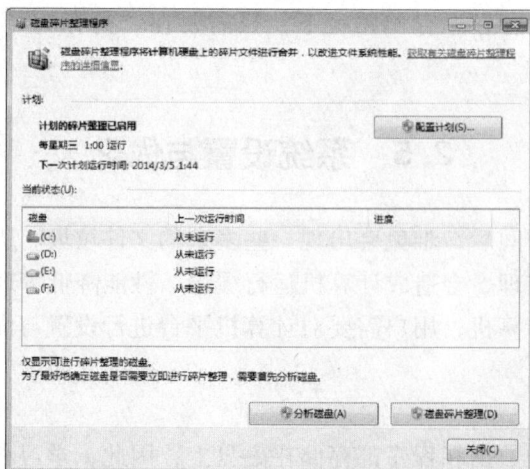

图 2 – 49　磁盘碎片整理程序

3. 磁盘清理程序

磁盘清理程序可以用来删除磁盘上一些不需要的文件，如回收站内的文件、临时文件、临时脱机文件等，以获得更多可用的磁盘空间。

通过"开始"→"所有程序"→"附件"→"系统工具"→"磁盘清理"命令可以进行磁盘清理。

使用系统工具除了进行磁盘清理和磁盘碎片整理以外，还可以对磁盘中的数据进行备份，对系统进行还原和任务计划等操作。

4. 格式化磁盘

一般来说，对于新购买的磁盘，为了能够正常使用，需要进行格式化。

格式化的操作步骤如下：

01 将磁盘插入电脑中，在"计算机"窗口中选择磁盘图标。

02 右击磁盘图标，在快捷菜单中的选择"格式化"命令。

03 设置好参数后，单击"开始"按钮即可格式化。

2.5.2 Windows 7 的工作环境设置

在 Windows 7 中，用户可以根据自己的习惯和喜好，自由地更改桌面、键盘、鼠标、显示器、时区、打印机、密码、声音等设置，以便能够方便、高效地使用 Windows 操作系统。这些功能的设置主要集中在"控制面板"中。

1. 显示属性设置

"显示属性"设置包括：背景、屏幕保护程序、屏幕分辨率等。在控制面板窗口中，单击"外观和个性化"选项，进入外观和个性化窗口，单击"个性化"按钮，进入如图2-50所示的设置对话框。用户也可以直接在桌面空白处右击鼠标，在快捷菜单中选择"个性化"命令。

◇更改桌面背景

在"个性化"对话框中，单击选择"桌面背景"，如图2-51所示。在"背景"列表框中可选择一张图片作为桌面的背景（墙纸），也可以单击"浏览"按钮查找其他位置上的图片或 HTML 文件。

图2-50 个性化窗口

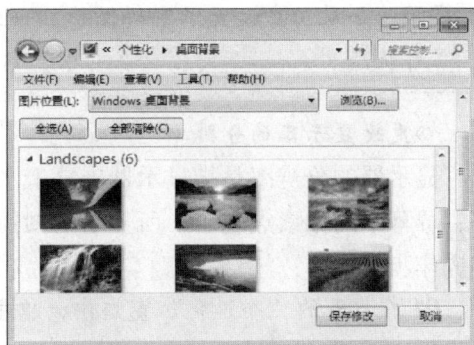

图2-51 设置桌面背景

墙纸在桌面上有多种显示方式。

➤居中：仅在桌面中央区域铺设墙纸。

➤平铺：墙纸以拼接的方式铺满整个桌面。

➤拉伸：图片被拉伸直至铺满整个桌面。

➤适应：图片充满整个桌面的中间位置，上下留白。

➤填充：图片充满整个窗口。

单击"保存修改"按钮可以将当前的设置应用到系统而不退出"个性化"设置对话框，当前更改即可生效。

◇**设置屏幕保护程序**

屏幕保护程序是为防止屏幕被灼伤而设计的。现在，屏幕保护程序的作用更为广泛，一方面它可以在用户临时离开计算机后保护当前的工作不被偷看，另一方面屏幕保护程序为计算机增添了趣味性、娱乐性。

下面我们以选择"三维文字"屏幕保护程序为例，讲解其设置方法。

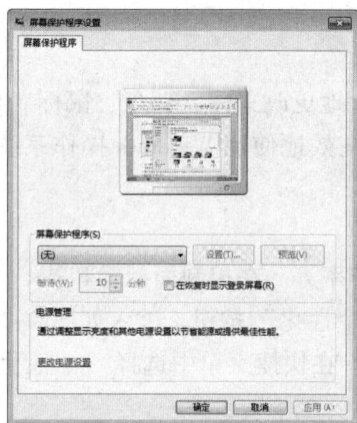

图2-52　设置屏幕保护程序

01 在"个性化"对话框中，选择"屏幕保护程序"，如图2-52所示。

02 单击"屏幕保护程序"下拉列表框右边的下拉按钮，选择"三维文字"。

03 单击"设置"按钮，可进入当前屏幕保护程序的参数设置对话框，可对当前屏幕保护程序的一些相关选项进行设置。

04 在"等待"列表框中设置等待时间为10分钟。当用户在10分钟之内没有任何键盘或鼠标操作时，系统就自动启动屏幕保护程序。

05 单击"预览"按钮可观看屏幕保护程序的效果。

06 设置完成后，单击"确定"按钮即可。

在如图2-52所示对话框中，单击"更改电源设置"按钮可以设置电源使用方案和启用休眠支持。

> **提示**：如果用户设置了密码保护，一旦屏幕保护程序启动，没有密码就不能进入正常工作状态。

◇**更改显示器的分辨率**

显示器的分辨率是指显示器屏幕上水平方向和垂直方向每条直线上的像素点。分辨率越高，屏幕中的像素点越多，所显示的图像就越细腻。在 Windows 7 中设置显示器分辨率的具体操作步骤如下：

01 在打开的"个性化"窗口中，单击"显示"超链接，打开"显示"窗口，如图2-53所示。

02 单击"调整分辨率"超链接，打开"屏幕分辨率"窗口。在"分辨率"列表框中，拖动滑块至所需分辨率 1440×900 位置，如图2-54所示。

03 单击"确定"按钮，返回"显示"窗口，然后单击"关闭"按钮，关闭窗口，更改分辨率设置完成。

在"屏幕分辨率"窗口中，单击"高级设置"超链接，选择"监视器"选项卡，在颜色的下拉列表框中，可以选择显示的颜色的数量：增强色16位或真彩色32位。显示的颜色数量过小，会使显示图像不够逼真。

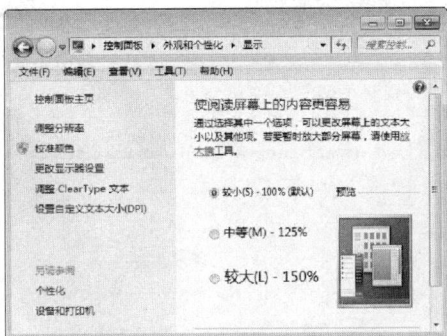

图2-53　"显示"选项卡　　　　图2-54　"屏幕分辨率"对话框

2. 键盘设置

在"控制面板"窗口中，设置"查看方式"为"大图标"，然后选择"键盘"选项，弹出"键盘属性"对话框，如图2-55所示。可设置键盘的按键速度和光标闪烁的频率等参数。

3. 鼠标设置

在"控制面板"窗口中，单击"鼠标"图标，打开"鼠标属性"对话框，如图2-56所示。可设置双击鼠标的速度、指针移动的速度、鼠标滚动滑轮参数等。

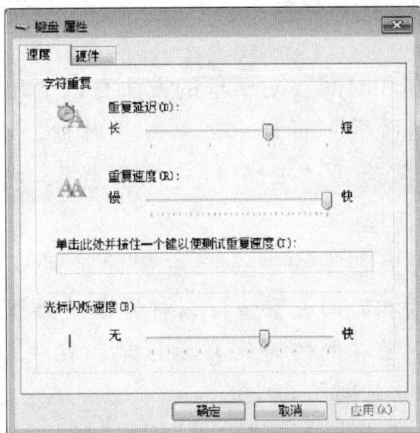

图2-55　"键盘属性"对话框　　　　图2-56　"鼠标属性"对话框

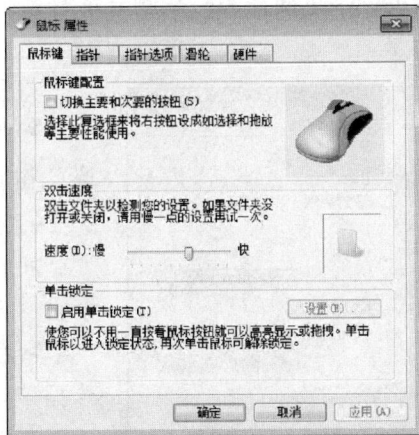

4. 打印机设置

在"控制面板"窗口中，选择查看方式为"大图标"，找到"设备和打印机"图标，单击，打开如图2-57所示的窗口。

◇**添加打印机**

添加打印机实际上就是添加打印机的驱动程序。

在"设备和打印机"窗口中，选择"添加打印机"命令，会打开如图 2 – 58 所示"添加打印机向导"，按照向导提示安装打印机类型，搜索打印机，最后单击"完成"按钮即可添加一台新的打印机。

图 2 – 57　"设备和打印机"窗口

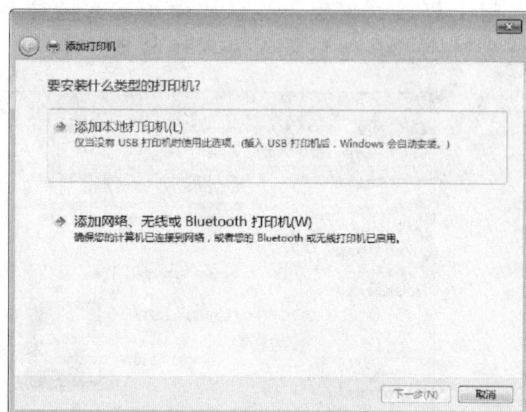

图 2 – 58　添加打印机向导

◇删除打印机

在"设备和打印机"窗口中，选择要删除的打印机，按 Delete 键或单击窗口右边的"删除设备"命令删除。

◇设置默认打印机

右击要设置的打印机，选择"设置为默认打印机"命令即可。或选择要设置的打印机，单击"文件"→"设置为默认打印机"命令。

5. 日期和时间的设置

在 Windows 桌面任务栏右侧显示有系统的时间，移动鼠标至该时间上，系统会显示当前的日期。

图 2 – 59　"日期和时间"对话框

打开"日期和时间"对话框的方法有以下几种：

➤在"控制面板"窗口中，单击"时钟、语言和区域"图标，再选择"日期和时间属性"，打开如图 2 – 59 所示的对话框。

➤用户也可直接单击任务栏右侧的时间显示区域，单击"更改日期和时间设置…"以打开该对话框。

➤右击任务栏右侧的时间显示区域，在快捷菜单中选择"调整日期/时间"命令。

在如图 2 – 59 所示对话框中，用户可以根据自己的需要对时间、日期以及所在时区进行调整。

6. 区域和语言选项

区域和语言选项用于设置区域位置和语言。区域位置的更改将影响到某些程序中显示的时间、日期、货币和数字等格式。

在"控制面板"中，单击"时钟、语言和区域"图标，再单击"区域和语言"选项，打开如图 2 –60 所示的对话框，在"格式"选项卡下选择"其他设置"，打开"自定义格式"对话框，在如图 2 –61 所示对话框中可设置数字、货币、时间和日期的显示格式。

在"键盘和语言"选项卡下，可以对输入法进行相关设置。

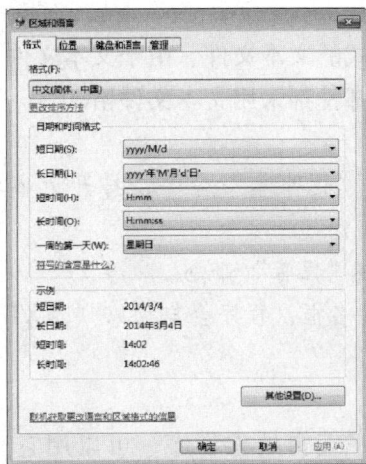

图 2 –60   "区域和语言"对话框

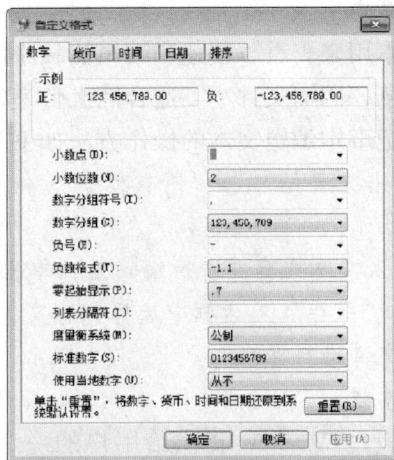

图 2 –61   "自定义格式"对话框

7. 用户账户

使用用户账户功能可以保持计算机中个人特有的个性化设置，且登录的速度更快，在用户之间切换快捷方便，无须重新启动计算机。

在"控制面板"中单击"用户账户和家庭安全"图标，再单击"用户账户"选项，打开如图 2 –62 所示窗口。在该窗口中可以创建一个新的用户账户或更改已有的账户等。

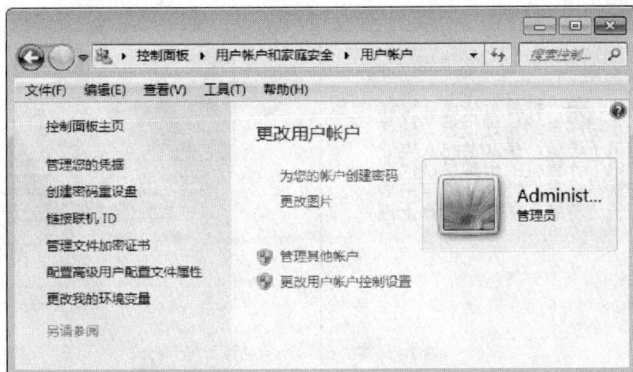

图 2 –62   "用户账户"窗口

用户账户的类型分为以下三种。

➢ Administrator 账户：拥有对计算机上其他用户账户的完全访问权，并能控制管理计算机所有硬软件资源。

➢ 标准用户账户：无法进行程序安装等操作，可访问已安装的程序。

➢ Guest 账户：可以快速登录，以检查邮件或者浏览 Internet。来宾账户无法访问受密码保护的文件和文件夹。

8. 附件工具

Windows 系统为广大用户提供了功能强大的附件,如系统工具、游戏、记事本、画图、计算器、写字板等,这些工具为用户更好地使用、管理和维护计算机提供了方便。

◇**记事本**

记事本用来查看、创建和编辑比较小的无任何格式的文本文件。由于文本文件不包含任何格式信息,因而文件小,适合网上传递,许多电子邮件都采用文本文件格式。

使用记事本编辑文本的操作方法如下。

01 单击"开始"→"所有程序"→"附件"→"记事本"命令,打开记事本窗口如图 2 - 63 所示。

02 输入文本内容并进行编辑后,单击"文件"→"保存"命令。

03 在"保存"对话框中选择保存文件路径和文件名框,程序会自动以".TXT"为文件扩展名对文件进行保存。

◇**写字板**

写字板是 Windows 提供给用户的一个简单的文字编辑处理程序,可以用它来编写文章、写信、写报告等。与记事本相比,写字板的功能非常强大。写字板具备一般文字处理软件的大部分文字处理功能,如字体、字号、字形的设置,段落对齐方式的设置,文档打印等。

单击"开始"→"所有程序"→"附件"→"写字板"命令,打开如图 2 - 64 所示窗口。写字板可以查看和编辑的文件格式包括 Word 文档(.doc)、格式文本(.rtf)和纯文本(.txt)。如果打开文件时在打开文档窗口中看不见寻找的文档,可在"文件名"后面的下拉框中选择其他的文件类型。

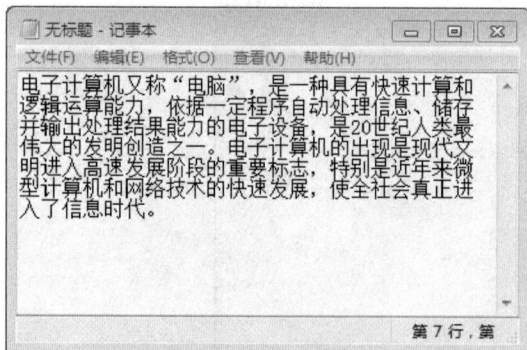

图 2 - 63 记事本窗口

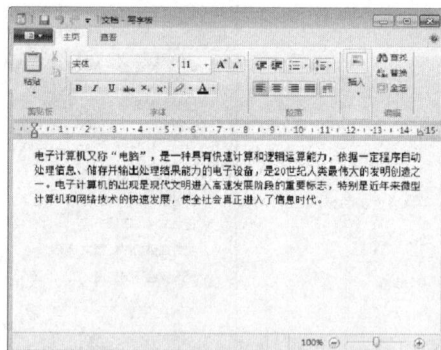

图 2 - 64 写字板窗口

◇**画图**

画图是一个简单的图像处理程序,它可以创建、编辑和浏览简单的图像。单击"开始"→"所有程序"→"附件"→"画图"命令,打开如图 2 - 65 所示的窗口。其操作界面中包含标题栏、菜单栏、工具箱、绘图区、前景色与背景色、调色板和状态栏。其中,标题栏、菜单栏和状态栏的作用与一般窗口的相同。窗口的中间为画图工作区,是用户进行绘画的地方,当图像显示不下的时候可使用水平和垂直滚动条移动工作区。窗口右上角是画图颜料盒,单击"编辑颜色"按钮,可以打开"编辑颜色"对话框。

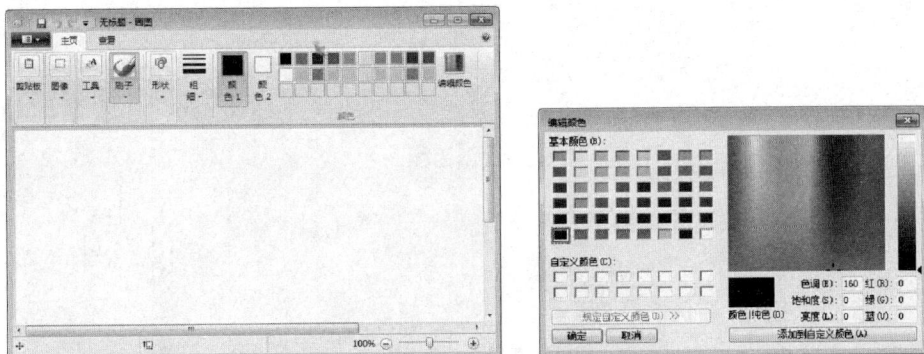

图 2 - 65　画图窗口及"编辑颜色"对话框

9. 多媒体设备

◇ **媒体播放机**

媒体播放机是一个用来播放多媒体文件的设备,可以播放音频、视频和动画文件等。

单击"开始"→"所有程序"→Windows Media Player 命令,可以启动媒体播放机。

◇ **CD 唱机**

CD 唱机可以播放计算机上 CD - ROM 驱动器中的声频光盘。

◇ **音量控制**

打开"控制面板"→"硬件和声音"→"调整系统音量"命令,或右击任务栏上的声音指示器,选择"打开音量合成器",就可以打开"主音量"控制面板,然后对音量进行调节。

2.6　信息浏览与搜索

Internet 又称国际互联网,是世界上最大的计算机网络和信息资源库。Internet 奇迹般的崛起已经引起了全世界所有国家的瞩目,许多专家认为,它如同电的发明一样改变着人类生活方式与行为。因此,为了适应时代的需求,也为了我们自身的发展,需要进一步了解 Internet,学习和掌握它的使用。

2.6.1　信息浏览

1. 启动 Internet Explorer

启动 IE 浏览器,可以有多种方式,单击"开始"→"所有程序"→Internet Explorer 命令,即可打开如图 2 - 66 所示 IE 浏览器。

此外,用户也可以双击桌面上的 ⅇ 图标,或单击 Windows 快速启动工具栏上的 ⅇ 按钮来启动 IE 浏览器。

2. 浏览网页

要访问一个网页或站点,首先在 IE "地址"文本框中输入网页或站点的地址(即 URL 地址),如输入"http://www. sina. com",然后按 Enter 键,即可进入"新浪"站点,如图 2 - 67 所示。进入站点后,我们首先所看到的网页是该站点的主页。每个站点的主页都设有类似目录一样的网站索引。

图 2 − 66　IE 浏览器窗口

图 2 − 67　新浪首页

　　为了加快地址的输入过程，IE 为用户提供了自动地址完成功能。另外，用户第一次输入某个地址时，IE 会记住这个地址，用户再次输入时只需输入该地址开始的几个字符，IE 就会检查保存过的地址并把其开头几个字符与用户输入的字符相符合的地址列出来，如图 2 − 68 所示。用户可以用上、下光标移动键移动蓝色的亮条进行选择，然后按 Enter 键转到相应的地址。

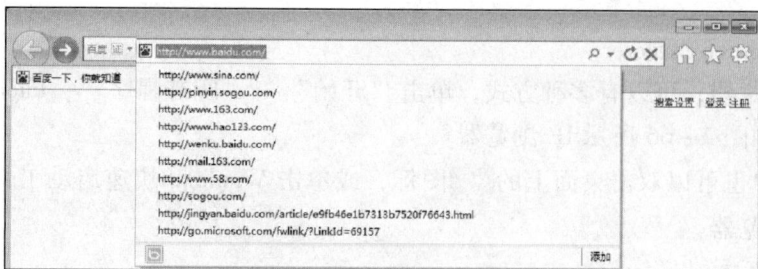

图 2 − 68　从地址列表中选择曾经输入过的地址

　　3. 导航工具的使用

　　IE 窗口地址栏附近，提供了许多在不同的网页间进行快速跳转的导航工具按钮，灵活地使用这些导航工具按钮或相应的快捷键，可以快速地进入所需网页，如表 2 − 6 所示。

表 2 - 6　常用导航工具按钮

工具按钮	功　　能
←	后退按钮。单击该按钮可返回到前面浏览过的页面（快捷键 Alt + ←）
→	前进按钮。单击该按钮可浏览下一页面（快捷键 Alt + →）
✕	停止按钮。中止当前页面的载入（快捷键 Esc）
↻	刷新按钮。重新载入当前页面（快捷键 F5）
🏠	主页按钮。主页是每次打开 IE 浏览器时最先显示的 Web 页，用户可将主页设置为需要频繁查看的 Web 页。当打开了其他的页面之后，单击该按钮即可在当前窗口打开主页
○	搜索按钮。在 IE 窗口左侧显示"搜索"栏，用于查找指定的网页
☆	查看收藏夹、源和历史记录。在 IE 窗口右侧点击打开即显示收藏夹、源和历史记录，用于查看收藏夹中的网址，按日期查找的历史记录等
⚙	工具按钮。里面包含打印、缩放、查看下载、Internet 选项等功能

4. 重新访问最近查看过的 Web 页

用户每访问一个 Web 页，IE 都会将其相应的地址保存在历史记录中。因此，使用 IE 的历史记录，可以快速访问曾经访问的 Web 页。

单击 IE 导航工具栏上的 ☆ 按钮，IE 窗口右侧就会显示出"历史记录"窗口，其中包含了最近几天或几星期内曾经访问过的 Web 页列表，如图 2 - 69 所示。

单击需再次访问的 Web 页所在的文件夹，则当天所访问过的站点就会显示出来，再单击用户要想重新访问的 Web 页图标，该 Web 页就可以重新显示在左边的网页窗口中。

当历史记录中的内容过多时，要找到所需的某个 Web 页并不是件很容易的事情。这时，用户

图 2 - 69　使用历史记录打开 Web 站点

可以使用 IE 提供的排序功能，对历史记录中的内容进行排序。在"历史记录"选项卡下的第一行，有一个下拉菜单。其中有"按日期"、"按站点"、"按访问次数"和"按今天的访问顺序"四种排序方式，选择其中的一种排序方式，就可以按相应的顺序进行排列，这样查找 Web 页就方便多了。

5. 收藏自己喜爱的 Web 页

在网上冲浪时经常会遇到自己喜欢的 Web 页，用户可以使用 IE 浏览器的收藏夹功能收藏网页，以便下次再次访问该 Web 页。将当前网页地址加入到收藏夹的操作步骤如下：

01 打开需添加到收藏夹中的 Web 页，单击浏览器右上角的 ☆ 按钮，在弹出的快捷菜单中选择"添加到收藏夹"命令，打开如图 2 - 70 所示的"添加收藏"对话框。

02 在"名称"文本框中输入作为标识该网页的名称即可。如果想把地址放在某个文件

夹中，可以单击"新建文件夹"按钮，对话框将扩展出"创建文件夹"对话框。

03 单击"添加"按钮即可完成收藏。

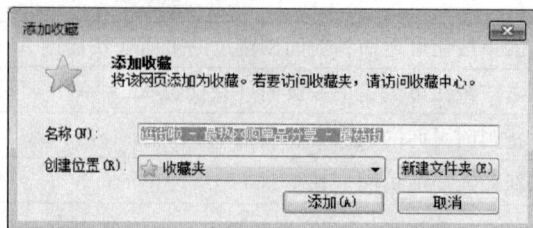

图 2-70　"添加收藏"对话框

想要再次浏览收藏过的网页，直接单击工具栏上的☆按钮，打开"收藏夹"选项卡，从中选择你需要的网页即可。

6. 保存 Web 页或其中的部分内容

◇保存 Web 页

用户在浏览 Web 页时，当发现其中有自己需要的内容，如一些精彩文章、漂亮图片等，可以将当前的网页保存至本地磁盘，以备以后使用。操作步骤如下：

01 在"IE 浏览器"窗口，按 Alt 键，显示菜单栏，然后执行"文件"→"另存为"命令，这时就会打开如图 2-71 所示的对话框。

02 选择相应的保存位置，输入保存的文件名。

03 最后单击"保存"按钮即可将当前网页保存下来。这样在清理 IE 临时文件就不会被删除了。

图 2-71　"保存 Web 页"对话框

◇保存其中的部分内容

如果用户想保存的只是当前网页的如一段文字，可用鼠标拖动选定这些文字，然后右击文字，在快捷菜单中选择"复制"命令，即可将选中的文字复制到剪贴板中，然后再将剪贴板中的内容粘贴到其他的位置。

如果用户想保存的是一张图片，则可以右击该图片，在快捷菜单中选择"另存为"命令，将该图片保存至指定的位置即可。

7. 修改 IE 浏览器的首页

用户可以按自己的喜好，设置 IE 浏览器的首页，操作方法如下：

01 打开 IE 浏览器，按 Alt 键，出现菜单栏，单击"工具"→"Internet 选项"命令，打开如图 2－72 所示对话框。

02 在"常规"选项卡下的主页地址栏区域输入要更改的网址。

03 单击"确定"按钮。

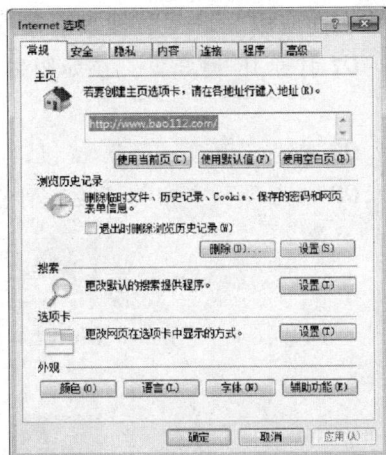

图 2－72　"Internet 选项"对话框

2.6.2　信息搜索

Internet 上的信息可以说是浩如烟海，数以万计的站点，琳琅满目的信息，令人应接不暇。如何才能快速地从中获得我们所需的信息呢？这时我们就得请搜索引擎来帮忙了。搜索引擎实际是 Internet 上专门提供信息查询、搜索服务的特殊站点，就像电信局的 114 查号台一样，用户输入或选择感兴趣的内容后，搜索引擎会马上提供出有你需要内容的链接，单击链接即可进入相关的站点，从而极大地方便了 Internet 用户。

1. 搜索信息的小技巧

➤ 直接输入搜索关键词。

➤ 使用多个关键词以缩小搜索范围（各关键词之前加空格）。

➤ 使用逻辑非（减号）减去无关的信息（如：武侠小说－古龙）。

➤ 使用问答式的搜索（如：什么是信息收集）。

➤ 搜索指定类型的文件。

➤ 不要局限于一个搜索引擎。当搜索不到理想的结果时，试着使用另外一个搜索引擎。

2. 搜索引擎

每个搜索引擎都有其自身的特点，当在一个搜索引擎中无法得到满意的结果时，不妨尝试一下其他搜索引擎。下面，简单介绍两种使用较为广泛的搜索引擎。

◇**Baidu——全球最大的中文搜索引擎**

百度（www. baidu. com）全球网站排名第 4 位。百度拥有全球最大的中文网页库，目前收录中文网页已超过 12 亿，这些网页的数量每天以千万级的速度在增长，每天处理来自一百多个国家超过一亿人次的搜索请求。

Baidu 搜索首页如图 2－73 所示。

图 2－73　百度搜索首页

下面使用"百度"搜索引擎搜索关键词为"2014 索契冬季奥运会",操作方法如下:

01 打开 IE 浏览器,在如图 2-73 所示百度搜索首页,输入关键词"2014 索契冬季奥运会"。

02 单击"百度一下"按钮,打开如图 2-74 所示搜索结果页面。

03 单击页面中相关链接,可查看与关键词相关的信息。

图 2-74　百度搜索结果页面

◇**Google——全球最大的搜索引擎**

谷歌(www. google. cn,www. google. com)全球网站排名第 3 位。Google 开发出了世界上最大的搜索引擎,提供了最便捷的网上信息查询方法。通过对 80 多亿网页进行整理,Google 可为世界各地的用户提供适需的搜索结果,而且搜索时间通常不到半秒。现在,Google 每天需要提供 2 亿次查询服务。

Google 搜索首页如图 2-75 所示。

下面使用"Google"搜索引擎搜索关键词为"2014 索契冬季奥运会　中国",操作方法如下:

01 打开 IE 浏览器,在如图 2-76 所示 Google 搜索首页,输入多个关键词"2014 索契冬季奥运会　中国"。

图 2-75　Google 搜索首页

图 2-76　Google 搜索结果页面

02 单击"Google 搜索"按钮,打开如图 2-76 所示搜索结果页面。

03 观察页面可知，页面中只显示了 2014 索契冬奥运会与中国有关的信息的链接。单击链接信息可查看具体内容。

2.7　网络交流

随着网络的不断发展和普及，网络已渐渐成为人们日常生活中不可缺少的一部分，它改变了人们的工作、学习和交流方式，是一种新型的多媒体交流方式，网络交流方式的出现，为人们的工作、学习和生活带来了便捷。网络交流的方式包括电子邮件、论坛 BBS、博客 Blog、聊天室，以及 QQ 和 MSN 等聊天系统。

利用计算机网络来发送或接收的邮件称作"电子邮件"，英文名为"E-mail"，它是一种利用计算机网络交换电子媒体信件的通信方式。电子邮件是目前 Internet 上应用最广的一种服务。通过网络的电子邮件系统，用户可以以非常低廉的价格（不管发送到哪里都只需负担电话费和网费即可），以非常快速的方式，与世界上任何一个角落的网络用户联络，这些电子邮件可以是文字、图像、声音等各种方式。当计算机接入 Internet 并安装了收发电子邮件的客户软件（如 Outlook 2010、Foxmail）之后，用户就可以开始发送或接收电子邮件；除此之外，用户还可以借助网络浏览器使用 WWW 上的邮件系统收发电子邮件。

2.7.1　电子邮件的基本概念

电子邮件是基于 Internet 的一种功能强大、方便、快捷、经济的通信手段。它可以传送文字、图形、图像、声音、动画等信息。

首先来了解电子邮件的几个基本概念。

1. 电子邮件服务的工作过程

电子邮件系统采用客户端/服务器模式。在服务器上每个电子邮箱都有个账号，并分配有一块存储空间（服务器邮箱）用来存储邮件。在客户端上运行的邮件客户端程序通过账号、密码登录服务器。收取邮件就是在服务器邮箱中把邮件复制到本地存储空间（客户端中的邮箱）中。发送邮件也是把邮件先交给服务器，然后再由服务器转发到对方的邮件服务器邮箱中。使用电子邮件后不一定要都登录邮箱，如果对方不在线，就暂存于服务器上，登录后再收取。

2. 电子邮箱地址

要发送电子邮件，必须知道收件人的 E-mail 地址，我们称为电子邮件地址，又叫电子邮件账号。

电子邮件地址的格式：用户名@邮件服务器名。

例如：lushanbook@gmail.com，其中 lushanbook 是用户名，gmail.com 是电子邮件服务器的一台主机名字，中间用"@"连接。@的含义和读音与英文介词 at 相同，表示"在，位于"的意思。

3. 地址簿

地址簿是存储"电子邮件地址"的工具，可以直接往其中添加电子邮件地址，也可以在阅读邮件时，将发件人的邮件地址添加进去，在以后发信时，可直接从地址簿中选择收信人的地址，从而避免了重复输入的烦琐。

4. 邮件附件

邮件附件是随邮件一起传送的任何计算机文件。当信息无法放在邮件正文中时，可以将其做成文件通过附件来传送。如声音、程序，以及其他一些非文本数据等可以通过附件来传送。

2.7.2 管理电子邮件

1. 申请免费电子邮箱

一般情况下，要申请免费的 E-mail 信箱，首先需要进入电子邮件服务提供商的网站，找到申请入口，选择适当的用户名，填写密码及其他注册资料。下面以网易免费电子信箱为例进行介绍。

01 启动 IE，在浏览器中输入网易电子邮箱网址"mail. 163. com"，进入网易 163 邮箱首页，如图 2-77 所示。

02 单击网页上的"注册"按钮，打开如图 2-78 所示的页面，选择要注册的邮箱类型，比如注册手机号码邮箱，填写手机号码、获取验证码、填写密码等安全设置，并选中"同意服务条款和用户须知、隐私权相关政策"复选框。完成后，单击"立即注册"按钮。

图 2-77 网易电子邮箱首页

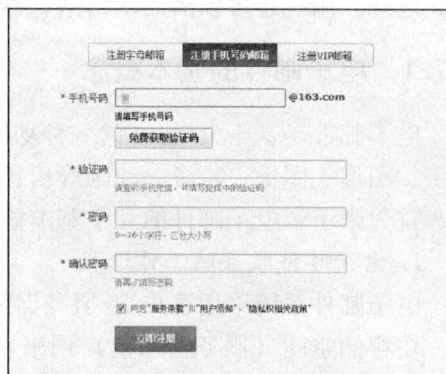

图 2-78 填写安全设置和个人资料

03 单击"立即注册"按钮后，即可进入 163 网易免费邮箱工作页面，如图 2-79 所示。

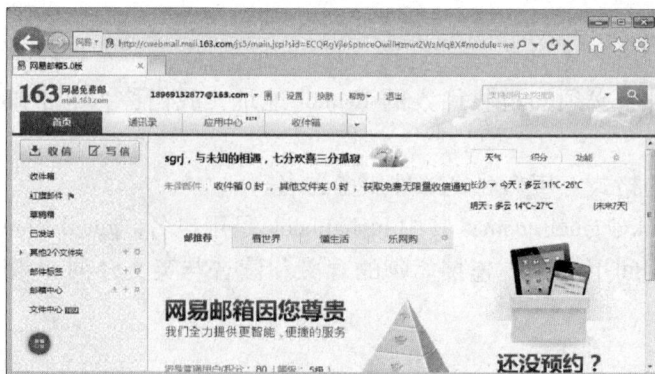

图 2-79 163 网易邮箱工作页面

04 在申请到 E-mail 信箱后，用户即可以使用电子邮件系统的各项功能。

2. 收发电子邮件

◇登录邮箱

在 IE 地址栏中输入 mail. 163. com，进入 163 邮箱登录页面，输入用户名和密码，单击"登录"按钮，即进入网易邮箱工作页面，如图 2－80 所示。

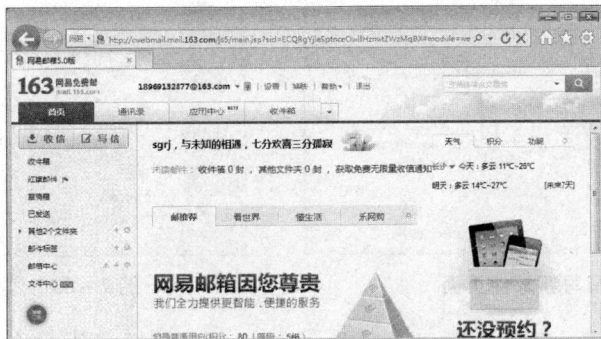

图 2－80　网易邮箱工作页面

◇查看和接收邮件

进入工作页面后，可以看到是否有未读的邮件，也可以单击"收信"按钮收取邮件。

打开收件箱可看到有 4 封未读邮件，单击该邮件的一个标题，屏幕上将出现信件的内容，如图 2－81 所示。邮件的内容一般包括日期、发件人、主题和附件。附件可以是一个或多个，单击后面的下载附件可将其保存在电脑中，方便查看。

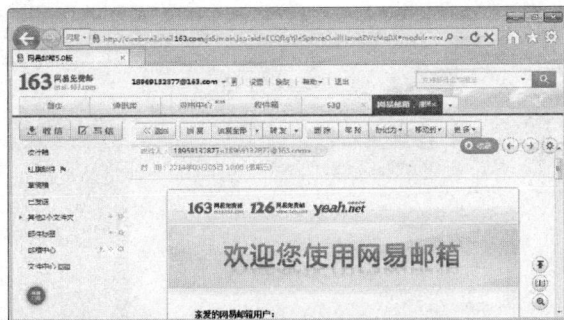

图 2－81　阅读信件的内容

读信后，如果需要回复信件或将信件转发给其他人，只要分别单击信件顶行的相应按钮即可。

提示：发件人地址来历不明的邮件请慎重打开，防止有病毒，尤其是附件不能随便下载或打开。

◇撰写邮件

01 单击左上角"写信"按钮，即出现如图 2－82 所示的写信页面。

02 在"收件人"一栏中填入收信人的 E-mail 信箱，在"主题"一栏中填入信件的主题，在正文区中写入信件的正文。

03 如果还想给对方发送文件或图片，单击"添加附件"按钮，打开如图 2－83 所示对

话框，选择要发送的文件或图片，单击"打开"按钮即可添加附件。

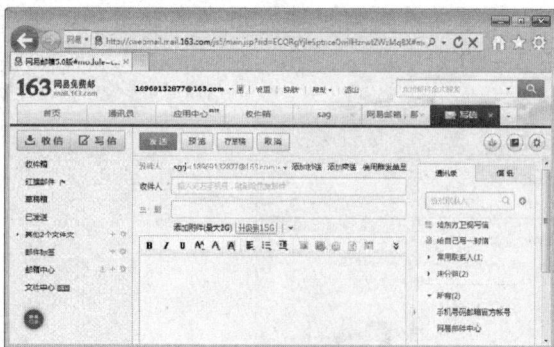

图 2-82　撰写新邮件页面

图 2-83　添加附件对话框

04 信件写完后，单击页面上的"发送"按钮，即可将写好的信件发送出去。

3. 邮件通讯录的使用

01 在阅读邮件时，把鼠标放置于发件人的联系地址上，就会出现一个下拉菜单框，选择"添加联系人"命令将其添加到通讯录中。也可以在邮件工作页面，单击上边的"通讯录"按钮，打开如图 2-84 所示通讯录页面。

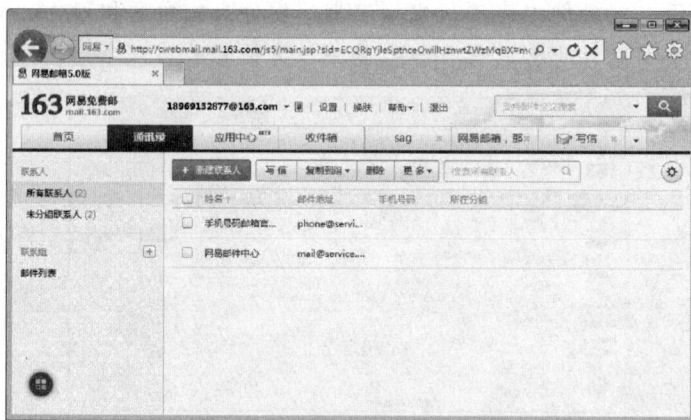

图 2-84　通讯录页面

02 单击"新建联系人"按钮可添加新的联系人。

03 在通讯录页面可对联系人的信息进行编辑、删除等操作。

> 提示：网上的 E-mail 信箱使用完毕后一定要退出，以免信息丢失或被别人盗用。

2.7.3　发布信息

发布信息的网站有很多，例如：58 同城（www. 58. com）、口碑网（www. koubei. com）、赶集网（www. ganji. com）、手递手网（www. hand2hand. cn）等。下面将以在 58 同城网站上发布一条租房信息为例，介绍发布信息的过程，具体操作方法如下：

01 在 IE 地址栏中输入网址"www. 58. com"，按 Enter 键进入 58 同城首页，如图 2-85 所示。

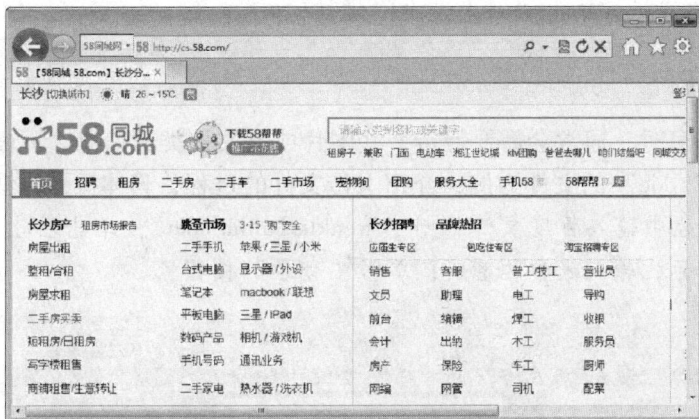

图 2－85　58 同城首页

02 单击页面右上角的"免费发布信息"按钮，如图 2－86 所示。选择发布信息的类别。

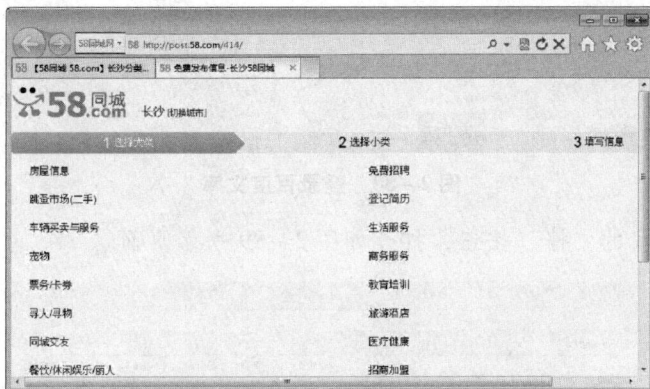

图 2－86　选择发布信息的分类

03 在房屋信息栏下选择租房类型，比如整租房，在弹出的页面中填写出租方式和其他主要特征（小区名称、房屋户型、房源描述、上传图片等），如图 2－87 所示。尽量将信息填写完全，这样可以让信息更容易被找到。

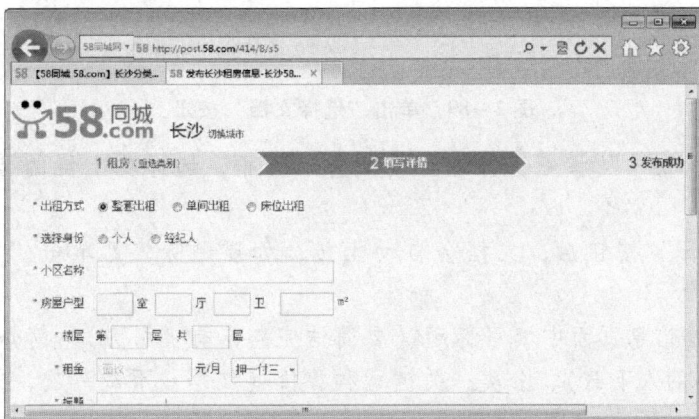

图 2－87　填写标题和其他主要信息

04 信息填写完成后，单击"马上发布"按钮即可。

2.7.4　上传文件

在网上发布信息时，通常会需要上传一些图片或是文档类的信息。下面将以在百度文库上传一份格式为".doc"的文件为例，介绍上传文件的过程，具体操作方法如下：

01 在 IE 地址栏中输入百度文库网址"wenku. baidu. com"，单击右上角的"登录"按钮，如图 2 – 88 所示，输入账号和密码，单击"登录"按钮。

图 2 – 88　登录百度文库

02 单击"上传我的文档"按钮，打开如图 2 – 89 所示页面。

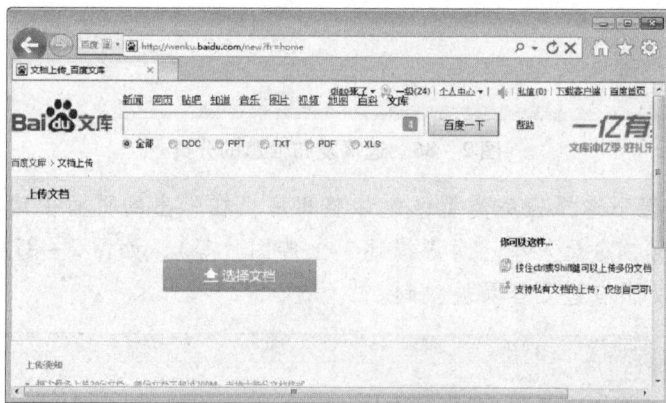

图 2 – 89　单击"选择文档"按钮

03 单击"选择文档"按钮，打开上传文件对话框，选择要上传的文件，如图 2 – 90 所示。

04 单击"打开"按钮后，文档会自动上传，如要删除，可单击"收起"上面的 × 按钮。

05 在填写文档信息页面中填写标题（要简洁完整，有吸引力）、简介（说明文档的主要内容，方便更多的人下载）、分类、关键词和售价（文档被下载一次，您获得的财富值）等信息，如图 2 – 91 所示。

图2-90　选择要上传的文档

图2-91　百度文库自动上传

06 填写完成后，单击"提交信息"按钮，就会出现如图2-92所示提示上传成功信息。一般上传的文档需进行审核，审核通过后才能被大家浏览和下载。

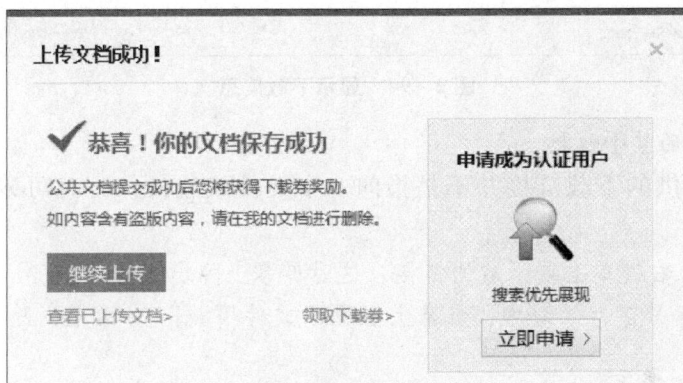

图2-92　文档上传成功提示

2.7.5　下载文件

Internet上除了有丰富的网页供用户浏览外，还有大量的程序、文字、图片、音乐、电影等网络资源，如果需要使用这些资源，就可以把它下载到本地计算机，以备随时调用。Internet上可供下载的资源大部分都以链接的形式出现在网页上，可以使用浏览器直接下载，也可以使用专业的下载工具软件下载，如 FlashGet（网际快车）、迅雷等。

1. 用浏览器直接下载

有些网页中建立了下载的超级链接，这时可以直接通过超级链接以保存文件的方式进行下载，或借助专用软件下载。

◇从网页上下载文件

01 打开要下载的文件所在的页面，在网页上单击该文件下载的链接（当鼠标指向软件下载链接时，状态栏中显示该程序所在的位置）。

02 在打开的"文件下载"对话框中单击"保存"按钮，如果需要另存为可以单击保存按钮旁边的下拉三角形，如图2-93所示。

03 此时任务栏的上面将会弹出一个"下载已完成"的文件对话框，如图2-94所示。

04 下载完成后，可以单击"打开"按钮调用默认程序打开该下载文件，也可以单击"打开文件夹"按钮打开保存该文件的文件夹。

图 2 − 93　单击链接打开"文件下载"对话框

图 2 − 94　显示下载信息

◇**下载网页中的某个链接**

如果网页中提供的下载链接并不是指向一个文件或软件，此时可以使用下面的下载方法：

01 在网页上，右键单击要下载的链接，这时屏幕上弹出快捷菜单。

02 选择"目标另存为"命令，屏幕上出现"文件下载"对话框，随后出现"另存为"对话框。

03 在"文件名"框中输入保存该链接内容的文件名，在"保存在"文本框中指定保存文件的文件夹，然后单击"保存"按钮即可。

2. 使用网际快车下载

FlashGet 是一款免费软件，华军软件园、天空软件站、太平洋电脑网等专业下载网站都提供了免费下载。

◇**下载单个文件**

如果想用网际快车下载文件，只要在下载文件上右击鼠标，并在快捷菜单中选择"使用网际快车下载"命令项即可。

01 打开下载文件所在的网页，右击要下载的链接，在如图 2 − 95 所示的快捷菜单中选择"使用快车 3 下载"命令。

02 在打开的"添加新的下载任务"对话框中，对一些下载参数进行设置，如下载文件保存位置和文件名等，如图 2 − 96 所示。

03 单击"立即下载"按钮，FlashGet 即开始下载文件，如图 2 − 97 所示。FlashGet 把下载的文件分为若干片段同时进行下载，全部下载完成后再把这些文件片段拼合为一个完整的文件。

04 如果要暂停文件下载，在窗口左边单击"正在下载"文件夹，然后右击正在下载的文件图标，在快捷菜单中选择"暂停"命令，如图 2 − 98 所示，这时将停止下载该文件。

图 2-95　选择下载方式

图 2-96　指定下载相关参数

图 2-97　开始下载文件

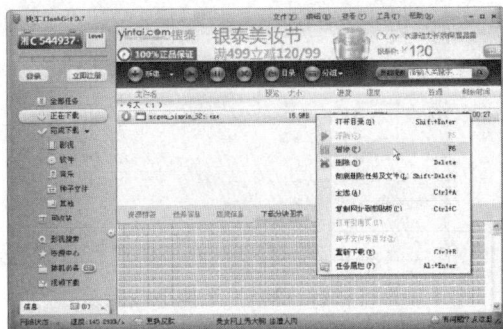

图 2-98　暂停文件下载

05 如果要恢复下载，右击已停止下载的文件图标，在快捷菜单中选择"开始"命令，如图 2-99 所示。

06 下载完成后，可以在窗口的"已下载"文件夹中找到该文件，如图 2-100 所示。直接在网际快车中双击该文件可以打开或运行文件，或者按下 Ctrl + Enter 组合键快速打开下载文件所在的文件夹。

图 2-99　恢复下载

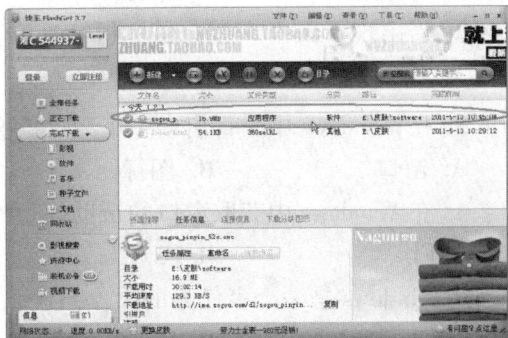

图 2-100　文件下载完成

◎批量下载文件

当网页中有大量链接需要下载时，一个一个单击下载不仅费时费力，还容易出错，使用网际快车的批量下载功能，可以自动搜索网页中的链接并进行下载，具体操作步骤如下：

01 打开含有链接的网页，在网页上单击鼠标右键，选择其中的"使用快车 3 下载全部链接"命令。

02 弹出"选择要下载的 URL"对话框，其中显示了当前网页上所有链接的名称列表，如图 2-101 所示，可根据需要选择相应的项目进行下载，使用 Shift 键可以一次选择或去除多个链接。

03 如果仅需要下载其中某一类型的文件，可以在"选择文件类型"中选择下载的文件类型，如 PHP、HTM、EXE 等格式的文件，这里选择 jpeg 文件类型，网页中所有 jpeg 文件的链接将被自动勾选，如图 2-102 所示。

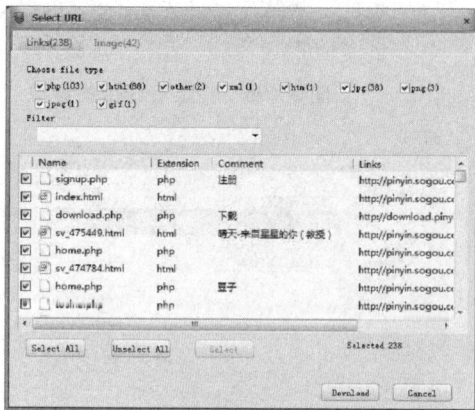

图 2-101　选择下载链接

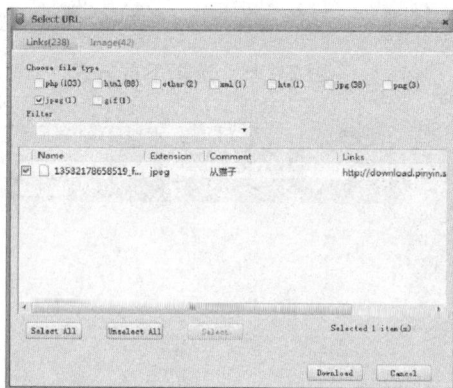

图 2-102　选择下载文件类型

04 选择下载链接后，单击"下载"按钮，FlashGet 自动对所有选择的链接进行下载。

2.8　练习与思考

一、选择题

1. 进入 Windows 后的第一个界面称为（　　）。

A. 系统窗口　　　　　B. 桌面　　　　　　C. 图标　　　　　　D. 对话框

2. 当出现下面（　　）鼠标指针时，表示 Windows 正在运行程序，不能进行其他操作。

A. 🚫　　　　　　　　B. 　　　　　　　　C. ＋　　　　　　　　D.

3. 在 Windows 中，每启动一个程序就会出现一个（　　）。

A. 窗口　　　　　　　B. 图标　　　　　　C. 桌面　　　　　　D. 对话框

4. 在 Windows 中获取窗口的帮助信息按（　　）键。

A. F1　　　　　　　　B. F3　　　　　　　C. F2　　　　　　　D. F5

5. Windows 是一个多任务的操作系统，任务之间的切换按（　　）键。

A. Alt + Tab　　　　　B. Alt + Esc　　　　C. Shift + Space　　　D. Shift

6. 在 Windows 中，若移动整个窗口可以用鼠标拖动窗口的（　　）。

A. 工具栏　　　　　　B. 状态栏　　　　　C. 标题栏　　　　　　D. 菜单栏

7. 在 Windows 中退出当前应用程序应按（　　）快捷键。

A. Alt + F1　　　　　B. Alt + F2　　　　C. Alt + F4　　　　D. Alt + Z

8. 菜单命令旁带"…"表示（　　）。

A. 该命令当前不能执行　　　　　　　　B. 执行该命令会打开一对话框

C. 可单击它后不执行该命令　　　　　　D. 该命令有快捷键

9. 下列操作中，（　　）不能创建应用程序的快捷方式。

A. 在目标位置单击鼠标左键　　　　　　B. 在目标位置单击鼠标右键

C. 在对象上单击鼠标右键　　　　　　　D. 右拖动对象

10. 在 Windows 的下列操作中，（　　）操作不能启动应用程序。

A. 双击该应用程序名

B. 用"开始"菜单中的"文档"命令

C. 用"开始"菜单中的"运行"命令

D. 右击桌面上应用程序的快捷图标

11. Windows 中英文输入法的快速切换是通过按（　　）键实现的。

A. Ctrl + Space　　　　B. Shift　　　　C. Ctrl + Shift　　　　D. Ctrl + .

12. 选择中文输入法后，按（　　）键进行全角/半角的切换。

A. Ctrl + Space　　　B. Shift + Space　　　C. Alt + Space　　　D. Ctrl + .

13. Windows 中英文标点符号的切换，是通过按（　　）键实现的。

A. Alt + Space　　　B. Shift + Space　　　C. Ctrl + Shift　　　D. Ctrl + .

14. 当任务栏上没有输入法指示器时，下列说法正确的是（　　）。

A. 该系统中不存在中文输入法

B. 该指示器被删除了

C. 该指示器没被启动，可以进入控制面板通过"输入法"选项卡启动

D. 以上说法都不正确

15. 下列关于 Windows 窗口说法正确的是（　　）。

A. 窗口最小化后，该窗口也同时被关闭了

B. 窗口最小化后，该窗口程序也同时被关闭了

C. 桌面上可同时打开多个窗口，通过任务栏上的相应按钮可进行窗口切换

D. 窗口最大化和还原按钮同时显示在标题栏上

16. 下列关于程序的安装和删除的说法正确的是（　　）。

A. 删除程序就是将该程序的快捷方式从桌面上删除

B. 安装程序就是将该软件上的全部文件复制至硬盘

C. 程序被删除之后将不能使用

D. 删除某个程序就是通过删除命令将该程序文件夹下的所有文件全部删除

17. 在 Windows 中，最近（　　）次剪切的内容可以保留在剪贴板中。

A. 2　　　　　　　B. 12　　　　　　　C. 1　　　　　　　D. 8

18. 在"资源管理器"窗口中，如果文件夹没有展开，文件夹图标前会有（　　）。

A. *　　　　　　　B. ▷　　　　　　　C. /　　　　　　　D. −

19. 在 Windows 中，使用鼠标（　　）操作，可以实现文件或文件夹的快速移动或复制。

A. 移动　　　　　　B. 单击　　　　　　C. 双击　　　　　　D. 拖放

20. 文本文件图标是（　　　）。

A. 　　　　　　B. 　　　　　　C. 　　　　　　D.

21. 选定文件或文件夹后，下列（　　　）操作不能删除所选的文件或文件夹。

A. 按 Delete 键

B. 选"文件"菜单中的"删除"命令

C. 用鼠标左键单击该文件夹，打开快捷菜单，选择"剪切"命令

D. 单击工具栏上的"删除"按钮

22. Windows "资源管理器"是负责管理计算机中所有的（　　　）。

A. 文件和文件夹　　　　　　　　　B. 硬件资源

C. 软件资源　　　　　　　　　　　D. 数据资源

23. 在 Windows "资源管理器"中，用鼠标双击文件夹窗口中的一个文件夹表示（　　　）。

A. 删除文件夹

B. 展开或折叠一个文件夹

C. 创建文件夹

D. 选定当前文件夹，显示其内容在右侧窗口中

24. 在 Windows 中，把一个文件从一个窗口拖至另一个窗口中，是完成文件的（　　　）。

A. 删除　　　　　B. 移动或复制　　　　C. 修改或保存　　　　D. 更新

25. Windows 中的回收站是（　　　）中的一块区域。

A. 软盘　　　　　B. 光盘　　　　　　　C. 内存　　　　　　　D. 硬盘

26. 在 Windows 中永久删除某一选定的文件，而不放入回收站，只需按（　　　）键。

A. Delete　　　　B. Shift + Delete　　　C. Ctrl + Delete　　　D. Alt + Delete

27. 在 Windows 中取消刚进行的操作按（　　　）键。

A. Ctrl + Z　　　　B. Esc　　　　　　　C. Shift + Z　　　　　D. Alt + Z

28. 下列（　　　）字符是 Windows 文件名中可以包括的字符。

A. \　　　　　　　B. *　　　　　　　　C. 空格　　　　　　　D. ?

29. 在 Windows 中，下列文件名不合法的是（　　　）。

A. systeme. 95. txt　　　　　　　　　B. 中国．湖南．doc

C. A < > B　　　　　　　　　　　　D. BBBB. CCC

30. 删除文件不正确的操作是（　　　）。

A. 直接将文件拖到回收站

B. 右键单击要删除的文件，然后在快捷菜单中选择"删除"命令

C. 在"资源管理器"窗口中，选择文件，执行"文件"下的"删除"命令

D. 选择文件，然后按 Ctrl + X 键

31. 下列（　　　）方法不可以打开"资源管理器"。

A. 右击"开始"按钮，然后选择"资源管理器"

B. 右击"计算机"图标，然后选择"资源管理器"

C. 右击"计算机"窗口中任何一个驱动器或文件夹图标，然后选择"资源管理器"命令

D. 双击"计算机"图标

32. 帮助删除磁盘上无用文件，增加磁盘空间工具的是（　　　）。

A. 碎片整理　　　　B. 磁盘清理　　　　C. 磁盘扫描　　　　D. 磁盘压缩

33. 用鼠标（　　　）桌面空白区域，选择快捷菜单中的"个性化"命令将会弹出"显示器"属性对话框。

A. 左单击　　　　　B. 左双击　　　　　C. 右单击　　　　　D. 右双击

34. 屏幕保护程序的主要作用是保护（　　　）。

A. 显示器　　　　　B. 键盘　　　　　　C. 打印机　　　　　D. 主机

35. 下列关于显示属性设置说法正确的是（　　　）。

A. Windows 可将任何格式的图片作为桌面背景

B. 作为桌面背景的图片既可以从网上下载，也可以从别处复制

C. 某计算机的显示颜色数为 16 位，即表示该计算机只能显示 16 种颜色

D. 显示器的分辨率可以随意调节，跟显示器及显示卡硬件无关

36. 下列关于控制面板的说法正确的是（　　　）。

A. 控制面板是用来改变软硬件设置的一组工具

B. 控制面板只能用来更改硬件的设置

C. 控制面板只能用来更改软件的设置

D. 更改显示属性只能通过控制面板来进行设置

37. 下列关于日期和时间设置的说法不正确的是（　　　）。

A. 移动鼠标指针至 Windows 任务栏的时间指示器上可查看当前系统时间

B. 双击任务栏上的时间指示器可更改系统日期和时间

C. 更改系统日期和时间之后，下次重新启动计算机时又会恢复到覆盖的时间

D. 使用日期/时间属性对话框可以查看几年前的某一天是星期几

38. 键盘上的 Ctrl 键又称（　　　）。

A. 上档键　　　　　B. 回车键　　　　　C. 控制键　　　　　D. 强行退出键

39. 键盘上的（　　　）键称为数字锁定键。

A. Caps Lock　　　　B. Num Lock　　　　C. Backspace　　　　D. Shift

40. 下列关于键盘用法的叙述不正确的是（　　　）。

A. 打字之前手指要放于基本键上

B. 击键后手指立即缩回到基准键位置，不可停留在刚才击打的键上

C. 利用 F 键、J 键上的凸起可判断当前手指是否放置正确

D. 打字时键盘上每个键使用任意手指击打，照样可输入

41. 下列关于退格键 BackSpace 和删除键 Delete 不正确的叙述是（　　　）。

A. 退格键和删除键都可以用来删除字符

B. 退格键是删除光标前面的字符

C. 删除键是删除光标后面的字符

D. 两个键没有什么区别

42. 键盘上没有指示灯的是（　　　）键。

A. Caps Lock　　　　B. Num Lock　　　　C. Scroll Lock　　　　D. Insert

43. 下列（　　）说法是不正确的。

A. 当键盘处于大写状态时，只能输入大写英文字母

B. 当键盘处于大写状态时，仍然能输入汉字

C. 一次只能运行一种中文输入法

D. 同一篇文档中可用多种输入法进行中文录入

44. 词语"计算机"用智能 ABC 输入法的简拼码是（　　）。

A. JSUANJ　　　　B. JISJI　　　　C. JISUANJI　　　　D. JSJ

45. 电子邮件是一种计算机网络传递信息的现代化通信手段，与普通邮件想比，它具有（　　）的特点。

A. 免费　　　　B. 安全　　　　C. 快速　　　　D. 复杂

46. 一般情况下，用电子邮件寄给别人的附件不能超过 10MB；如果要把一个 30MB 以上的文件或 Word 文档邮寄给别人，以下的（　　）方法可以解决此问题。

A. 使用分卷压缩　　　　　　B. 使用客户端邮件程序发送

C. 使用迅雷传输　　　　　　D. 使用加密压缩

47. 以下电子邮件地址正确的是（　　）。

A. hnkj a 163. com　　　　B. 163 cn@ hnkj

C. hnkj@ 163. com　　　　D. hnkj@ 163 com

48. 用户想使用电子邮件功能，应当（　　）。

A. 向附近的一个邮局申请，办理一个自己专用的邮箱

B. 把自己的计算机通过网络与附近的一个邮局连起来

C. 通过电话得到一个电子邮局的服务支持

D. 使自己的计算机通过网络得到网上一个电子邮件服务器的服务支持

49. 以下四个软件中，（　　）是常用的 Internet 浏览器软件。

A. Microsoft Word　　B. Microsoft Excel　　C. Outlook 2003　　D. IE

50. 一般情况下，从中国往美国发一个电子邮件大约（　　）可以到达。

A. 几分钟　　　　B. 几天　　　　C. 几星期　　　　D. 几个月

51. 在 Windows 中，下列关于"回收站"的叙述中，（　　）是正确的。

A. 不论从硬盘还是软盘上删除的文件都可以用"回收站"恢复

B. 不论从硬盘还是软盘上删除的文件都不能用"回收站"恢复

C. 用 Delete 键从硬盘上删除的文件可用"回收站"恢复

D. 用 Shift + Delete 键从硬盘上删除的文件可用"回收站"恢复

52. 在 Windows 默认环境中，下列（　　）组合键能将选定的文档放入剪贴板中。

A. Ctrl + V　　　B. Ctrl + Z　　　C. Ctrl + X　　　D. Ctrl + A

53. 在 Windows 中，拖动鼠标执行复制操作时，鼠标光标的箭头尾部（　　）。

A. 带有"!"号　　　　　　B. 带有"+"号

C. 带有"%"号　　　　　　D. 不带任何符号

54. 在 Windows 的"资源管理器"窗口右部，若已单击了第一个文件，又按住 Ctrl 键并单击了第五个文件，则（　　）。

A. 有 0 个文件被选中　　　　B. 有 5 个文件被选中

C. 有 1 个文件被选中   D. 有 2 个文件被选中

55. 在 Windows 中，可以由用户设置的文件属性为（　　　）。

A. 存档、系统和隐藏   B. 只读、系统和隐藏

C. 只读、存档和隐藏   D. 系统、只读和存档

56. 在 Windows 中，用鼠标左键单击某应用程序窗口的最小化按钮后，该应用程序处于
（　　　）的状态。

A. 不确定   B. 被强制关闭

C. 被暂时挂起   D. 在后台继续运行

57. 关于 Windows 的说法，正确的是（　　　）。

A. Windows 是迄今为止使用最广泛的应用软件

B. 使用 Windows 时，必须要有 Ms – DOS 的支持

C. Windows 是一种图形用户界面操作系统，是系统操作平台

D. 以上说法都不正确

58. 在 Windows 中，当程序因某种原因陷入死循环，下列哪一个方法能较好地结束该程
序（　　　）。

A. 按 Ctrl + Alt + Delete 键，然后选择"结束任务"结束该程序的运行

B. 按 Ctrl + Delete 键，然后选择"结束任务"结束该程序的运行

C. 按 Alt + Delete 键，然后选择"结束任务"结束该程序的运行

D. 直接 Reset 计算机结束该程序的运行

59. 下列程序不属于附件的是（　　　）。

A. 计算器   B. 记事本   C. 网上邻居   D. 画笔

60. Windows 的"开始"菜单包括了 Windows 系统的（　　　）。

A. 主要功能   B. 全部功能

C. 部分功能   D. 初始化功能

61. Windows 的整个显示屏幕称为（　　　）。

A. 窗口   B. 操作台   C. 工作台   D. 桌面

62. Windows 操作系统是一个真彩色 32 位系统，它可以管理的内存是（　　　）。

A. 32MB   B. 64MB   C. 1GB   D. 4GB

63. Windows 的目录结构采用的是（　　　）。

A. 树形结构   B. 线形结构

C. 层次结构   D. 网状结构

64. Windows 资源管理器中，反向选择若干文件的方法是（　　　）。

A. Ctrl + 单击选定需要的文件

B. Shirt + 单击选定需要的文件，再单击反向选择

C. 用鼠标直接单击选择

D. Ctrl + 单击选定不需要的文件，再单击编辑菜单中反向选择

65. 在 Windows 7 中，当屏幕上有多个窗口时，那么活动窗口（　　　）。

A. 可以有多个窗口

B. 只能是固定的窗口

C. 是没有被其他窗口盖住的窗口

D. 是有一个标题栏颜色与众不同的窗口

66. Windows 中彻底删除文件的操作，正确的是（　　）。

A. 选定文件后，同时按下 Shift 与 Delete 键

B. 选定文件后，同时按下 Ctrl 与 Delete 键

C. 选定文件后，按 Delete 键

D. 选定文件后，按 Shift 键后，再按 Delete 键

67. 操作系统是一套（　　）程序的集合。

A. 文件管理　　　　B. 中断处理　　　　C. 资源管理　　　　D. 设备管理

68. 启动外围设备的工作由（　　）来完成。

A. 用户程序　　　　　　　　　　B. 操作系统

C. 用户　　　　　　　　　　　　D. 外围设备自行启动

69. 下列说法哪一个是错误的（　　）。

A. 操作系统是一种软件

B. 计算机是一个资源的集合体，包括软件资源和硬件资源

C. 计算机硬件是操作系统工作的实体，操作系统的运行离不开硬件的支持

D. 操作系统是独立于计算机系统的，它不属于计算机系统

70. 操作系统的功能不包括（　　）。

A. CPU 管理　　　　B. 日常管理　　　　C. 作业管理　　　　D. 文件管理

71. 用户使用文件时不必考虑文件存储在哪里、怎样组织输入输出等工作，我们称之为（　　）。

A. 文件共享　　　　B. 文件按名存取　　　C. 文件保护　　　　D. 文件的透明

72. 文件在存储介质上的组织方式称为文件的（　　）。

A. 物理结构　　　　B. 逻辑结构　　　　C. 流式结构　　　　D. 顺序结构

73. 对文件的管理是对（　　）进行管理。

A. 主存　　　　　　　　　　　　B. 辅存

C. 地址空间　　　　　　　　　　D. CPU 处理过程的管理

74. 文件目录的组织和管理应（　　）和防止冲突。

A. 节省空间　　　　B. 提高速度　　　　C. 便于检索　　　　D. 便于使用

75. 以下说法错误的是（　　）。

A. 磁盘空间管理方法有位示图、空闲块表、空闲链表等方法

B. 一级目录文件不支持文件共享

C. 文件路径可分为绝对路径和相对路径

D. 树形目录结构实现了同一目录下的重命名

76. 存储管理的主要目的在于（　　）。

A. 协调系统的运行　　　　　　　B. 提高主存空间利用率

C. 增加主存的容量　　　　　　　D. 方便用户和提高主存利用率

77. 用户程序中的输入/输出操作实际上是由（　　）来完成的。

A. 程序设计语言　　　B. 编译系统　　　C. 操作系统　　　D. 标准库程序

78. 均衡使用资源就是指（　　　　）。

A. 各个作业取得均等资源

B. 各个作业对资源的占用时间应均衡

C. 尽可能使用系统的各种资源，使资源处于忙碌状态

D. 资源均衡分配给每个用户

二、填空题

1. 操作系统的资源管理功能有：处理器管理、＿＿＿＿＿＿、文件管理、设备管理和作业管理。

2. 让计算机系统使用方便和＿＿＿＿＿＿是操作系统的两个主要设计目标。

3. 用 Windows 7 的"记事本"所创建文本文件的默认扩展名是＿＿＿＿＿。

4. 操作系统对文件的管理，采用＿＿＿＿＿。

5. Windows 7 系统中的"帮助"文件一般采用＿＿＿＿＿结构来组织文件的内容。

6. 当鼠标光标变成"圈圈"状时，通常情况是表示＿＿＿＿＿。

7. 一般情况下，按下键盘上的＿＿＿＿＿键，会打开相应的帮助系统。

8. 在 Windows 7 中，文件名最多允许输入＿＿＿＿＿个字符。

9. 桌面上的图标实际就是某个应用程序的快捷方式，如果要启动该程序，只需＿＿＿＿＿＿该图标即可。

10. 选取多个不连续的文件，应该按住＿＿＿＿＿键不放，再依次单击要选取的文件。

11. 在 Windows 7 中，任务栏通常处于屏幕的＿＿＿＿＿＿。

12. 在 Windows 7 中，鼠标的单击、双击、拖曳均是用鼠标＿＿＿＿＿＿键进行的操作。

三、判断题

1. 操作系统的目的不是用来提高处理速度，而是用来管理计算机系统的资源。（　　　）

2. Windows 桌面上的图标及其下面的说明，都不可以修改。（　　　）

3. Windows 的任务栏只能位于桌面的底部。（　　　）

4. 一台计算机只能安装一个操作系统。（　　　）

5. 虽然有了操作系统，但用户还需了解更多的软、硬的细节才能方便地的使用计算机。（　　　）

6. 控制面板中的鼠标设置可以改变鼠标的双击速度。（　　　）

7. 文件目录必须常驻内存。（　　　）

8. 树型目录结构解决了重名问题，有利于文件分类，提高了文件检索的速度，能够对存取权限进行控制。（　　　）

9. 在"资源管理器"窗口中可以新建文件或文件夹。（　　　）

10. 放在"回收站"中的内容可以进行还原。（　　　）

11. 采用虚拟存储技术，可以无限制地扩大内存容量。（　　　）

12. 对于共享设备，在同一时刻可以让多个进程使用它进行输入/输出操作。（　　　）

13. 在 Windows 中，使用 Ctrl + A 组合键能将选定的文档放入剪贴板中。（　　　）

14. 在 Windows 中，可以由用户设置的文件属性有：只读、存档和隐藏。（　　　）

15. Windows 是迄今为止使用最广泛的应用软件。（　　　）

四、思考题

1. 在 Windows 桌面上如何建立程序的快捷方式?

2. 在 Windows 中, 如何改变视觉效果? 如何设置屏幕保护?

3. 桌面上的快捷方式图标与应用程序图标有什么不同?

4. 如何查看本地计算机的内存容量? 硬盘容量以及可用的磁盘大小?

5. 在 Windows 中, 如何安装和卸载应用软件?

6. 对话框中的复选框和单选按钮在使用上有哪些不同?

7. 如何选定连续排列的多个文件、不连续排列的多个文件?

8. 如何用鼠标实现复制、移动和删除文件 (夹)?

9. 如何设置文件 (夹) 属性? 如何显示/隐藏带隐藏属性的文件 (夹)?

第3章 文字处理

3.1 了解 Word 2010

3.1.1 Word 2010 的主要功能

1. 创建、编辑和格式化文档

完成空白文档、XML 文档、网页的创建、打开、保存与关闭等。可以同时打开多个文件进行编辑操作，如复制、移动、删除、查找与替换等；对文档进行字符、段落的格式化以及边框与底纹的设置等操作。

2. 图形处理

可以在文档中插入精美的剪贴画、图片、艺术字、自选图形和组织结构图等，并对这些图形进行编辑处理，实现图文混排，美化文档。

3. 表格处理

Word 2010 提供了丰富的表格功能，可以建立、编辑、格式化、嵌套表格，还可以进行表格内数字的计算，以及表格与文字、表格与图表间的转换。

4. 版式设计与打印

编辑好文档后，还要进行版式设计和打印工作。版式设计是一项重要的工作，包括页面设置、页码、分栏排版、页眉和页脚的设置等。

5. Word 2010 的新增功能

➤ 优化用户界面：取消了传统的菜单操作方式，而代之以各种功能区。利用功能区，用户可以更快地对 Word 2010 文档进行操作，并且更加轻松地添加内容和进行自定义。选项卡取代按钮，用户更易于管理文件及有关数据，如创建和保存文件，检查隐藏的元数据或个人信息以及设置文件选项等。新的"查找"体验中，改进的导航窗格会提供文档的直观大纲，方便用户进行快速浏览、排序和查找。

➤ 协助和共享功能：多个用户可以高效地处理同一文档而不会干扰彼此的工作，也不会彼此锁定。

➤ 恢复备份：即使从未保存过文档，也可以轻松恢复最近所编辑文件的草稿版本。

➤ 其他新增功能：翻译功能、新型图片编辑工具、受保护视图等。

3.1.2 Word 2010 的启动与退出

启动和退出 Word 2010 软件是使用 Word 文档的第一步，它的启动和退出方法与 Office 组件中其他程序一样。

1. Word 2010 的启动

启动 Word 2010 的方法主要有以下几种。

➤选择"开始"→"程序"→Microsoft Office→Microsoft Word 2010 命令。

➤双击桌面上的 Word 2010 的快捷图标 W

➤选择"开始"→"文档"选项下的 Word 文件。

2. Word 2010 的退出

退出 Word 2010 的方法主要有以下几种。

➤单击"文件"→"退出"按钮。

➤单击应用程序窗口右上角"关闭"按钮 X 。

➤按下 Alt + F4 组合键。

3.1.3 Word 2010 的窗口介绍

Word 2010 工作主窗口主要包括：标题栏、功能区、快速访问工具栏、"文件"选项卡、标尺、文档编辑区、滚动条、状态栏、视图切换区和缩放比例区等。

Word 2010 的每一个文档窗口都作为独立的窗口存在，并在任务栏上有一个相应的任务按钮，单击相应的任务按钮就可以像切换程序一样在各文档之间进行切换。

1. 标题栏

标题栏位于 Word 2010 窗口的最上方，用于显示当前文档的标题。当打开或创建了一个新文档时，该文档的名称就会出现在标题栏上。如图 3 - 1 所示标题栏中显示的"文档 1"即为当前文档的名称。

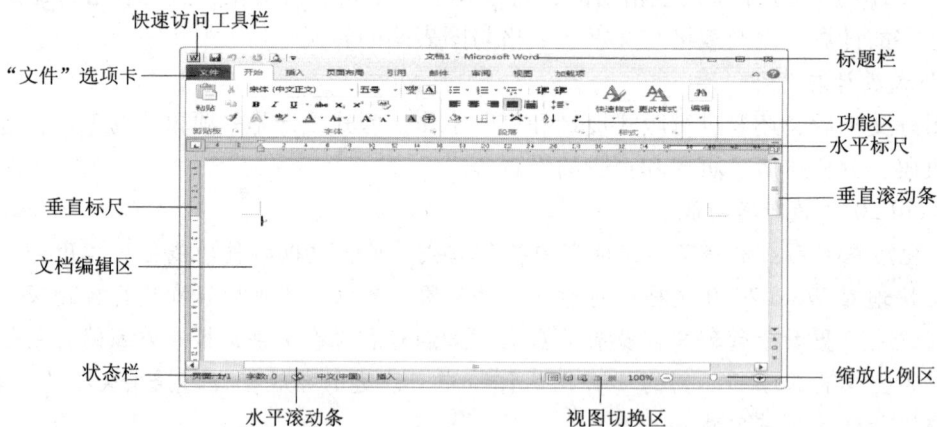

图 3 - 1 中文 Word 2010 主窗口

2. 功能区

功能区主要由选项卡、组和命令按钮组成，如图 3 - 2 和图 3 - 3 所示，用户可以单击选项卡标签切换到相应选项卡中，然后单击相应组中的命令按钮完成所需操作。例如，"开始"功能区包含了字体、段落等有关编辑操作的命令按钮，"视图"功能区包含了有关视图控制方面的命令按钮。用户还可以右击选项卡标签，对功能区进行自定义，如图 3 - 3 所示。

选项卡标签

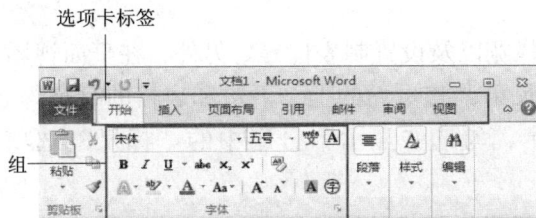

图 3-2　Word 2010 功能区组成

组

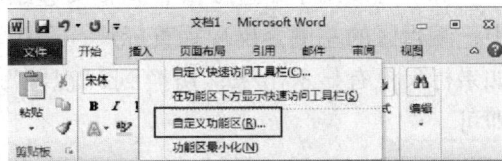

图 3-3　自定义功能区

3. 快速访问工具栏

快速访问工具栏位于标题栏左侧，用户可以单击右侧的"自定义快速访问工具栏"下拉按钮 ，在弹出的下拉列表中勾选一些使用频率较高的工具按钮，将其添加到快速访问工具栏中以方便使用。如图 3-4 所示。

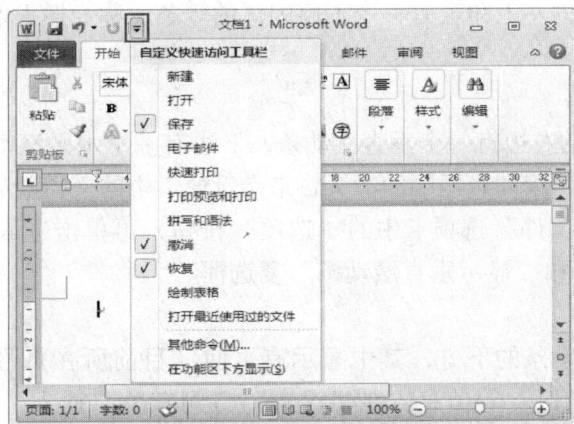

图 3-4　快速访问工具栏

4. "文件"选项卡

Word 2010 用"文件"选项卡取代了 Word 2007 中的 Office 按钮，如图 3-5 所示，单击"文件"选项卡，可以在弹出的下拉菜单中选择相应的菜单项进行保存和创建文档、检查个人信息、设置文件选项等操作。

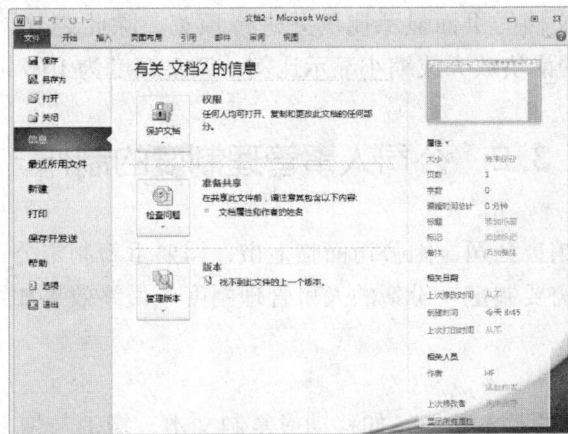

图 3-5　"文件"选项卡

5. 标尺

标尺可以用于缩进段落、调整页边距、改变栏宽以及设置制表位等。另外，在页面视图中，编辑区的左侧会出现垂直标尺，利用垂直标尺可调整页面的上、下边和表格的行高等。如果标尺没有显示出来，切换到"视图"选项卡，勾选"显示"分组中的"标尺"选项即可。

> 提示：Word 2010 默认使用字符作为标尺的度量单位（可用的单位有：厘米、毫米、磅、十二点活字等），如果要改变度量单位，可单击"文件"选项卡中的"选项"按钮，在"高级"选项卡中的"度量单位"列表框中选择所需的单位。

6. 文档编辑区

水平标尺下方的空白区域是文档编辑区，可以进行文本、图形和表格的编辑。在新建立的一个文档内，编辑区的左上角会有一个不停闪烁的竖条，称为插入点，用于指示下一个输入字符出现的位置。

7. 滚动条

Word 2010 主窗口的右边有一个垂直滚动条，下边有一个水平滚动条。用户可以拖动滚动条中的滚动框或者单击滚动条两端的箭头，来翻看窗口中的文档。如果用户的屏幕中没有出现滚动条，可单击"文件"选项卡中的"选项"按钮，再单击进入"高级"选项卡，勾选"显示水平滚动条"和"显示垂直滚动条"复选框。

8. 状态栏

状态栏位于水平滚动条的下方，其中显示有页面（目前所在页号/总页数）、字数、输入状态、语言（国家/地区）等信息。在"语言"右侧有个"插入"和"改写"模式切换键，单击该按钮，即可在"插入"和"改写"两种模式中进行切换。

9. 视图切换区

状态栏右侧有个视图切换区，其中有页面视图、阅读版式视图、Web 版式视图、大纲视图和草稿四个按钮，单击某个按钮，即可切换到相应的视图。

10. 缩放比例区

缩放比例区位于视图切换区的右侧，用户可以单击"缩放级别"按钮打开显示比例对话框来设置 Word 2010 文档的页面显示比例并进行预览。除此之外，用户还可以通过拖动"缩放级别"按钮旁边的滑块放大或缩小显示比例，调整幅度为 10% ~ 500%。

3.2 公司人事管理制度的制作

玫玫凯是一家服装销售公司，因公司面临上市，需要重新制定公司的管理制度。作为公司的人事部经理小洁，需要制定一份新的人事管理制度。最终效果如图 3-6 所示。

3.2.1 文档编辑

文本的编辑是 Word 的基本功能，如移动或复制文本、撤消与恢复、查找与替换和自动更改等，熟练掌握这些基本的编辑技巧和操作方法，能大大提高文档编辑的效率。

1. 选定文本

在输入文本之后，如果需要移动、复制、删除一个句子或段落，或者对文档中的某个内容进行格式排版时，就必须首先选定欲操作的对象。

◎ **用鼠标选定文本**

➢选定一个英文单词或中文词组：可以双击该单词或词组。

➢选定一句：按住 Ctrl 键不放，再单击句中的任意位置。

➢选定一行：在该行左边的空白处单击（当鼠标指针变成向右倾斜的箭头时）。

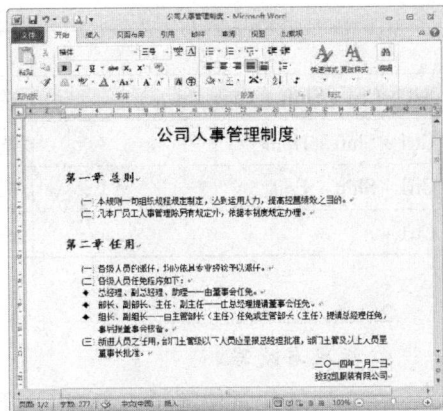

图 3-6　公司人事管理制度

➢选定多行：在文本左边的空白处上下拖动鼠标。

➢选定一个段落：在该段左边的空白处双击鼠标左键，则整个段落被选定。

➢选定矩形区域：将鼠标移动到要选定的矩形区域左上角，按住 Alt 键不放，再按住鼠标左键将鼠标指针拖到矩形右下角，然后放开 Alt 键和鼠标左键，则以此两点为对角线的矩形区域内的文本被选定。

➢要选定整个文档：在文本左边的空白处，按下 Ctrl 键不放并单击鼠标左键，或者选择"开始"→"编辑"→"选择"→"全选"命令，也可按快捷键 Ctrl + A 全选。

要取消选定，可单击文档的任意位置。

◎ **用键盘选定文本**

Word 2010 中文版同时提供了一整套键盘选择文本的方法。它们主要是通过 Shift、Ctrl 和方向键来实现的，其方法如表 3-1 所示。

表 3-1　选定文本快捷键

按　　键	功　　能
Shift + ↑	向上选定一行
Shift + ↓	向下选定一行
Shift + ←	向左选定一个字符
Shift + →	向右选定一个字符
Ctrl + Shift + ←	选定内容扩展至上一单词结尾或上一个分句末尾
Ctrl + Shift + →	选定内容扩展至下一单词开头或下一个分句开头
Ctrl + Shift + ↑	选定内容扩展至段首
Ctrl + Shift + ↓	选定内容扩展至段尾
Shift + Home	选定内容扩展至行首
Shift + End	选定内容扩展至行尾
Shift + Page Up	选定内容向上扩展一屏
Shift + Page Down	选定内容向下扩展一屏
Alt + Ctrl + Shift + Page Down	选定内容扩展至文档窗口结尾处

续表

按　　键	功　　能
Alt + Ctrl + Shift + Page Up	选定内容扩展至文档窗口开始处
Ctrl + Shift + Home	选定内容扩展至文档开始处
Ctrl + Shift + End	选定内容扩展至文档结尾处
Ctrl + A	选定整个文档

2. 插入、删除与改写

◇插入与改写

在文档的任意位置插入新的字符是编辑文本中常用的操作，在 Word 中也很容易实现。只要将光标放置在想要插入文本的位置，然后输入就可以了。

如果用户想要将新输入的文字覆盖掉文档中的内容，可以按以下操作来完成：单击"文件"→"选项"命令，打开"选项"对话框，选择"高级"选项卡，然后在"编辑选项"选项组中勾选"使用改写模式"复选框，如图 3-7 所示，再单击"确定"按钮即可。

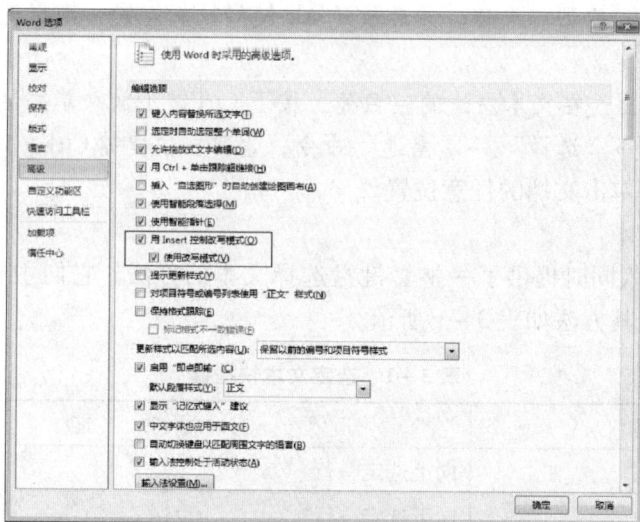

图 3-7　选中"使用改写模式"复选框

此时状态栏会显示"改写"标志，表示已经处于"改写"模式，用户可以逐个覆盖已有的文字。如果要退出"改写"模式，只要执行相同的操作取消选中"使用改写模式"复选框即可。

> 提示：单击 Word 状态栏中的插入/改写按钮，或按下 Insert 键，也可以快速切换改写/插入状态。

◇删除

要删除某文本，首先需要选定要删除的文本，然后使用下面任意一种方法即可删除。

➤按下键盘上的 Delete 键或 Backspace 键。

➤右击已选定文本，在快捷菜单中选择"剪切"命令。

➢选中文本，单击"开始"功能区"剪贴板"组的"剪切"按钮⍁或者使用快捷键 Ctrl + X 剪切。

3. 移动与复制

◇移动

在编辑文档的过程中，常常需要将某些文本或其他对象从一个位置移动到另一个位置，以便重新组织文档。要移动文本，可以使用剪切、粘贴按钮或直接使用鼠标拖动。

使用粘贴法移动文本，操作方法如下：

01 选定要移动的文本。

02 右击，选择"剪切"命令，或者单击"开始"选项卡"剪贴板"组的"剪切"按钮⍁，或者按 Ctrl + X 快捷键，将选定的内容删除并存放到 Windows 的剪贴板中。

03 将插入点移动到插入文本的位置，单击鼠标右键再选择"粘贴"命令，或者单击"开始"选项卡"剪贴板"组中的"粘贴"按钮⍁，或者按 Ctrl + V 快捷键，将存放到 Windows 剪贴板中的内容粘贴到当前的位置。

使用鼠标拖放法移动文本，操作方法如下：

01 选定要移动的文本。

02 将鼠标移动到被选定的文本上，鼠标指针变成箭头形状。

03 按下鼠标左键并拖动，拖动时会出现一个虚线插入点表明插入的位置。

04 移到目的位置后松开鼠标左键，则完成移动操作。

在不同的情况下，可合理地选择相应的方法。如果目标位置与原位置不在同一页面而相隔较远或处于不同窗口中时，使用粘贴法较为方便；如果目标位置与原位置相隔很近而显示在同一屏时，使用鼠标拖放较为方便。

◇复制

在文档编辑过程中，当某段文本需要重复使用时，可将此文本进行复制，以节省重复输入的时间。

使用粘贴法复制文本，操作方法如下：

01 选定要复制的文本。

02 单击"开始"选项卡"剪贴板"组中的"复制"按钮⍁，或者按 Ctrl + C 快捷键，将选定的内容复制到 Windows 的剪贴板中。

03 将插入点移动到插入文本的位置，单击"开始"选项卡"剪贴板"组中的"粘贴"按钮⍁，或者按 Ctrl + V 快捷键，将存放到 Windows 剪贴板中的内容复制到当前的位置。

使用鼠标拖放法复制文本，操作方法如下：

01 选定要复制的文本。

02 将鼠标移动到被选定的文本上，鼠标指针变成箭头形状。

03 按住 Ctrl 键，按下鼠标左键并拖动（鼠标指针下方会有一个" + "号，表示是复制）。

04 拖动文本至目标位置后，先松开鼠标左键，再松开 Ctrl 键。

4. 查找与替换

当用户要在一篇几十页或者几百页的文档中找到某个词或者特殊标记时，会很费时间。使用 Word 2010 提供的查找与替换功能，不仅可以方便地查找并把查找到的内容替换成其他内容，还能够查找指定的格式和其他特殊字符等，从而大大提高了工作效率。

◇ **查找**

使用 Word 的查找功能用户可以查找任意组合的字符，包含中文、英文、全角或半角等，甚至可以查找单词的各种形式。具体操作步骤如下：

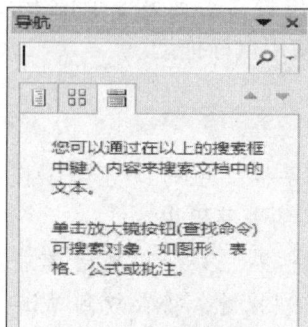

图 3-8　导航窗口

01 单击"开始"→"编辑"→"查找"按钮，或者按 Ctrl + F 快捷键，打开导航窗口如图 3-8 所示。

02 在搜索编辑框中输入要查找的内容，按下 Enter 键或单击右侧的搜索按钮，即可开始查找。

03 如果找到，导航窗格中将显示所有包含该文字的页面片段，并且所指定查找的内容将会在正文部分处于被选定状态，以黄色底纹标识。

04 如果找到，导航窗格中将显示所有包含该文字的页面片段，并且所指定查找的内容将会在正文部分处于被选定状态，以黄色底纹标识。

05 如果对查找有更高的要求，如区分大小写、全字匹配、使用通配符、区分全/半角、特殊字符或特殊操作符查找，用户可在"编辑"组中单击"查找"下三角按钮，在菜单中单击"高级查找"按钮，在弹出的"查找和替换"对话框中进行设置，如图 3-9 所示。

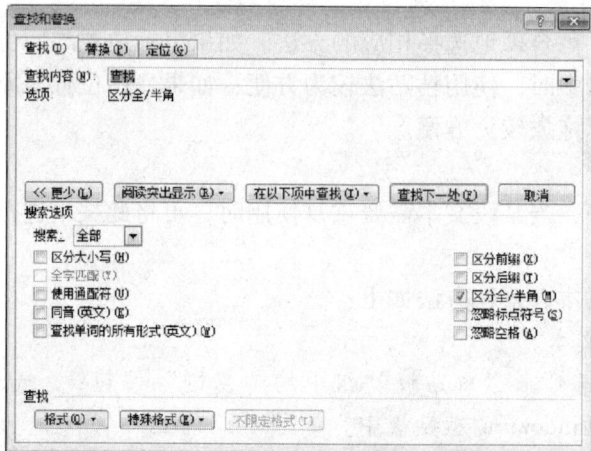

图 3-9　"查找和替换"对话框高级设置

在"搜索范围"列表框中有 3 个选项："全部"、"向上"、"向下"。"全部"表示搜索整个文档；"向上"表示从插入点位置搜索到文档的开头；"向下"表示从插入点位置搜索到文档的结尾。

◇ **替换**

当需要将找到的内容同时替换成另外的内容时，例如，要将文档中所有的"电脑"文字替换为"计算机"，可以按照下列步骤操作：

01 选择"开始"→"编辑"→"替换"按钮，或者按 Ctrl + H 快捷键，打开"查找和替换"对话框，单击"替换"选项卡，如图 3-10 所示。

02 在"查找内容"文本框中输入被替换的内容（输入文本"电脑"两个字）。

03 在"替换为"文本框中输入用来替换的新内容（输入文本"计算机"）。如果用户不输入任何内容，则在文档中被找到的内容被删除。

04 在找到了相应的内容之后，可以有两种替换方式。单击"查找下一处"按钮，只是将光标定位到要查找的内容处，并没有替换，若想替换，则可单击"替换"按钮；单击"全部替换"按钮，则将查找的文本内容全部替换成新的内容，然后显示共替换了多少处。

图 3-10 "替换"选项卡

5. 撤消、重复与恢复

◇撤消

使用撤消功能可以撤消以前的一步或多步操作，有两种方法：

➤撤消单击快速访问工具栏中的"撤消"按钮 ，以撤消此次操作。单击按钮图标右侧的三角按钮 ，在打开的列表框中选择某步操作，可以撤消以前的多步操作。

➤按 Ctrl + Z 快捷键。

◇重复

使用重复功能可以重复执行最后的编辑操作，如：重复输入文本、设置格式或重复插入图片、符号等。Word 2010 可以通过单击快速访问工具栏的"重复键入"按钮或者按快捷键"Ctrl + Y"执行重复输入操作。

◇恢复

"恢复"按钮的功能正好与"撤消"的功能相反，它可以恢复已经撤消的操作。在Word 2010 中，当用户执行一次撤消操作后，快速访问工具栏的"恢复键入"按钮 会变成可用状态，单击此按钮即可以执行恢复操作。

> **提示：** "重复"和"恢复"功能的快捷键均为 Ctrl + Y，两者不可同时使用。"恢复"功能只能在已经进行了撤消操作的基础上才可使用，否则恢复功能处于不可用状态。

6. 自动更改选项

自动更正是 Word 2010 为广大用户提供的一个自动修改输入的文本错误的功能。例如，当你在文档中输入"标新立意"后，Word 会自动将它更正为"标新立异"，输入"pwoer"后，Word 会自动将它更正为"power"这个单词，并且一点儿也不影响用户正常的输入工作。自动更正功能使得文本的输入更为准确、快捷。

对于一些常见的易拼写错误的英文单词或中文词组、成语，Word 已经提供了相应的正确词条。用户在实际的学习和工作过程中，也可以不断地添加和完善。同时，灵活地使用自动更正功能也可以大大加快用户的录入速度。例如，用户在文档中经常要输入公司、单位或学校的名称，如"湖南长沙国储电脑城"，这时我们可以将其定义为一个自动更正词条。步骤如下。

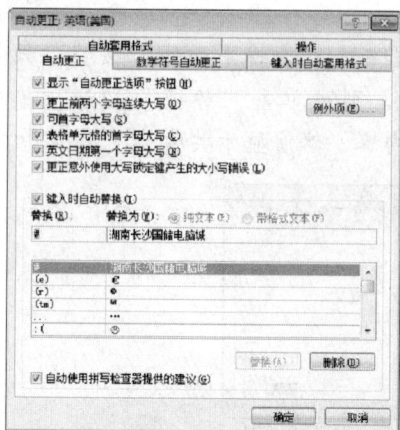

图 3 – 11　"自动更正选项"对话框

01 单击"文件"选项卡下的"选项"按钮,弹出"Word 选项"对话框,选择"校对"选项,单击选项卡右边的"自动更正选项"按钮,打开"自动更正选项"对话框,如图 3 – 11 所示。

02 在"替换"文本框中输入"#"符号,在"替换为"文本框中输入"湖南长沙国储电脑城"。

03 单击"替换"按钮,这样,"#"和"湖南长沙国储电脑城"就成了一对自动更正词条。单击"确定"按钮完成词条的添加。

04 以后当需要在文档中输入"湖南长沙国储电脑城"时,只需输入"#"这个符号就可以了,从而大大加快了文字录入的速度。

当某个自动更正词条不再需要的时候,则可以在如图 3 – 11 所示的"自动更正"对话框的词条列表中选择相应的词条,然后单击"删除"按钮即可。

3.2.2　格式设置

使用 Word 处理文档,一般遵循"先输入文本、后设置格式"的原则。在正确输入、编辑好相关内容之后,接着便是文档排版了。格式设置主要包括:页面大小、文本字体、字型、字号、字间距、行间距、段落缩进等内容。

1. 页面设置

创建、编辑和排版文档的最终目的是将其打印出来。所以在排版每一个文档之前,都需要根据打印时所使用的纸张和实际的需要来设置页面的属性,如纸张大小,是横排还是竖排,页边距的大小等。页面设置的操作步骤如下:

01 选择"页面布局"选项卡,单击"页面设置"组右下角的"对话框启动器"按钮,打开"页面设置"对话框,如图 3 – 12 所示。

02 如图 3 – 13 所示,单击"页边距"选项卡,在"上"、"下"、"左"、"右"数值框

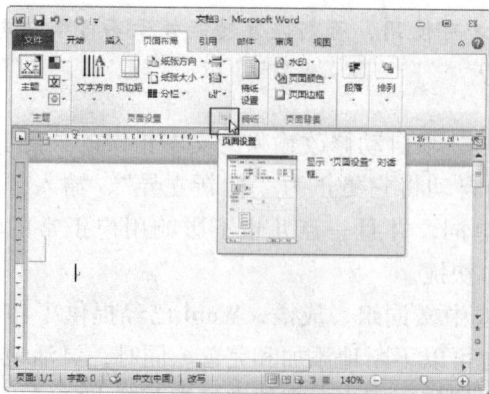

图 3 – 12　打开"页面设置"对话框

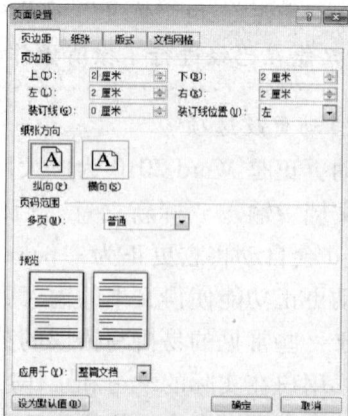

图 3 – 13　"页边距"选项卡

中可分别设置页面的上边距、下边距、左边距、右边距。还可以设置装订线的位置及页面方向。在"应用于"列表框中选择要应用新页边距设置的文档范围。

03 单击"纸张"选项卡，如图 3 – 14 所示。在"纸张大小"列表框中，可以将纸张的大小设置成常用的 A4、16 开、32 开等规格。Word 以 A4 纸为默认纸张，如果打印纸是不规格纸张，可直接在"宽度"和"高度"文本框中输入纸张大小的具体数值。

04 单击"版式"选项卡，如图 3 – 15 所示。在"节的起始位置"下拉列表框中可以设置分节符的类型。在"页眉页脚"区域可以设置页眉页脚的格式。在垂直对齐方式下拉列表框中设置文本在垂直方向上的对齐方式。还可以通过"行号"和"边框"按钮进行行号和边框的设置。

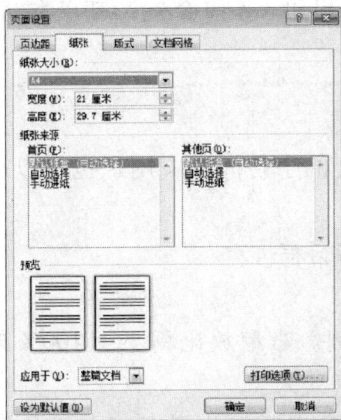

图 3 – 14 "纸张"选项卡

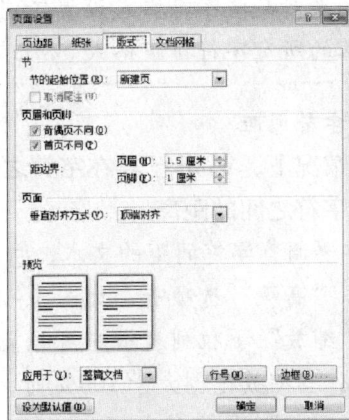

图 3 – 15 "版式"选项卡

05 设置完毕后，单击"确定"按钮。

2. 字符格式设置

字符格式设置主要包括：文本字体、颜色、字号、字间距等属性。设置字符格式可以直接使用"开始"选项卡"字体"组中的按钮，也可以使用"字体"对话框。下面介绍使用"字体"对话框来进行字符格式的设置。

◇**字体设置**

Word 默认设置中文字体为宋体，英文字体为 Times New Roman。如果要改变当前的字符所用的字体，操作步骤如下：

01 选定要改变字体的文本。

02 单击"字体"组右下角的"对话框启动器"按钮或按 Ctrl + D 快捷键，打开"字体"对话框，如图 3 – 16 所示。

03 在"字体"选项卡中，单击"中文字体"和"西文字体"下拉列表框中选择合适的字体。

04 如果还想要改变字体的颜色、字号、字形、效果等参数，可以在"字体"选项卡的字体颜色、字号、字形等相应选项中进行设置。

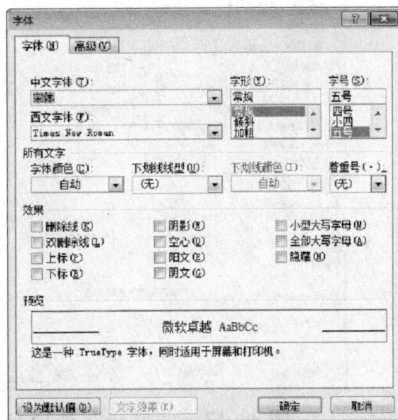

图 3 – 16 "字体"对话框

05 在"预览"文本框中可查看效果。设置完成后，单击"确定"按钮。

> 提示：Word 中可使用的字体多少，主要取决于 Windows 系统中安装的字体多少，用户可以根据自己的需要在系统字体库中添加或者删除字体。

字形是指附加于文本的属性，包括常规、加粗、倾斜和下划线四种。

字号就是指字的大小。Word 默认正文的字号为五号。在中文 Word 2010 中，除了采用"号"作为字体大小的衡量单位外，还采用"磅"。例如，9 磅的字与小五号字大小相当，在网页设计中使用较为普遍。

> 提示：如果对某些字符格式设置不满意，按 Ctrl + Shift + Z 组合键，可以取消文档中选中段落的所有字符排版格式。

◇设置字符间距

在默认情况下，Word 已经在字符之间设置了一定的字符间距，用户也可以根据实际需要适当调整字符之间的距离。

01 选定要调整字符间距的文本，打开"字体"对话框。

02 单击"高级"选项卡，如图 3-17 所示。

03 在"缩放"下拉列表框中可设置字符缩放比例。当缩放比例小于100%时，字符为长体字效果；当缩放比例大于100%时，字符为扁体字效果。

04 在"间距"下拉列表框中，可以设置字符加宽或紧缩的间距。在"位置"列表框中，可以设置字符提升或者降低的位置。

05 设置完成后，单击"确定"按钮。

◇设置字符效果

使用设置文字效果功能可以使选定文字具有动态效果。

01 选定要改变文字效果的文本，打开"字体"对话框。

02 单击对话框下方的"文字效果"按钮，如图 3-18 所示。

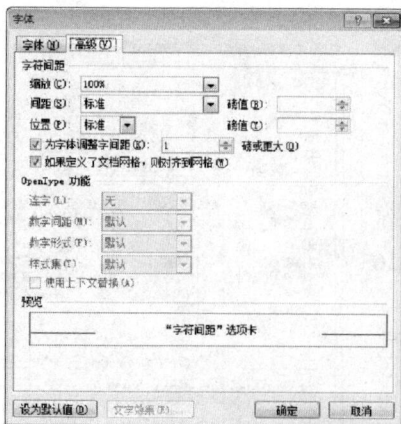

图 3-17 "高级"选项卡

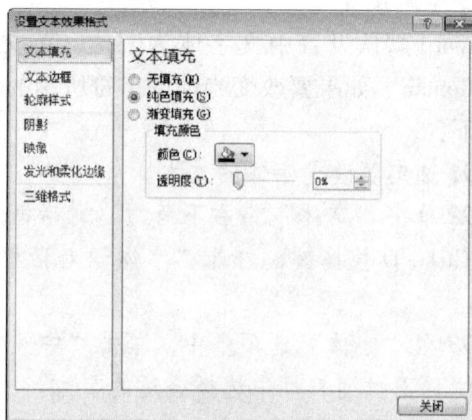

图 3-18 "设置文本效果格式"对话框

03 在弹出的"设置文本效果格式"对话框中设置颜色填充、边框、阴影等相应的参数。

04 设置完成后，单击"确定"按钮。

3. 段落格式设置

在 Word 中，段落是指相邻两个回车符之间的内容。要注意的是，屏幕上显示的自然段并不一定就是段落，一个段落可以由若干个自然段构成。在输入一个自然段后按 Shift + Enter 键插入一个软回车符，可形成一个自然段，该自然段与后面的自然段仍同属于一个段落，它们的段落格式将保存一致。如果输入一个自然段后按回车键，那么该自然段才是一个段落。段落的排版主要包括段落的对齐方式、缩进、行间距和段间距设置等。

段落格式设置也可以直接通过"开始"选项卡"段落"组中的按钮或者"段落"对话框来完成。这里介绍用"段落"对话框来设置段落格式的方法。

◇**缩进和间距**

01 选定一段文本。单击"开始"→"段落"组右下角的"对话框启动器"，打开"段落"对话框，如图 3 – 19 所示。

02 单击"缩进和间距"选项卡，在"对齐方式"下拉列表框中列出了五种段落对齐方式。这些对齐方式的工具按钮及快捷键如表 3 – 2 所示。

03 在"缩进"选项区域中，可以设置段落两侧与页边界的距离。段落缩进有 4 种方式：首行缩进、悬挂缩进、左缩进、右缩进。也可以使用水平标尺上的几个缩进标记进行段落缩进设置。

04 在"间距"选项区域中，可以设置前后相邻的段落之间的距离和段落中行与行之间的垂直距离。

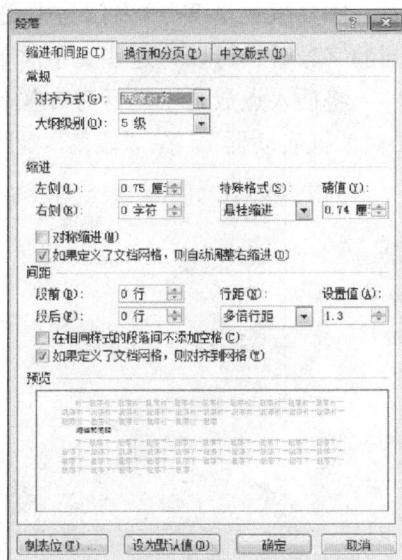

图 3 – 19 "段落"对话框

表 3 – 2 各对齐方式工具按钮、快捷键及功能

对齐方式	工具按钮	快捷键	功 能
两端对齐		Ctrl + J	自动调节每行字间距，使文本左右两端均对齐
右对齐		Ctrl + R	将段落中每一行都靠右边界，左边不对齐
居中对齐		Ctrl + E	将段落中每一行都居中对齐，左右都不对齐
分散对齐		Ctrl + Shift + D	增加词与词之间的空间，使文本在左、右边界同时对齐
左对齐		Ctrl + L	将段落中每一行都靠左边界对齐，右边不对齐

提示：不管是首行缩进、悬挂缩进、左缩进、还是右缩进，如果在拖动标记缩进的同时按下 Alt 键，则可以精确移动，否则一次只能移动一个字符的距离。

◇**换行和分页**

如果一个段落被分在两页上，或是段落首行单独放置在一个页的最底部，会影响文档的美观。为了避免这种情况的发生，可以通过对如图3－20所示的"换行和分页"选项卡中的"孤行控制"、"与下段同页"、"段前分页"和"段中不分页"进行设置。

➤ 孤行控制：当段落被分开在两页中时，如果该段落在任务页的内容只有一行，则该段落将完全放置到下一页。

➤ 与下段同页：当前选中的段落与下一段落始终保持在同一页中。

➤ 段中不分页：禁止在段落中间分页，如果当前页无法完全放置该段落，则该段落内容完全放置到下一页。

➤ 段前分页：当前选中的段落将放置在下一页的开始位置。

◇ 中文版式

中文版式是Word专门为中文排版习惯提供的一种版式设置。当在一段文字中使用了不同的字号时，可以将这些文字居下、居中或居上垂直对齐，以产生特殊的效果。

将插入点放置于进行对齐操作的段落中，单击"开始"选项卡中"段落"组右下角的"对话框启动器"，在"段落"对话框中单击"中文版式"选项卡，如图3－21所示。

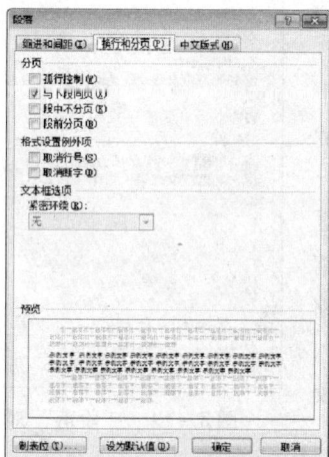

图3－20　"换行和分页"选项卡

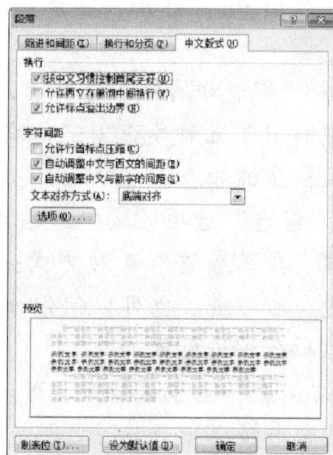

图3－21　"中文版式"选项卡

在"文字对齐方式"列表框中，可以选择所需的对齐方式：

➤ 顶端对齐：段落的各行中、英文字符顶端对齐汉字字符顶端。

➤ 居中对齐：段落的各行中、英文字符中线对齐汉字字符中线。

➤ 基线对齐：段落的各行中、英文字符中线稍高于汉字字符中线。

➤ 底端对齐：段落的各行中、英文字符底端对齐汉字字符底端。

➤ 自动设置：自动调整字体的对齐方式。

3.2.3　提高与拓展

1. 视图方式

视图是被编辑文档在屏幕上的显示方式，在不同的视图方式下可以进行不同的操作。Word 2010提供了多种视图，以供选择使用。例如，用户可以使用页面视图来输入、编辑和排版文本；使用大纲视图来查看文档结构并且快速修改各大纲级别文本的格式；使用阅读版式视图来快捷定位文档中的某个位置。

◇页面视图

在页面视图方式下，用户可以进行各种输入和编辑工作，也可以设置字符和段落的格式。而且该视图可以显示 Word 2010 文档的打印结果外观，用户可以看到纸的边缘，可以使用滚动条滚动到正文之外，以便查看诸如页眉、页脚以及页边距等项目，从而使整个文档看上去就好像是写在纸上一样，是最接近打印结果的页面视图。页面视图是最适合于进行图形对象以及其他附加内容操作的视图方式。

要切换到页面视图方式，可以使用下列操作方法。

➢单击水平滚动条下方视图切换区的"页面视图"按钮

➢切换到"视图"选项卡，单击"文档视图"组中的"页面视图"按钮

◇阅读版式视图

阅读版式视图以图书的分栏样式显示文档，文件选项卡、功能区等窗口元素都被隐藏起来，用户可以单击"工具"按钮来选择各种阅读工具。

要切换到阅读版式视图方式，可以使用下列操作方法。

➢单击水平滚动条下方的"视图切换区"的"阅读版式视图"按钮

➢切换到"视图"选项卡，单击"文档视图"组中的"阅读版式视图"按钮

◇**Web 版式视图**

在 Web 版式视图方式下，可以看到给文档添加的背景，文本将自动折行以适应窗口的大小，当前的窗口也显得更美观一些。这是唯一一种按照窗口大小进行折行显示的视图方式。

要切换到 Web 版式视图，可以使用下列操作方法。

➢单击水平滚动条下方的"Web 版式视图"按钮

➢切换到"视图"选项卡，单击"文档视图"组中的"Web 版式视图"按钮

◇大纲视图

大纲视图按照文档中标题的层次来显示文档，用户可以查看以及调整文档的结构，如折叠文档，只查看标题，或者展开文档，以便查看整个文档的内容等。这样，移动和复制文字、重组多重标题的长文档等操作都变得比较方便。

要切换到大纲视图方式，可以使用下列操作方法：

➢单击水平滚动条下方"视图切换区"的"大纲视图"按钮 。

➢切换到"视图"选项卡，单击"文档视图"组中的"大纲视图"按钮 。

➢按下 Alt + Ctrl + O 组合键。

◇草稿视图

草稿视图取消了页面边距、分栏、页眉页脚和图片等元素，仅显示标题和正文，是最节省计算机系统硬件资源的视图方式。但现在计算机系统的硬件配置都比较高，基本上不存在由于硬件配置偏低而使 Word 2010 运行遇到障碍的问题。

要切换到大纲视图方式，可以使用下列操作方法。

➢单击水平滚动条下方"视图切换区"的"草稿"按钮 。

➢切换到"视图"选项卡，单击"文档视图"组中的"草稿"按钮 。

➢按下 Alt + Ctrl + N 组合键。

在"缩放比例区"中有一个"显示比例"按钮 100%，拖动右侧的缩放滑块可以改变视图的显示比例，或者直接单击"显示比例"按钮，在弹出的"显示比例"对话框中输入所需的显示比例，以控制视图的显示大小。

2. 设置项目符号和编号

为了提高文档的可读性，可在段落之前添加项目符号或编号。当列出一组相关但无序的列表时，可使用项目符号；当列出一组相关但有序的列表时，可使用编号。

添加项目符号或编号时可分别使用"开始"选项卡"段落"组中的 和 按钮。具体操作步骤如下。

01 将光标定位到要添加项目符号或编号的文档中。

02 选项卡中单击"段落"组中"项目符号"按钮 右侧下箭头按钮弹出"项目符号"下拉列表，从"项目符号库"中选择自己喜欢的符号单击即可。如图 3-22 所示。

03 单击"编号"按钮 右侧下箭头按钮，弹出"编号"下拉列表，从"编号库"中选择要添加的编号样式即可。如图 3-23 所示。

04 如果项目符号或编号的当前的样式列表中没有所需的样式，可单击"定义新项目符号"或"定义新编号格式"按钮，自定义相应的项目符号或编号样式，然后单击"确定"按钮完成设置。

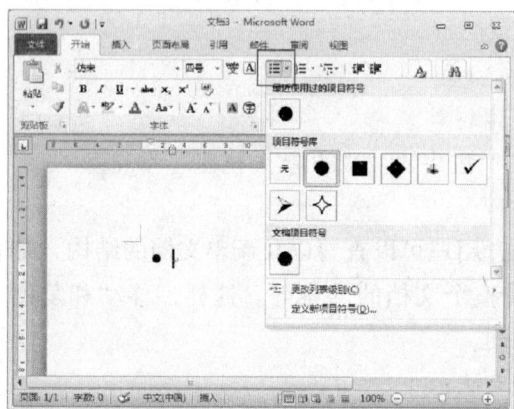

图 3-22　项目符号库

图 3-23　编号库

提示： 如果要取消一段或几段项目符号或编号，选择它们后，单击 或 按钮即可。

3. 插入符号和特殊符号

用户在输入文本时，可能需要插入一些不能直接从键盘上输入的特殊符号，如一些标点符号、数学符号、特殊符号、拼音和希腊字母等。这时就可以使用 Word 的插入特殊符号的功能。

将光标定位至需要插入符号的位置，切换到"插入"选项卡，单击"符号"组中的"符号"按钮，在弹出的下拉列表中可单击选择一些常用符号。如果下拉列表中没有所需符号，可单击下拉列表中的"其他符号"按钮，打开"符号"对话框，如图 3-24（左）所示。在"符号"选项卡的"字体"下拉列表中选择合适的选项，然后在其下方的列表框中选择要插入的符号选项，单击"插入"按钮或直接双击符号即可将其插入到文档中。如图3－24（右）所示。

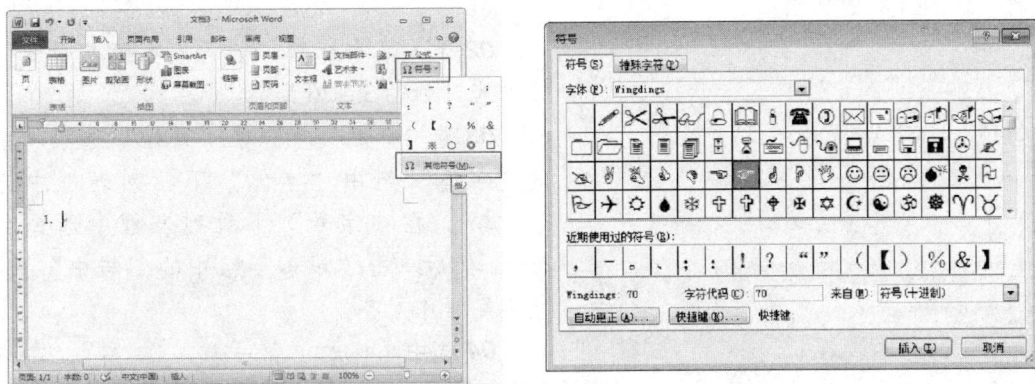

图 3－24　"插入符号"和"符号"对话框

如果要插入诸如段落标记"¶"、版权符"©"、注册符"®"、商标符"™"等特殊符号，可在"符号"对话框中单击"特殊字符"选项卡，再选择要插入的字符。

4. 插入日期和时间

使用 Word 写信或撰写文件的时候，常常需要在文档的末尾输入当前的日期和时间，为此，Word 特提供了自动插入当前的日期和时间的功能。

使用"日期和时间"对话框插入日期和时间的操作步骤如下：

01 将插入点移动到要插入日期和时间的位置。

02 单击"插入"选项卡"文本"中的"日期和时间"命令按钮，打开如图 3－25 所示的"日期和时间"对话框。

03 在"语言"列表框中选择一种语言（如中文），在"可用格式"列表框中选择一种日期或时间格式（如 2014/3/1）。

04 单击"确定"按钮，即可在当前光标所在的位置插入当前的日期和时间。

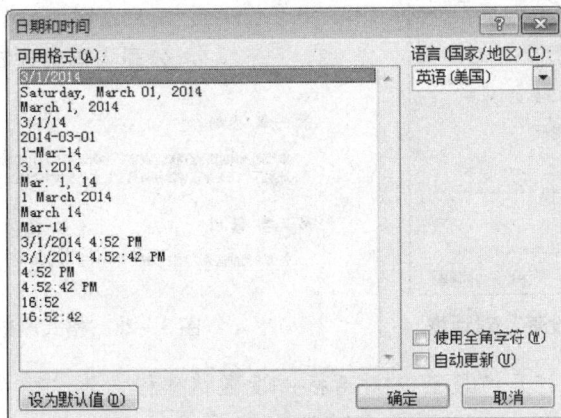

图 3－25　"日期和时间"对话框

3.2.4 制作过程

01 双击桌面上的 Word 2010 的快捷图标 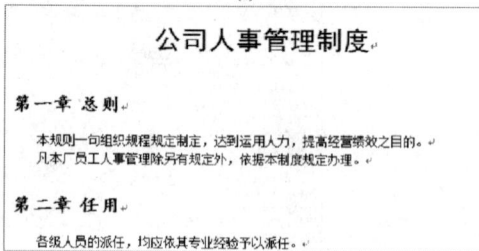，打开 Word 2010 应用程序，系统自动新建一个名为"文档1"的文档。

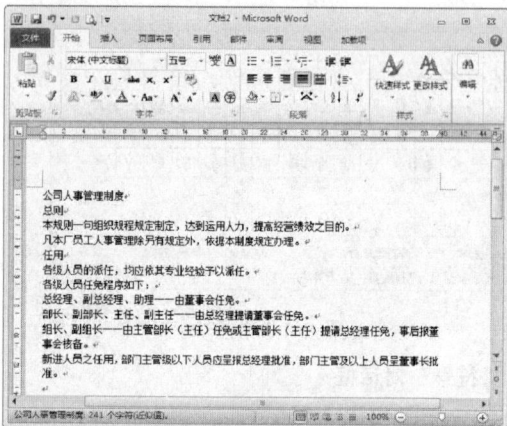

图 3-26 输入文本内容

02 录入文本标题"公司人事管理制度"及其内容，如图 3-26 所示。

03 选中标题文字，在"开始"选项卡中的的"字体"组中"字体"下拉列表框中选择"黑体"，在"字号"下拉列表框中选择"二号"，然后单击"段落"组中的"居中"按钮，使标题居中对齐。

04 选中小标题"第一章 总则"，在"字体"下拉列表框中选择"楷体＿GB2312"，在"字号"下拉列表框中选择"三号"并单击"加粗"按钮。

05 单击"段落"组右下角的对话框启动器按钮，在"缩进和间距"选项卡中设置段前距为"0.5 行"，行距为"多倍行距"，设置值为 3，如图 3-27 所示。然后单击"确定"按钮，效果如图 3-28（a）所示。

06 选中小标题"第一章 总则"，单击"开始"选项卡中"剪贴板"组的"格式刷"按钮 格式刷，鼠标指针会变为带有格式刷的形状，然后在"第二章 任 用"小标题上拖动鼠标即可将"第一章 总则"设置的格式应用到"第二章 任 用"小标题上。效果如图 3-28（b）所示。

图 3-27 "段落"对话框

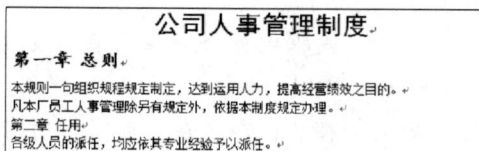

图 3-28 格式刷效果

07 选中正文文本，打开"段落"对话框，设置特殊格式为"首先缩进"，度量值为"2 字符"，其他均为默认设置，单击"确定"按钮。

08 选中要设置编号的段落，单击"开始"→"段落"→"编号"右侧下拉按钮，在弹出的"编号库"中设置如图 3-29 所示编号样式。效果如图 3-30 所示。

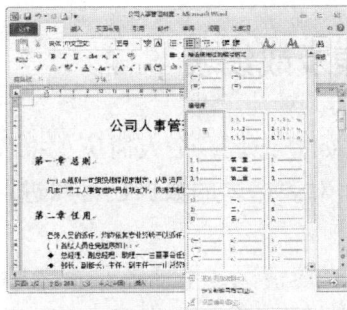

图 3-29　选择编号样式

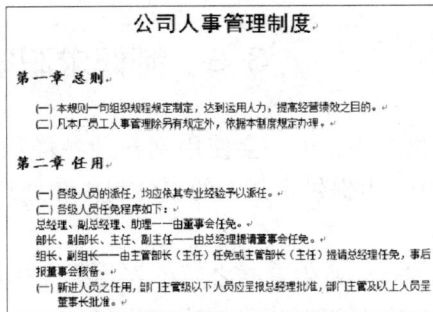

图 3-30　设置编号后效果

09 双击最后一个编号"（一）"，单击"编号"列表框中的"设置编号值"按钮，将值设置为三，单击"确定"按钮，效果如图 3-31 所示。

10 选中要设置项目符号的段落，单击"开始"→"段落"→"项目符号"右侧下拉按钮，在"项目符号库"中选项卡中单击选择合适的项目符号，效果如图 3-32 所示。

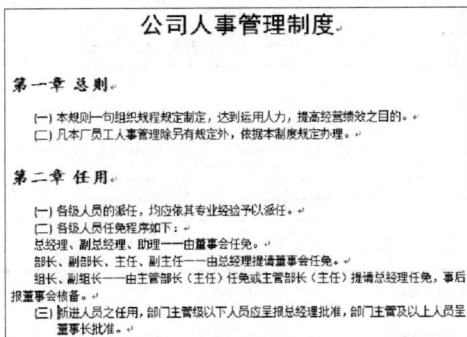

图 3-31　重新开始编号

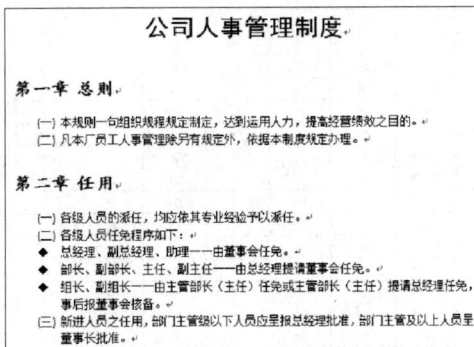

图 3-32　设置项目符号后效果

11 在文本最后另起一行，单击"插入"→"日期和时间"按钮，打开"日期和时间"对话框，在"语言"下拉列表框中选择"中文（中国）"，在"可用格式"列表框中选择"二〇一四年三月三日"格式，单击"确定"按钮。并将日期设置为右对齐方式，效果如图 3-33 所示。

12 另起一行，输入"玫玫凯服装有限公司"，单击"文件"→"保存"按钮，设置保存路径及文件名，单击"保存"按钮。公司人事管理制度最后效果如图 3-34 所示。

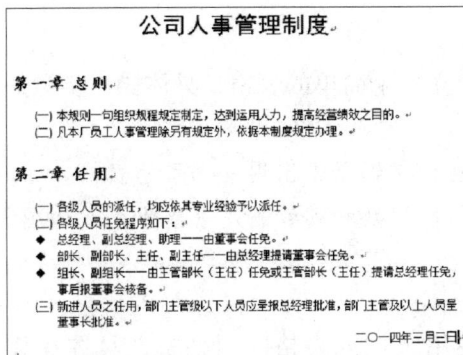

图 3-33　插入日期和时间

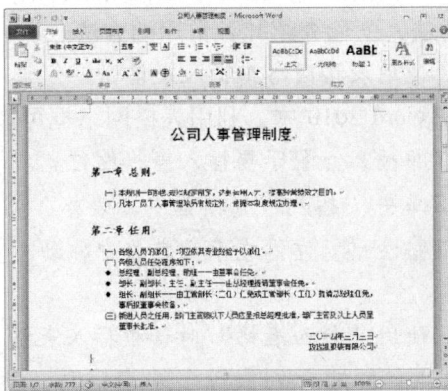

图 3-34　最后效果

3.3 制作求职申请表及成绩表

在现代化的办公中，会使用到各种各样的表格，如登记表、个人简历、报表、申请表等。Word 2010 也提供了强大的表格制作和处理功能，对表格内的数据还可以进行排序、统计等操作。

学校在进行毕业生考试之后，需要统计毕业班的成绩情况，本任务是肖老师（12 届广告班的班主任）负责对班级的成绩进行统计，并要为学生制作一份求职申请表供毕业生填写。本任务的成绩表和求职申请表如图 3-35 和图 3-36 所示。

某某工程职业技术学院

2009-2012 学年度第三学期学生期末考试成绩表

12 届大专理工与广告设计 2 班

序号	姓名	平面构成	平面设计	广告学	网络基础	平面动画	总分
1	江小雨	80	90	85	88	98	441
2	刘明明	80	75	65	78	99	397
3	朱小丽	85	54	75	92	85	391
4	邵铃铃	75	76	86	88	80	405
5	靖小方	90	85	84	75	88	422
6	谁一明	71	94	74	71	83	383
7	刘芬芬	95	86	84	83	81	429
8	戴诗诗	87	74	72	91	86	410
9	朱婷	94	95	87	96	78	450
10	宋正里	84	71	63	89	74	381
11	万家云	77	97	99	84	74	431
12	帝小路	92	85	82	66	60	385
13	黄海云	100	84	76	77	98	435
14	邵文文	84	99	98	75	77	433
15	肖一凡	83	65	75	84	94	401
16	肖一凡	80	71	66	92	78	387
17	马云云	79	99	65	91	78	412
18	刘泽	80	85	75	92	83	415
19	朱小浩	65	77	99	64	87	392
20	刘海	95	72	72	96	88	423
21	肖蕾梅	99	71	63	77	90	400
各科平均分		84.52	80.71	78.33	83.29	83.76	

图 3-35 成绩表

求职申请表

姓 名		性 别		出生年月			照片
民 族		籍 贯		户籍所在地			
政治面貌		工作单位					
健康状况		婚姻状况					
学 历		外语水平		计算机水平			
联系方式							

教育背景					
学校类别	起讫时间	学校名称	专 业	学 位	证明人
初 中					
高 中					
大 学					
其 他					

主要工作经历		
起讫时间	单位名称	职位

技 能
与应聘相关的技能：
业余活动与兴趣：

其 他
奖励或处分：
期望月薪值：
证明人：

图 3-36 求职申请表

3.3.1 创建表格

用户可以在文档的任意位置创建得到一张规则的表格，并且 Word 也提供了多种创建表格的方法，下面介绍几种常用的方法。

1. 使用表格网络框插入表格

在 Word 2010 中，利用表格网络框可以快速建立一个简单的表格，具体操作步骤如下：

01 将插入点置于要插入表格的位置。

02 单击"插入"选项卡中"表格"按钮，在该按钮下方出现一个示意表格。

03 按住鼠标左键在示意表格中拖动，直至表格的行数和列数满足需要为止，如图 3-37 所示。

2. 使用"插入表格"对话框插入表格

如果要创建行列数较多的表格时，就需要使用"插入表格"对话框，具体操作步骤如下：

01 将插入点置于要插入表格的位置。

02 选择"插入"→"表格"→"插入表格"按钮,打开"插入表格"对话框,如图 3-38 所示。

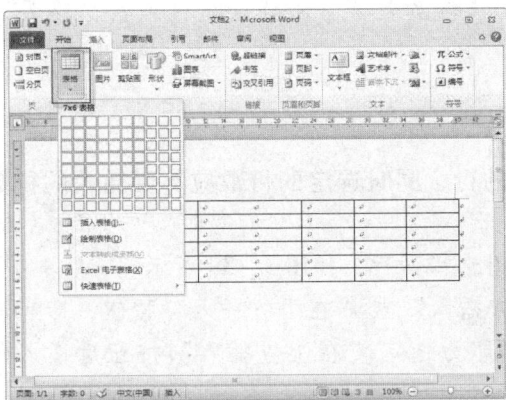

图 3-37 使用"插入表格"按钮   图 3-38 "插入表格"对话框

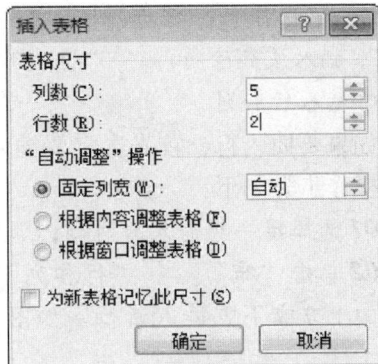

03 在其中的"列数"框中直接输入 1～63 之间的数值来确定表格的列数(如输入 5),在"行数"文本框中输入 1～32767 之间的数值来确定表格的行数(如输入 2)。

04 单击选中"固定列宽"单选按钮,设置为 1 厘米。

05 单击"确定"按钮,即创建一个 2 行 5 列,固定列宽为 1 厘米的表格。

在"插入表格"对话框中的【自动调整操作】栏列出了 3 个单选按钮,它们各自的表示的含义如下。

➤ 固定列宽:表示列宽是一个确切的值,可以在其后的数值框中指定列宽值。默认设置为"自动",表示表格宽度与页面相同。

➤ 根据内容调整表格:产生一个列宽由表中内容而定的表格,当在表中输入内容时,列宽将随内容的变化而变化,以适应表格中的内容。

➤ 根据窗口调整表格:表示表格宽度与页面宽度相同,列宽等于页面宽度除以列数。

3.3.2 编辑表格

使用 Word 2010 自动插入功能得到的表格都是规则的简单表格,与我们的要求相距甚远,这时可以使用 Word 提供的表格编辑工具对其进行编辑加工,如插入或删除行、插入或删除列、插入或删除单元格、合并单元格等,最终得到所需的结果。

1. 在表格中选择单元格

在表格中选择内容与在文档中选择文本的方法基本类似,既可以使用鼠标,也可以使用键盘操作。

➤ 选定一个单元格:将鼠标指针移到该单元格左边缘处,当鼠标指针变成向右箭头 ➚ 时,单击鼠标左键,即可选定该单元格。

➤ 选定一行:将鼠标指针移到该行左边缘处,当鼠标指针变成向右箭头 ➚ 时,单击鼠标左键,即可选定该行。还可以通过单击"布局"→"表"→"选择"→"选择行"按钮完成。

➤选定多个单元格、多行或多列：按住鼠标左键拖动选择这些单元格、行或列；或者选定某个单元格、行或列后，再按住 Shift 键并单击另一个单元格、行或列。

➤要选定整个表格：将插入点置于表格的任意一个单元格中，此时表格左上方会出现表格控制符，单击它就可以选定整个表格并可以移动表格。还可以通过单击"布局"→"表"→"选择"→"选择表"按钮完成。

2. 插入或删除行

◇插入行和列

如果要插入行，首先选定要插入新行位置的行，同时选定的行数应与要插入的行数一致，操作步骤如下：

01 选择要一次插入的两行，那么就必须同时选择两行，如图 3-39 所示。

02 单击"布局"→"行和列"→"在上方插入"或"在下方插入"按钮，即可在选定行的上方或下方插入新行。如图 3-40 所示即为选定"在上方插入"按钮后插入行的结果。

图 3-39　选定要插入的行数

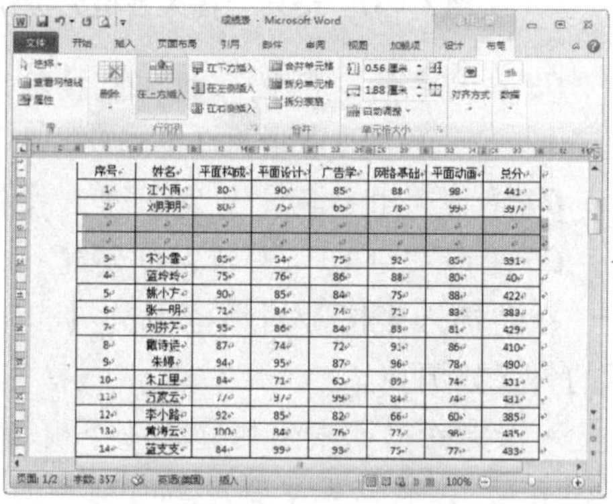

图 3-40　插入行结果

> **提示：** 在表格中插入列的方法与插入行的方法一样，其不同之处在于插入列之前选择的不是行，而是列。

◇删除行和列

要在表格中删除行和列非常简单，先选择行或列，再单击"开始"→"剪切"按钮或按 Ctrl + X 组合键，或者单击"布局"→"行和列"→"删除"→"删除行"或"删除列"按钮。

3. 插入和删除单元格

◇插入单元格

插入单元格与插入行、插入列有所区别。在要插入新单元格位置的右边或上边选定一个单元格，所选单元格的数目应与要插入的单元格数目相同。右键单击选中的单元格，在快捷菜单中指向"插入"命令，并在下一级菜单中选择"插入单元格"命令，打开如图 3-41 所示的"插入单元格"对话框。

在对话框中可以选择插入单元格的四种方式："活动单元格右移"方式在选定的单元格左边插入新单元格；"活动单元格下移"方式在选定的单元格上方插入新单元格；"整行插

入"方式在选定的单元格上方插入一行或数行；"整列插入"方式即在选定的单元格左边插入一列或数列。

◎删除单元格

当要删除单元格时，则可单击"布局"→"删除"→"删除单元格"按钮，打开如图3-42所示"删除单元格"对话框，从中选择相应的删除方式即可。

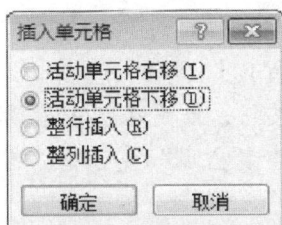

图3-41　"插入单元格"对话框　　　　图3-42　"删除单元格"对话框

4. 合并和拆分单元格

◎合并单元格

合并单元格就是将选中的所有单元格合并成为一个单元格。合并的单元格可以是一行，也可以是一列中的若干个单元格。操作步骤如下：

01 选定要合并的多个单元格。

02 单击"布局"→"合并"→"合并单元格"按钮，或者右键单击选中的单元格，在弹出的菜单中选择"合并单元格"命令，即可合并选定单元格。

◎拆分单元格

拆分单元格与合并单元格的作用正好相反，它是把一个单元格拆分成几个小单元格。操作步骤如下：

01 选定要拆分的单元格。

02 单击"布局"→"合并"→"拆分单元格"按钮，或者右键单击所选单元格，在弹出的菜单中选择"拆分单元格"命令，打开如图3-43所示的"拆分单元格"对话框。

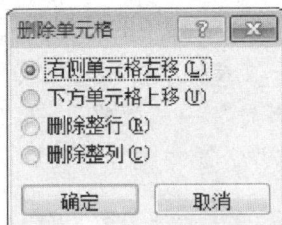

03 在该对话框中指定要拆分的列数和行数，最后单击"确定"按钮即可将选定的单元格拆分成多个小单元格。

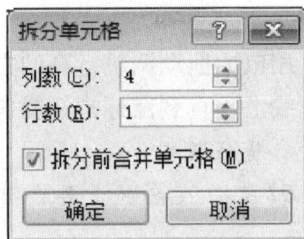

图3-43　"拆分单元格"对话框

提示：如果选中"拆分前合并单元格"复选框，则在拆分前先合并所选单元格，然后将"行数"和"列数"框中的值应用于合并后的单元格。

5. 拆分和删除表格

Word允许用户把一个表格拆分成两个表格或多个表格，然后在表格之间插入文本。先将插入点置于表格拆分的位置，然后单击"布局"→"合并"→"拆分表格"按钮，即可得到两个独立的表格。

如果想要删除某个表格，先将插入点移到表格内任意位置，单击"布局"→"删除"→"删除表格"按钮，即可删除选定表格。

提示：如果需要将两个独立的表格进行合并，方法是：选中上下两个表格之间的段落标志，按 Delete 键即可。

6. 表格标题行重复

如果一张表格需要在多页中跨页显示，则设置标题行重复显示就很有必要，因为这样会在每一页都明确显示表格中的每列所代表的内容。操作步骤如下：

01 选定第一页表格中的标题行（可以是一行或多行）。

02 单击"布局"→"数据"→"重复标题行"按钮，或是在"表格属性"对话框中的"行"选项卡中，选中"在各页顶端以标题行形式重复出现"复选框。都可以使标题行在每页自动出现。

提示：在页面视图方式下，可以查看因为分页而拆开的续表中重复的标题行。

3.3.3 格式化表格

为了使制作的表格更加美观，就需要对表格进行一些格式化操作，如调整行高和列宽、设置表格中文本的格式、安排整个表格在文档中的位置等。

1. 调整行高与列宽

◇**使用鼠标调整**

将鼠标指针移动到表格竖线上，直到鼠标指针变成↔形状，然后按住鼠标左键，这时屏幕上会出现一条垂直的虚线表明改变后列的大小，向左或向右拖动鼠标，即可改变表格列宽。

用鼠标拖动调整行高的方法与调整列宽的方法完全一样，把鼠标指针移动至该行的水平边框线上，直到鼠标指针变成↨形状，然后拖动鼠标即可调整行高的大小。

◇**精确调整**

01 将插入点置于要调整的单元格中，或者选定要调整的宽度的一行（列）或多行（列）。

02 单击"布局"选项卡中"单元格大小"组右下角的对话框启动器按钮，打开如图3-44所示的"表格属性"对话框。

03 单击"行"选项卡，选中"指定高度"复选框，然后指定行的具体高度，并可指定行高的单位。要设置其他行的高度，可以单击"上一行"或"下一行"按钮，分别指定其他行的高度。

04 设置完成后，单击"确定"按钮。

如果要使几行的高度一致，首先选定这几个行，然后单击右键，在弹出的菜单中选择"平均分布各行"命令，或者直接单击"布局"选项卡"单元格大小"组中的"分布行"按钮，则每一行的高度将是这几行的总高度除以行数。

如果要调整列宽，单击图3-45中的"列"选项卡，按照上面介绍的调整行高的方法调整列宽即可。

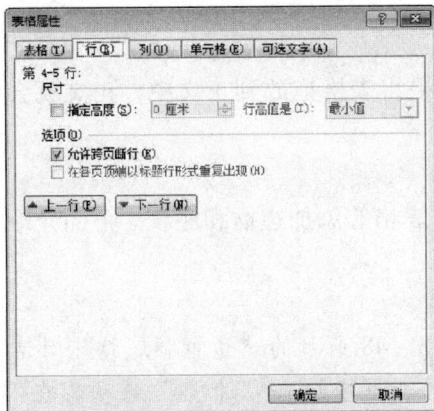

图3-44 "行"选项卡

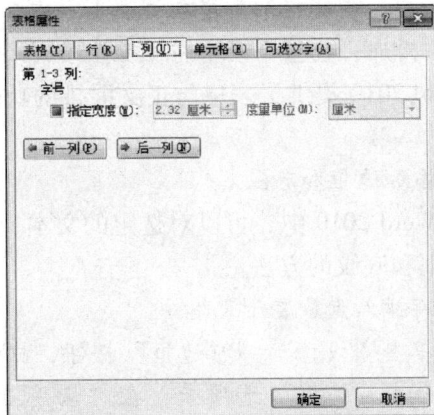

图3-45 "列"选项卡

2. 表格中的文本排列方式

用户既可以设置文本在单元格中水平排列，也可以设置文本在单元格中垂直排列。选定表格中的单元格后，单击"布局"选项卡"对齐方式"组中的相应对齐方式工具按钮即可。

水平排列方式包括：两端对齐、居中、右对齐和分散对齐。垂直排列方式包括：顶端对齐、居中对齐和底端对齐。要设置表格内文本的垂直排列方式，可以按照下述步骤进行。

01 选定需改变文本排列方式的单元格。

02 单击"布局"→"表"→"属性"按钮，打开"表格属性"对话框，单击"单元格"选项卡，如图3-46所示。

03 在"垂直对齐方式"栏中选择所需的对齐方式，最后单击"确定"按钮。

3. 改变表格的位置

当表格宽度小于页面宽度时，默认情况下为左对齐。如果要更改表格位置，具体操作步骤如下：将插入点置于表格的任意一个单元格中，单击"布局"→"表"→"属性"按钮，打开如图3-47所示的"表格属性"对话框，在"对齐方式"栏中选择任意一种对齐方式。

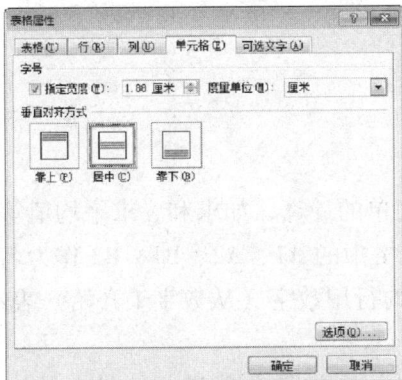

图3-46 设置单元格对齐方式

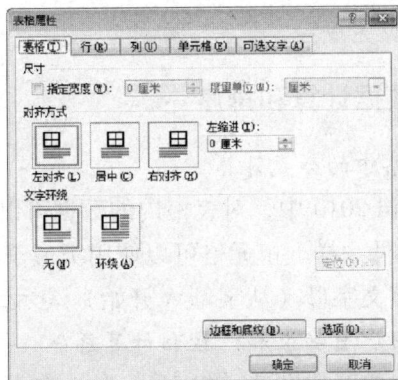

图3-47 "表格属性"对话框

➤ 左对齐：使整个表格在页面上左对齐，并可在"左缩进"文本框中精确设置表格与页左边界的距离。

➤居中：要使整个表格在页面上居中对齐。

➤右对齐：使整个表格在页面上右对齐。

Word 2010 提供了表格与正文混排的功能。如果将表格拖放到正文中，正文就会环绕着表格。

4. 添加边框和底纹

在 Word 2010 中，可以对选定的文本、段落、表格等添加边框和底纹。下面介绍为表格添加边框和底纹的方法。

01 将插入点放置于表格中。

02 单击"设计"→"边框"按钮，打开如图 3 - 48 所示的"边框和底纹"对话框。

03 单击"边框"选项卡，在"应用范围"列表框中选择"表格"选项。在"设置"区中选择边框的设置方式；在"样式"列表框中拖动滚动条以选择边框的线型；在"颜色"列表框中可选择边框线的颜色；在"宽度"列表框中可选择线条的粗细；在"预览"区中可查看设置效果。

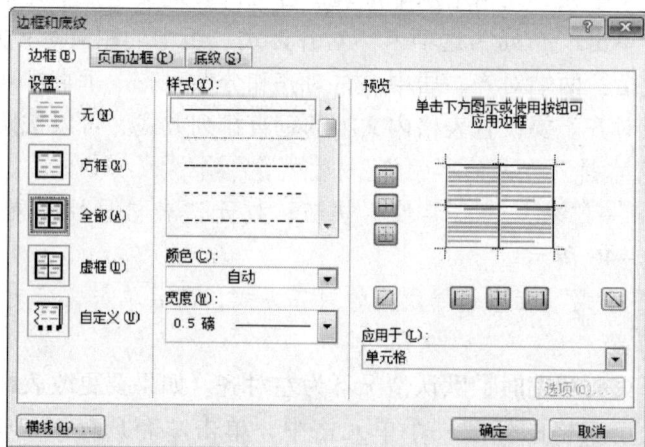

图 3 - 48 "边框和底纹"对话框

04 单击"底纹"选项卡，可以选择一种底纹的样式和颜色。

05 设置完成后，单击"确定"按钮。

3.3.4 数据计算和排序

1. 表格中的公式计算

在 Word 2010 中，对表格内的数据可以进行简单的计算，如求和、求平均值等，就像使用 Excel 软件一样。单元格可以使用类似于电子表格中的 A1、A2、B1、B2 作为名称，即表格的列用英文字母（从字母 A 开始）表示，表格的行用数字（从数字 1 开始）表示。

◇**使用"自动求和"按钮计算总分**

例如，要对如图 3 - 49 所示表格中"张小强"同学的总分进行统计。具体操作步骤如下：

01 单击"文件"→"选项"→"自定义快速访问工具栏"按钮，从"不在功能区中的命令"选项卡中找到"求和"按钮，单击"添加"→"确定"按钮，将"求和"按钮添加到快速访问工具栏中。

02 将插入光标置于 G2 单元格中。

03 单击快速访问工具栏中的"求和"按钮 Σ。Word 会自动对 G2 单元格左侧的所有单元格进行求和计算，计算结果作为一个域插入到选定单元格中，如图 3-49 所示。

如果插入点位于表格中一列的底端，则自动求和时将对该单元格上方的数据进行求和。如图 3-50 所示。

列:	A	B	C	D	E	F	G
行:1	姓 名	语文	数学	英语	物理	化学	总分
2	张小强	73	74	52	67	75	⊩
3	钟明敏	92	85	87	82	76	
4	秦大勇	87	75	93	84	82	
5	章德林	76	70	70	76	85	
6	刘晓林	76	95	85	95	89	
7	王 川	90	97	98	90	97	
8	李 凤	85	99	95	80	100	

图 3-49　选定求和单元格

姓 名	语文	数学	英语	物理	化学	总分
张小强	73	74	52	67	75	341
钟明敏	92	85	87	82	76	
秦大勇	87	75	93	84	82	
章德林	76	70	70	76	85	
刘晓林	76	95	85	95	89	
王 川	90	97	98	90	97	
李 凤	85	99	95	80	100	

图 3-50　求和结果

◇ **使用"公式"对话框计算总分**

例如，要对图 3-49 表格中"张小强"同学的总分求和，具体操作步骤如下。

01 将插入点置于 G2 单元格中。

02 单击"布局"→"数据"→"公式"按钮，打开"公式"对话框，如图 3-51 所示。

03 在"公式"文本框中，出现了 Word 建议使用的公式"=SUM（LEFT）"，表示对该插入点左方各单元格的数值求和。

04 如果要改变数据结果的格式，可以在"数字格式"下拉列表框中选择所需的格式。

05 单击"确定"按钮，即可得到如图 3-50 所示求和结果。

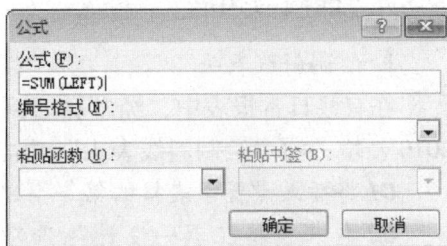

图 3-51　"公式"对话框

如果插入点所在单元格的上方有数据，Word 会建议用"=SUM（ABOVE）"公式，即对该插入点上方的单元格的数值求和。如果不想使用 Word 建议用的公式，可以在"公式"文本框中删除该公式后，重新输入新的公式。例如，在"公式"文本框中输入"=SUM（B2：F2）"也可求出"张小强"同学的总分。

使用 Word 的"公式"对话框，除了对行和列中的数字进行简单求和之外，还可以进行较复杂的运算。例如，求平均值、加、减、乘、除等运算。

> **提示：**如果不想直接输入函数名，还可以在"公式"文本框中输入"="后，在"粘贴函数"下拉列表框中选择需要的函数名，该函数名就会出现在"公式"文本框中。但是函数名前面必须要有"="号，地址名称和运算符号需用英文字符。

2. 表格中的排序

在 Word 2010 中，可以单击"布局"→"数据"→"排序"按钮，对表格中的数据进行排序操作。

例如，要对某表格按"总分"从高到低进行排序，操作方法如下：

01 将插入光标置于"总分"列任一单元格中。

02 单击"布局"选项卡中"数据"组中的"排序"按钮，打开"排序"对话框。

03 在"类型"列表框中选择"数字"选项，选择"降序"单选按钮。

04 Word 便会按照"总分"从高到低对表格内的数据进行排序。如果表格中的第一行是标题行，将不参与排序。

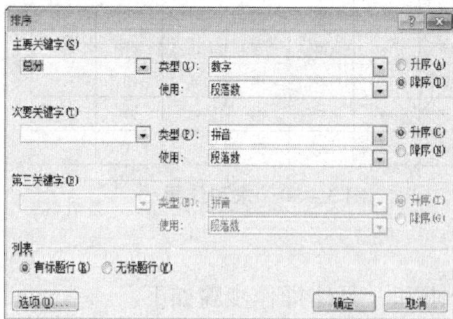

图 3 – 52 "排序"对话框

如果要进行复杂的排序操作，例如要按多个关键字对表格进行排序，这时也要使用"排序"对话框。单击"布局"→"数据"→"排序"按钮，打开"排序"对话框如图 3 – 52 所示。

在该对话框中的"主要关键字"下拉列表中，选择作为第一个排序依据的列标题，在"类型"列表框中，指定该列的数据类型："笔画"、"拼音"、"数字"或者"日期"。然后选择排序顺序："升序"或"降序"。按照上述方法依次选择次要关键字和第三关键字，最后单击"确定"按钮即可。

3.3.5 提高与拓展

1. 绘制斜线表头

在有些日常报表中，经常会遇到一些需要在表格中绘制斜线表头的情况，为此，Word 2010 新增一项"绘制斜线表头"功能。使用该功能绘制斜线表头的操作步骤如下：

01 将插入点置于表格的第一个单元格中。

02 在"表格工具—设计"选项卡"表格样式"组中的"边框"下拉按钮，在下拉列表中选择"斜下框线"按钮即可。

03 如果要绘制多根斜线表头，就需要如图 3 – 53 所示，单击"插入"选项卡中"插图"组中的"形状"按钮，在下拉列表中选择"斜线线条"，然后在表头根据需要画出相应斜线即可。

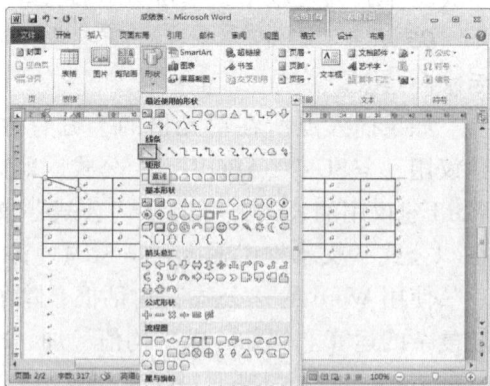

图 3 – 53 绘制多根斜线表头

2. 文本与表格之间的转换

Word 允许把已经输入的文本转换成表格，这也是一种创建表格的方法。同样，表格也可以转换为文本。

◇将文本转换为表格

01 选定需要转换成表格的文本。

02 单击"插入"→"表格"→"文本转换成表格"按钮，打开如图 3-54 所示的"将文字转换成表格"对话框。

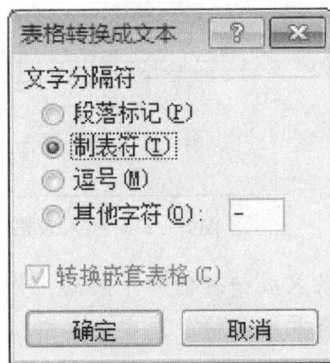

03 在文字分隔位置选择"制表符"选项，最后单击"确定"按钮。

在将文本转换成表格之前，应确定已在文本之间添加了分隔符，以便在转换时将文本依序放在不同的单元格中。Word 能够识别的分隔符有：段落标记、制表符、逗号、空格和其他一些自定义的符号。

◇**将表格转换为文本**

01 选定表格中要转换为文本的行或整个表格。

02 单击"布局"→"数据"→"转换为文本"按钮，打开如图 3-55 所示的"表格转换成文本"对话框，选择一种文本分隔符，最后单击"确定"按钮。

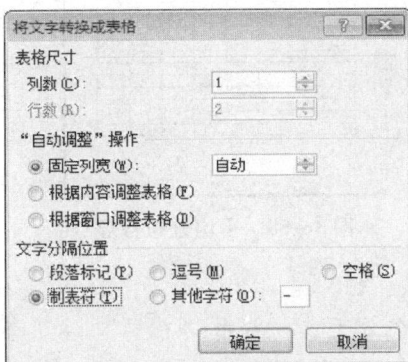

图 3-54　"将文字转换成表格"对话框　　图 3-55　"表格转换成文本"对话框

3.3.6　制作过程

1. 制作成绩表

01 新建文档。打开 Word 2010，新建一个空白文档。

02 输入如图 3-56 所示标题并设置格式。设置标题第一行的文字属性为黑体、二号、居中对齐；标题第二的文字属性为宋体、小三号、居中对齐；标题第三行的文字属性为楷体、小二号、加粗、居中对齐。

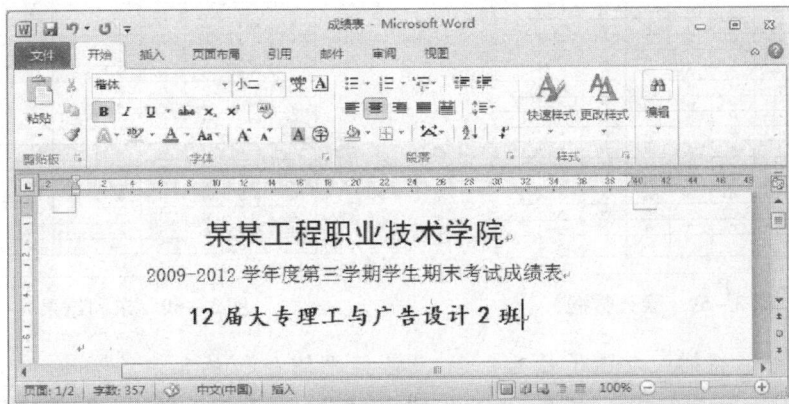

图 3-56　设置标题格式

03 插入表格。单击"插入"→"表格"→"插入表格"按钮，插入一个 8 列 23 行的表格，如图 3 - 57 所示。

04 设置行高。将表格下边线往下方拉动一定的距离，选中整个表格，单击"表格工具"→"布局"→"分布行"命令，效果如图 3 - 58 所示。

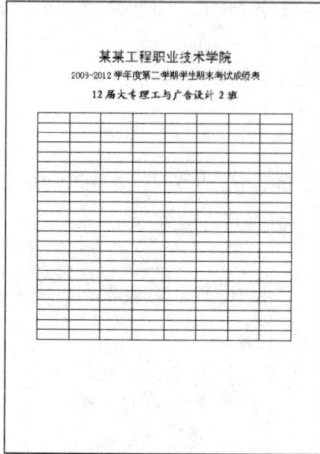

图 3 - 57　插入表格

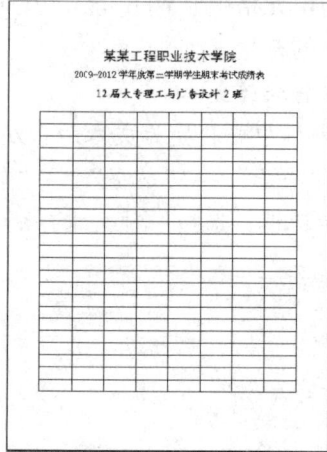

图 3 - 58　平均分布各行

05 录入成绩表的原始数据，如图 3 - 59 所示。

06 合并单元格。选中表格最后一行的第 1、2 个单元格，单击"布局"→"合并"→"合并单元格"按钮，即选中的两个单元格被合并为一个单元格。

07 求和。将插入点置于"总分"列的第一个空单元格，单击"布局"→"数据"→"公式"按钮，打开"公式"对话框，输入" = SUM（LEFT）"公式，单击"确定"按钮，即可得到"江小雨"的总分成绩。按此方法继续统计出其他同学的总分，如图 3 - 60 所示。

图 3 - 59　录入数据

图 3 - 60　求和结果

08 求平均分。将插入点置于最后一行"各科平均分"的第一个空单元格，单击"布局"→"数据"→"公式"按钮，打开"公式"对话框，输入" = AVERAGE（C2：C22）"公式，单击"确定"按钮，即可得到科目"平面构成"的平均分。按此方法继续统计出其他科目的平均分，如图 3 - 61 所示。

09 单元格设置。选中整个表格，在"表格工具—布局"选项卡中"对齐方式"组中单击"水平居中"按钮，可使单元格中的内容在水平和垂直方向居中对齐，最后效果如图 3 - 62 所示。

图 3 - 61 求平均分结果

图 3 - 62 成绩表

2. 制作简单封面

01 新建文件。打开 Word 2010，新建一个空白文档。

02 标题设置。输入"求职申请表"，并设置文字属性为华文新魏、二号、加粗、居中对齐。

03 插入表格。单击"插入"→"表格"→"插入表格"按钮，打开"插入表格"对话框，插入一个 8 列 18 行的表格，如图 3 - 63 所示。

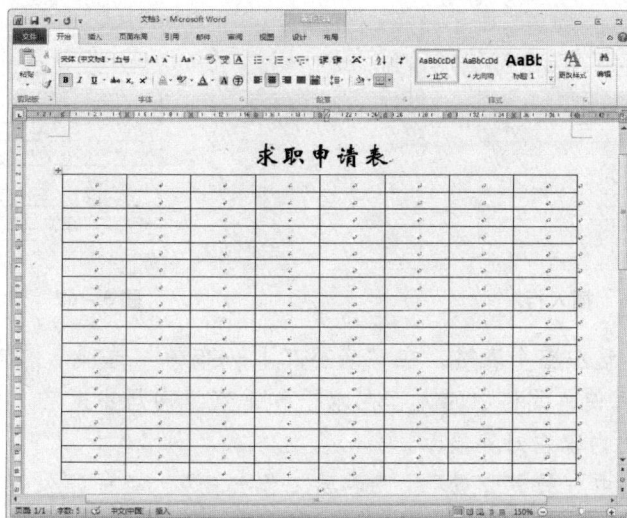

图 3 - 63 插入表格

04 设置行高。选中整个表格，单击"布局"→"表"→"属性"按钮，打开"表格属性"对话框，在"行"选项卡中设置行高为"0.7"厘米，如图 3 - 64 所示。

05 合并单元格。选中表格第6行第2、3单元格，单击"表格工具—布局"选项卡"合并"组中的"合并单元格"按钮。按此方法继续合并其他需要合并的单元格，效果如图3-65所示。

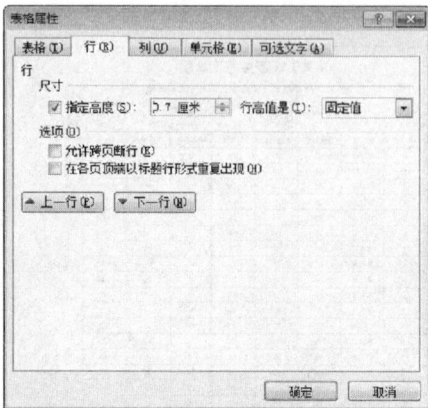

图3-64 设置行高

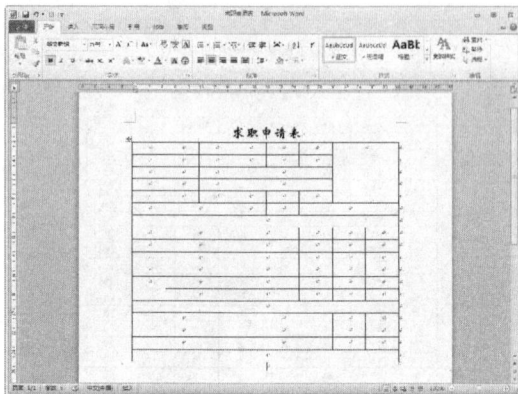

图3-65 合并结果

06 将插入点置于表格最后一行的末尾处，按 Enter 键插一行。按此方法继续插入5行，效果如图3-66所示。

07 录入数据。给各单元格填写相应的数据，如图3-67所示。

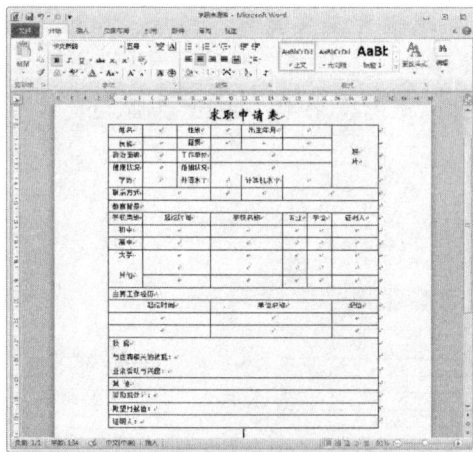

图3-66 插入行

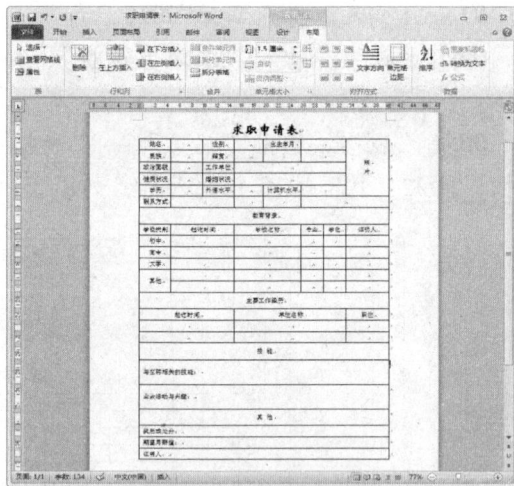

图3-67 录入数据

08 单元格设置。选中整个表格，在"表格工具—布局"选项卡"对齐方式"组中单击"水平居中"按钮，可使单元格中的内容在水平和垂直方向居中对齐。按此方法设置最后3行和倒数第5、6行的内容左对齐显示。

09 设置行高。选中"教育背景"、"主要工作经历"、"技能"、"其他"这4行，在"表格属性"对话框中更改行高为1厘米。设置"与应聘相关的技能"和"业余活动与兴趣"这2行的行高为1.5厘米，如图3-68所示。

10 设置底纹。选中"照片"单元格，单击"设计"→"边框"→"边框和底纹"按钮，打开"边框和底纹"对话框，在"底纹"选项卡中选择"15%的灰色"填充单元格。

11 设置完成后，单击“确定”按钮。最后效果如图 3－69 所示。

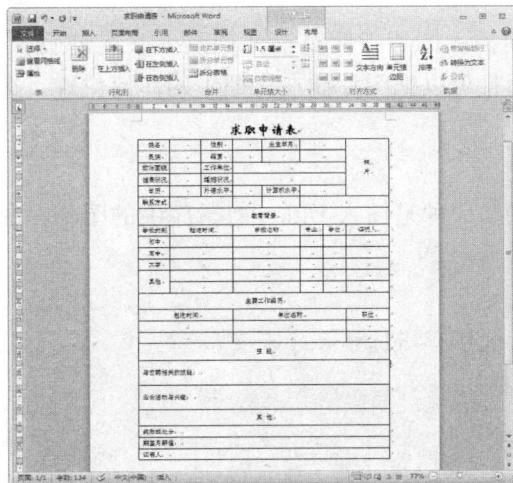

图 3－68　表格美化效果

求职申请表

姓　名		性　别		出生年月		照片
民　族		籍　贯		户籍所在地		
政治面貌		工作单位				
健康状况		婚姻状况				
学　历		外语水平		计算机水平		
联系方式						
教育背景						
学校类别	起讫时间	学校名称	专　业	学　位	证明人	
初　中						
高　中						
大　学						
其他						
主要工作经历						
起讫时间		单位名称		职位		
技　能						
与应聘相关的技能：						
业余活动与兴趣：						
其　他						
奖励或处分：						
期望月薪值：						
证明人：						

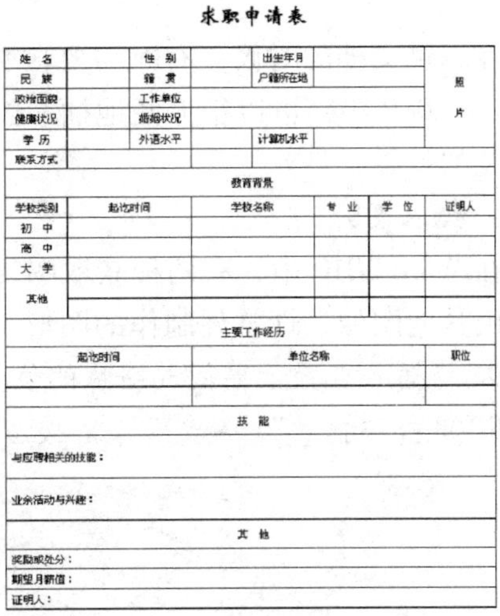

图 3－69　求职申请表完成效果

3.4　旅游与美食报纸设计

杜明明是旅行社的一名实习文员，在她转正之前，领导要求她负责制作一期关于旅游与美食的报纸广告。为了能顺利通过转正，她想到了运用所学的 Word 知识，设计了如图 3－70所示的报纸。

在制作之前，先理清一下思路：首先应该确定报纸的主题信息，根据主题搜集素材，包括文字资源和图片等。然后设计版面布局，包括整体框架和报头设计、栏目设计和页面设置等，最后开始制作。

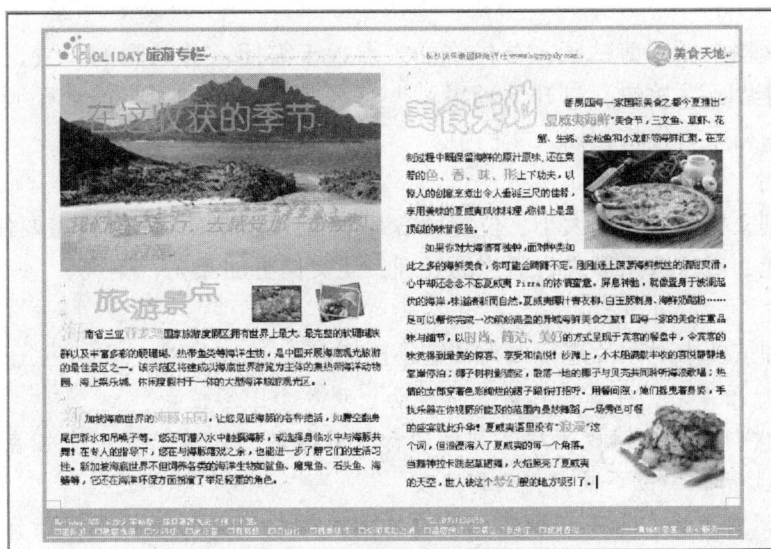

图 3－70　旅游与美食报纸样图

3.4.1　插入与编辑图片

在编辑文档的时候，有时需要在文档中间插入图片，使整篇文档看上去更舒服、美观。在 Word 2010 中，可以很方便地插入图片，而且可以把图片插在文档中的任何位置，达到图文并茂的效果。

1. 插入图片

在 Word 2010 中，有两种获取图片的途径。一种是插入 Office 剪辑库中的图片，一种是插入由其他图像处理软件制作的图形。

01 将插入点置于要插入图片的位置。

02 单击"插入"→"图片"按钮，打开如图 3 - 71 所示对话框。

图 3 - 71　"插入图片"对话框

03 在"查找范围"列表框中找到存放图片的位置，然后在图片列表中选择所需图片。

04 单击"插入"按钮，或者直接双击该图像文件图标，即可将图片插入到文档中当前插入点位置。

如果要在文档中插入剪贴画，首先将插入点置于需插入剪贴画的位置，然后单击菜单"插入"→"剪贴画"按钮，打开"剪贴画"任务窗格，找到所需的剪贴画后，单击它即可插入或者在窗格中直接将其插入文档中。

2. 编辑图片

图片插入到文档中后，其大小、位置通常都不能让人满意，这时就需要使用 Word 2010 的图形编辑功能，对这些图形进行适当的处理，使文档更加漂亮、美观。

◇*缩放图片*

缩放图片即按要求对图片进行放大和缩小操作。

01 单击选择图片后，在该图片的四周就会出现 8 个图形控点。

02 如果要横向或纵向缩放图片，可将鼠标指针移动到四边任意一个控点上，当鼠标指针会变成↔或↕形状时，按下鼠标拖动即可。

03 如果想沿对角线在水平和垂直两个方向同时缩放图片，可将鼠标指针移至图形四角中任意一个控点，再拖动鼠标至所需位置即可。

提示： 如果要精确设置图片的大小，可在选定图片之后，在"图片工具—格式"选项卡的"大小"组中输入图片的宽度和高度值进行设置。

◇ 裁剪图片

Word 2010 具有图片裁剪的功能，用户可以将图片中某些不需要的部分裁剪掉。

01 选择要进行裁剪的图片。

02 单击"格式"选项卡"大小"组中的"裁剪"按钮，再将鼠标指针移到某个图形控点上，当指针呈⌐形状时，沿裁剪方向拖动即可完成裁剪。

◇ 设置图片属性

在 Word 2010 中，利用"格式"选项卡中的按钮，可以轻松设置图片的图像属性，例如，调整图片对比度和亮度等。或者使用"设置图片格式"对话框设置图片属性。

选中要编辑的图片，单击"格式"选项下"大小"分组中的对话框启动器按钮，打开"设置图片格式"对话框，如图 3-72 所示对话框中主要包括以下几个选项卡。

➤ "颜色与线条"选项卡：可以设置图片的填充颜色，有无边框，并可以设置边框线条的线型、粗细和颜色。

➤ "大小"选项卡：可以精确设置图片的大小，对图片进行旋转和缩放等操作，如图 3-72 所示。

➤ "版式"选项卡：选择图片在文字中的环绕方式和对齐方式，如图 3-73 所示。

➤ "图片"选项卡：设置图片格式，功能与"格式"选项卡提供的功能相似。

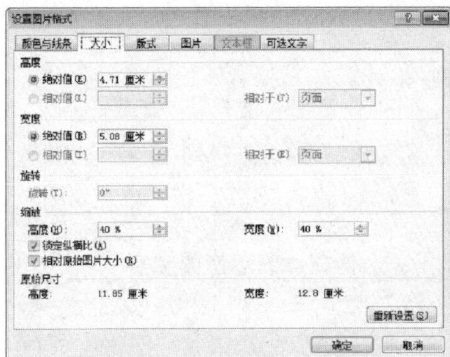

图 3-72　"大小"选项卡　　　　　图 3-73　"版式"选项卡

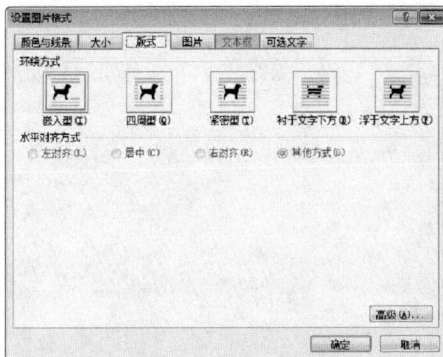

3.4.2　文本框的使用

文本框实际上是一种可移动的、大小可调的文字或图形的容器。使用文本框可以实现多个文本混排的效果。创建和编辑文本框的操作步骤如下：

01 单击"插入"→"文本框"按钮，在弹出的下拉列表框中选择"绘制文本框"或"绘制竖排文本框"选项，可在文档中插入文本水平排列或文本竖直排列的文本框。

02 选择一种文本框排列方式后，即可在文档中显示一个画布。移动鼠标至文档中，指针会变为十字形状，按住鼠标左键并拖动出一个文本框至合适的大小，再松开鼠标，这样就可以插入一个文本框。

03 此时用户可以在文本框中输入内容。

04 单击文本框，在"绘图工具—格式"选项卡中可以设置文本框的形状、线条、大小、颜色、版式等属性。

文本框与图形对象一样，也可以实现与文档中正文文字的混排。单击"格式"选项卡"排列"组中的自动换行按钮，在下拉列表框中可对文本框的环绕方式进行设置。

> 提示：单击"插入"选项卡"插图"组中的形状按钮，在下拉列表框中选择"文本框和"垂直文本框"图形，也可绘制文本框。

3.4.3 设置艺术字

为了使文档的标题活泼、生动，可以使用 Word 的艺术字功能来生成具有特殊视觉效果的标题。Word 2010 中文版通过"格式"选项卡中的按钮来完成对艺术字的处理。生成的艺术字被当作是图形对象，因此可以像对待图形那样进行移动或缩放操作，当然，也可以使用"绘图"工具栏中的工具来改变其效果。

插入艺术字的操作步骤如下：

01 确定要插入艺术字的位置。

02 单击"插入"选项卡中的"艺术字"按钮 A，弹出如图 3 - 74 所示的列表框。

03 在该列表框中选择一种艺术字式样，即可插入艺术字样式，如图 3 - 75 所示。在"文字"文本框中输入想插入的艺术字文字，然后分别在"开始"选项卡中设置艺术字的字体、字号和字形。

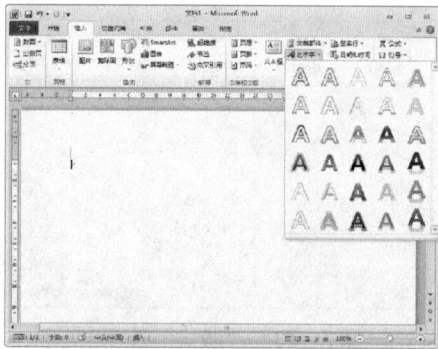

图 3 - 74 "艺术字库"列表框

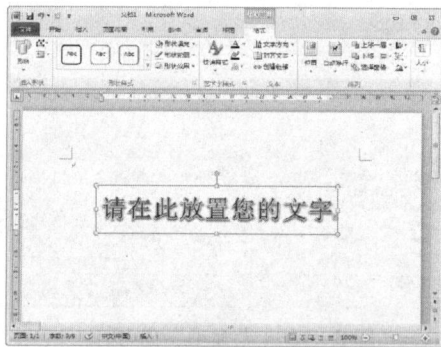

图 3 - 75 编辑"艺术字"

艺术字插入到文档后，利用"格式"选项卡中的按钮可以完成所有艺术字的编辑、设置操作。

3.4.4 设置页眉和页脚

页眉和页脚通常用于打印文档。在页眉和页脚中可以包括页码、日期、公司徽标、文档标题、文件名或作者名等文字或图形，这些信息通常打印在文档中每页的顶部或底部。页眉打印在上页边距中，而页脚打印在下页边距中。

1. 插入页眉/页脚

当向文档中添加页码时，也就在文档中加入了页眉或页脚，这类页眉或页脚最简单。用户也可以在页眉或页脚中插入页码、日期、时间、文字或图形等。格式化页眉和页脚的方法与格式化文档中正文的方法是一样的。

01 Word 2010 样式库中内置了多种页眉和页脚样式，选择"插入"→"页眉"按钮，在弹出的下拉列表框中选择合适的选项，如图 3 - 76 所示。

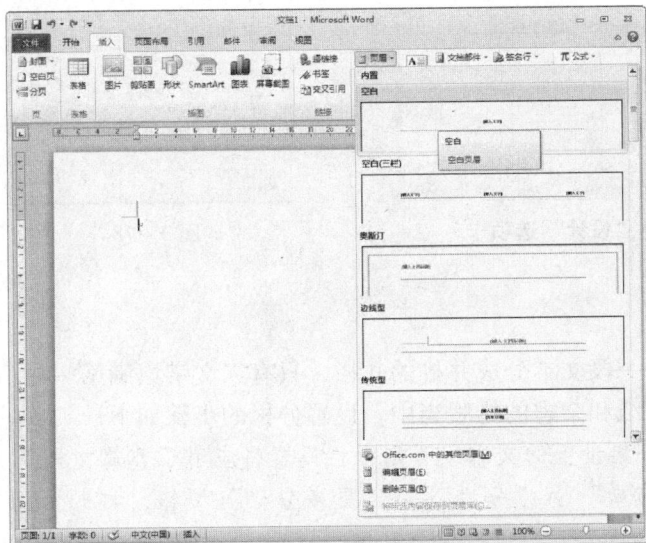

图 3 -76 页眉样式库

02 选择合适的样式后，即可在页眉区中输入文字，并且可以像处理正文一样利用"开始"选项卡中的按钮对文字进行格式化操作。要插入页码、日期等内容，可单击"页眉和页脚工具—设计"选项卡中的按钮进行操作。

03 单击"设计"选项卡中"转至页脚"按钮，可将插入点移到页脚区，然后编辑页脚的内容。

04 单击"设计"选项卡中的"关闭页眉和页脚"按钮，返回到正文编辑状态。

2. 设置奇偶页不同

在阅读书籍时，常常可以看到奇偶页上的页眉或页脚内容不同。下面介绍具体的操作方法。

01 双击页眉或页脚区域，打开页眉和页脚工具的"设计"选项卡。

02 在"选项"组中勾选"奇偶页不同"复选框，就可以在奇数页和偶数页中分别设置不同的内容，如图 3 -77 所示。

03 如果选中"首页不同"复选框，则可以将第一页的页眉/页脚单独进行设置。

3. 删除页眉/页脚

双击页眉/页脚区域，进入页眉/页脚编辑状态，选中页眉/页脚内容，按 Delete 键即可。如果想要去除页眉上的横线，具体操作步骤如下。

01 首先进入页眉/页脚编辑状态，将光标定位在页眉位置。

02 单击"开始"选项卡"段落"组中的"下框线"下拉按钮，在列表中选择"边框和

底纹"选项，打开"边框和底纹"对话框，单击"边框"选项卡，如图3-78所示。

03 在左侧的"设置"区中选择"无"边框样式，在"应用于"下拉列表中选择"段落"选项，如图3-78所示。单击"确定"按钮，即可去除。

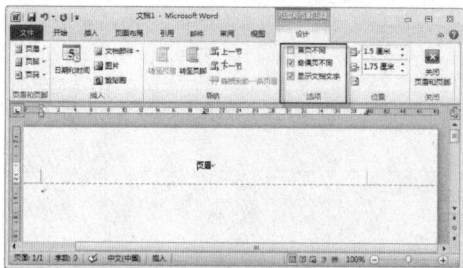

图3-77　"设计"选项卡

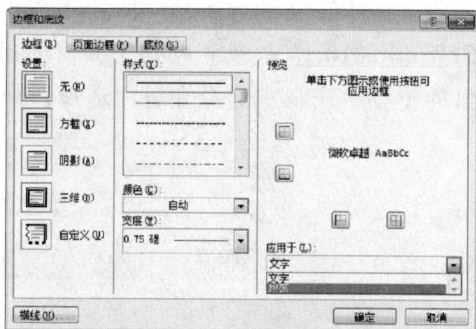

图3-78　"边框"选项卡

3.4.5　设置分栏

分栏排版就是将一段文本分成并排的几栏，只有当文字填满第一栏后才移到下一栏。分栏排版广泛应用于报纸和杂志的排版当中。设置分栏的步骤如下：

01 选定要进行分栏设置的文本，否则分栏设置将应用于整篇文档。

02 单击"页面布局"→"分栏"→"更多分栏"按钮，打开如图3-79所示的"分栏"对话框。

03 在"分栏"对话框"预设"区中有5种预设分栏样式，单击选择一种样式后，"预览"框中会显示出相应的分栏效果。如果对预设中的设置不满意，可以通过自定义"栏数"及"宽度和间距"来确定分栏的样式。

04 选中"分隔线"复选框，将在栏之间加一条分隔线。

05 最后单击"确定"按钮，即可创建分栏的效果。

> **提示：** 当分栏排版不满一页时，往往会出现分栏不一样高的情况，这时就可以将插入点移到分栏文本的结尾处，单击"页面布局"→"分隔符"→"连续"按钮，在出现的"分隔符"对话框中，如图3-80所示，选择"连续"单选按钮，即可建立等长栏。

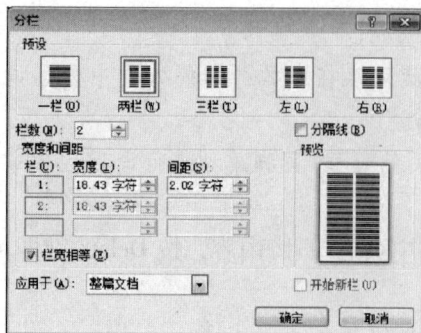

图3-79　"分栏"对话框

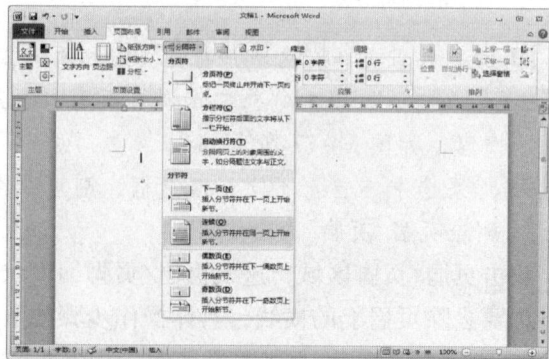

图3-80　插入"分隔符"

3.4.6 添加首字下沉

首字下沉通常用于文档的开头。用首字下沉的方法修饰文档，可以将段落开头的第一个或若干个字母、文字变为大号字，并以下沉或悬挂方式改变文档的版面样式。首字下沉是文本框的一种应用，属于段落格式化的内容。添加首字下沉的操作方法如下：

01 将光标定位于需要设置首字下沉段落的任意位置。

02 单击"插入"选项卡"文本"组中的"首字下沉"按钮，选择"首字下沉选项"命令，打开如图 3－81 所示的"首字下沉"对话框。在对话框的"位置"区选择一种首字下沉的样式。

03 在"选项"区设置首字的字体、首字下沉的行数和首字距正文的距离。设置完毕单击"确定"按钮。

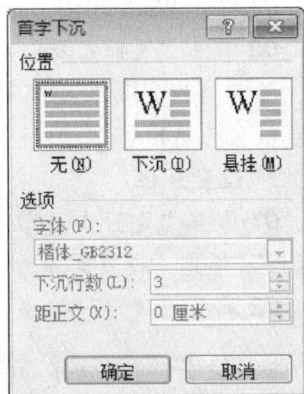

图 3－81 "首字下沉"对话框

3.4.7 提高与拓展

1. 打印预览

打印预览供用户在打印之前先查看一下实际的打印结果，如果发现有什么不满意的地方，可以及时进行调整，从而避免了纸张和打印时间的浪费。

单击"文件"→"打印"按钮或者单击快速访问工具栏中的"打印预览"按钮 ，即可进入打印预览状态。

如果要退出打印预览状态，单击任意选项卡标签即可。

2. 打印

当文档预览的效果与用户的要求一致时，便可以打印输出了。单击"文件"→"打印"按钮，打开如图 3－82 所示的"打印"选项卡。在该打印对话框中，用户可对打印机、打印范围、打印内容、打印份数等进行控制。

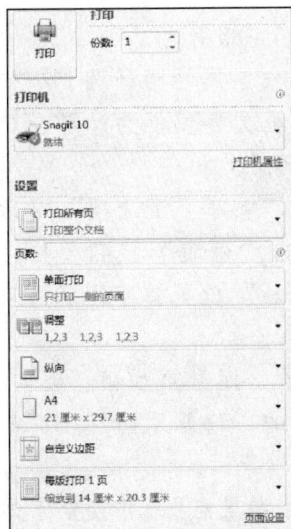

图 3－82 "打印"选项卡

3. 邮件合并

邮件合并是 Word 的一项高级功能，是办公自动化人员应该掌握的基本技术之一。它用于解决批量分发文件或者邮寄相似内容信件时的大量重复性问题。

邮件合并是在两个电子文档之间进行的。首先建立两个文档：一个是包括所有文件共有内容的主文档（如客户通知、录取通知书等）和一个包括变化信息的数据源 Excel 表（填写的收件人、发件人、邮编等），然后使用邮件合并功能在主文档中插入变化的信息，合成后的文件可以保存为 Word 文档，可以打印出来，也可以以邮件形式发送出去。

3.4.8 制作过程

1. 页面设置

01 打开 Word 2010，新建一个空白文档。

02 单击"页面布局"→"页面设置"右下角对话框启动器，打开"页面设置"对话框，在"页边距"选项卡中，设置页边距均为 2 厘米，方向为横向，在"纸张"选项卡中设置纸张为 A4 大小。

2. 设置分栏

01 单击"页面布局"→"分栏"→"更多分栏"按钮，打开"分栏"对话框，选"两栏"样式，设置间距为"2.8 字符"，如图 3－83 所示。

02 单击"确定"按钮，文档即被分为两栏显示，如图 3－84 所示。

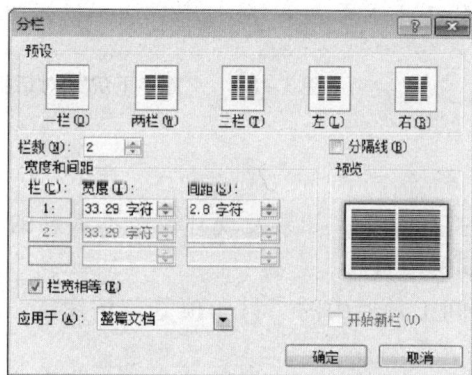

图 3－83　"分栏"对话框

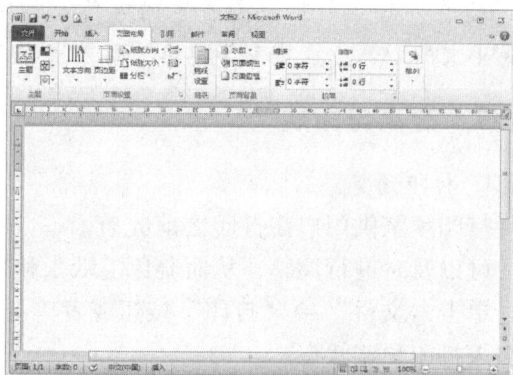

图 3－84　分栏效果

3. 制作左栏内容

01 插入图片，将图片大小更改为 7.86 厘米×12.38 厘米，如图 3－85 所示。

02 插入 2 个文本框，输入如图 3－86 所示文字，第 1 个文本框文字属性为幼圆、小初号、加粗、橙色，且文本框的填充和线条颜色均为无；第 2 个文本框文字属性为幼圆、二号、加粗、倾斜、浅橙色，且文本框的填充颜色为 40% 白色，线条为无。

03 选择文字"海"，单击"插入"→"首字下沉"按钮，打开"首字下沉选项"对话框，在"位置"单击"下沉"样式，设置下沉行数为 2，然后单击"确定"按钮。并将"海"字颜色设置为"金色"。按此方法将第二个段落的第一个字"新"设置首字下沉，效果如图 3－87 所示。

04 选中第一段文字中的"亚龙湾"文本，设置字体属性为幼圆、四号、加粗、金色。使用"格式刷"工具按钮将"亚龙湾"文本格式复制到第二段文字的"海豚乐园"上，效果如图 3－88 所示。

05 单击"插入"选项卡中的"艺术字"按钮，制作小标题"旅游景点"，并设置字体格式，然后插入图片，设置图片版式为"浮于文字上方"，将其移动到合适位置，效果如图 3－89 所示。

图 3 - 85　插入文本框

图 3 - 86　输入文字内容

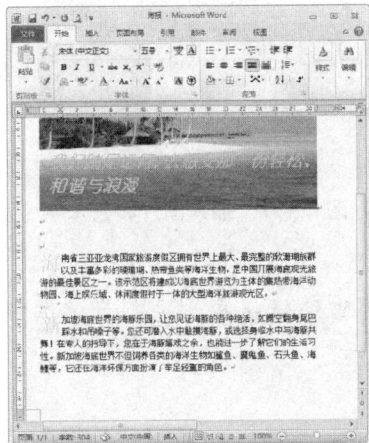
图 3 - 87　首字下沉效果

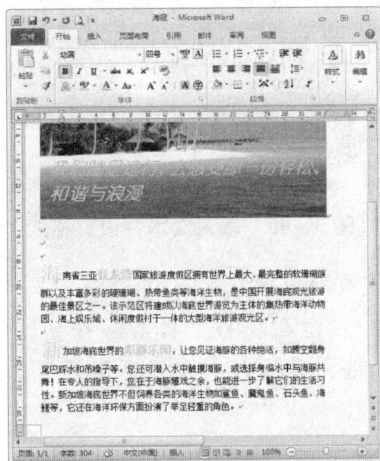
图 3 - 88　使用格式刷效果

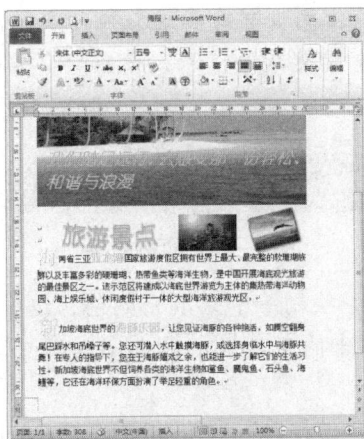
图 3 - 89　插入艺术字

4. 制作右栏内容

01 录入文本并设置"夏威夷海鲜"文本的字体属性为幼圆、四号、加粗、蓝色。使用格式刷将文中需要重点说明的文字设置成相同的格式，效果如图 3 - 90 所示。

02 插入 2 张图片，更改其大小，并设置图片版式为紧密型，放置在合适位置。

03 按照左栏中制作小标题"旅游景点"的方法，制作右栏小标题"美食天地"，效果如图 3-91 所示。

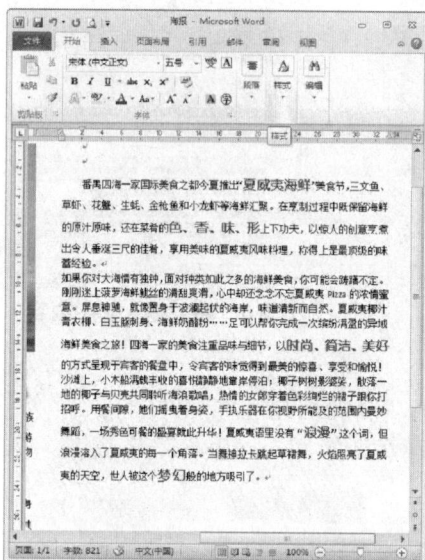

图 3-90 输入文本并设置格式

图 3-91 插入图片和艺术字

5. 制作页眉页脚

01 单击"插入"→"页眉"按钮，进入页眉/页脚编辑状态。按上面操作方法，绘制图形和文本框，并输入文字，页眉效果如图 3-92 所示。

图 3-92 页眉效果

02 在页脚位置绘制一个蓝色、无边框的小矩形和一条白色线条放置在页脚底端。

03 使用文本框输入地址、电话及其他信息，设置字体属性为黑体、小五、白色，效果如图 3-93 所示。

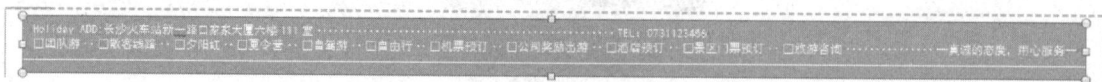

图 3-93 页脚效果

04 进入页眉/页脚编辑状态，绘制一个无填充颜色、边框为 4.5 磅的蓝色矩形。选中两个蓝色的矩形，在"格式"选项卡的工具栏中单击"对齐文本"→"底端对齐"按钮，将两个矩形的底端位置对齐。

05 单击"文件"选项卡中的"打印"按钮，或按 Ctrl + F2 快捷键进入打印预览状态查看效果，最终效果如图 3-94 所示。

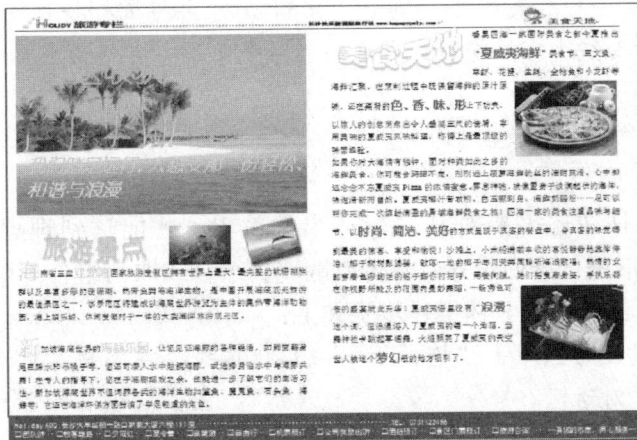

图 3－94　旅游与美食报纸效果

3.5　制作数学单元测试卷

数学单元测试卷的最终效果如图 3－95 所示。

高中数学单元测试卷（一）

(时间：120分、满分150分)

一、**填空题**（本题共8小题，每小题6分，共48分）

1. 要使得 $\sqrt{x-1}$ 有意义，则x的取值范围是______________。
2. 某人上班途中所花的时间（单位：分钟）分别为x,y,10,11,9.已知这组数据的平均数为10,方差为2,则 x^2+y^2 的值为______________。
3. 关于x的方程 $x^2-3x-1=0$ ____________实根（填"有"或"没有"）。
4. 某班级中有男生和女生各若干，若随机抽取1人，抽到男生的概率是 $\frac{3}{5}$，则抽到女生的概率是____________。
5. 某校有学生2 000人,其中高三学生500人.为了解学生的身体素质情况,采用按年级分层抽样的方法,从该校学生中抽取一个200人的样本,则样本中高三学生的人数为__________。
6. 某射手射中10环、9环、8环的概率分别为0.24，0.28，0.19，那么，在一次射击训练中，该射手射击一次不够8环的概率是____________。
7. 管理人员从一池塘内捞出30条鱼，做上标记后放回池塘.10天后，又从池塘内捞出50条鱼，其中有标记的有2条.根据以上数据可以估计该池塘内共有____________条鱼。
8. 利用如下算法框图可以用来估计π的近似值（假设函数CONRND(-1,1)是产生随机数的函数）。如果输入1000，输出的结果为788，则由此可估计π的近似值为______________。(保留四个有效数字)

开始 → 输入N → i=1, m=0 → i≤N（是 → A=CONRND(-1,1), B=CONRND(-1,1) → $A^2+B^2\le1$（是 → m=m+1 → i=i+1；否 → i=i+1）；否 → 输出m → 结束）

二、**选择题**（本题共7小题，每小题8分，共56分）

9. 一个容量为20的样本,已知某组的频率为0.25,则该组的频数为（　）
A. 2　　B. 5　　C. 15　　D. 80
10. 某公司现有职员160人，中级管理人员30人，高级管理人员10人，要从其中抽取20人进行体检，如果采用分层抽样的方法，则职员、中级管理人员和高级管理人员应该各抽取多少人（　）
A. 8,15,7　　B. 16,2,2　　C. 16,3,1　　D. 12,5,3
11. 样本4，2，1，0，－2的标准差是（　）
A. 1　　B. 2　　C. 4　　D. $2\sqrt{5}$
12. 一个容量为20的数据样本,分组与频数为：(10,20],2个;(20,30],3个;(30,40],4个;(40,50],5个;(50,60],4个;(60,70],2个.则样本数据在区间(－∞,50]上的可能性为（　）
A. 70%　　B. 50%　　C. 25%　　D. 5%
13. 下列说法正确的是（　）
①必然事件的概率等于1；　②某事件的概率等于1.1；
③互斥事件一定是对立事件；　④对立事件一定是互斥事件.
A.①②　　B. ②④　　C.①③　　D.①④
14. 某地区有300家商店,其中大型商店30家,中型商店75家,小型商店175家,为了掌握各商店的营业情况,要从中抽取一个容量为20的样本.若采用分层抽样的方法,抽到的中型商店数是（　）
A. 2　　B. 3　　C. 5　　D. 13
15. 据2002年3月5日九届人大五次会议《政府工作报告》："2001年国内生产总值达到95 933亿元,比上年增长7.3%."如果"十五"期间（2001年~2005年）每年的国内生产总值都按此年增长率增长,那么到"十五"末我国国内年生产总值约为（　）
A. 115 000 亿元　　B. 120 000 亿元　　C. 127 000 亿元　　D. 135 000 亿元

三、**解答题**（本题共2小题，每小题23分，共46分）

16. 如图，热气球在A处探测，从热气球看一栋高楼顶部的仰角30°，看这栋高楼的俯角为60°，热气球与高楼的水平距离100m，这栋高楼有多高？

(图：A、B、C、D)

17. 两枚大小相同、质地均匀的正四面体玩具的各个面上分别写着数字1、2、3、5，同时投掷这两枚玩具一次，记m为两个朝下的面上的数字之和。
（1）求事件"m不小于6"的概率。
（2）"m为奇数"的概率和"m的偶数"的概率是否相等？并给出证明。

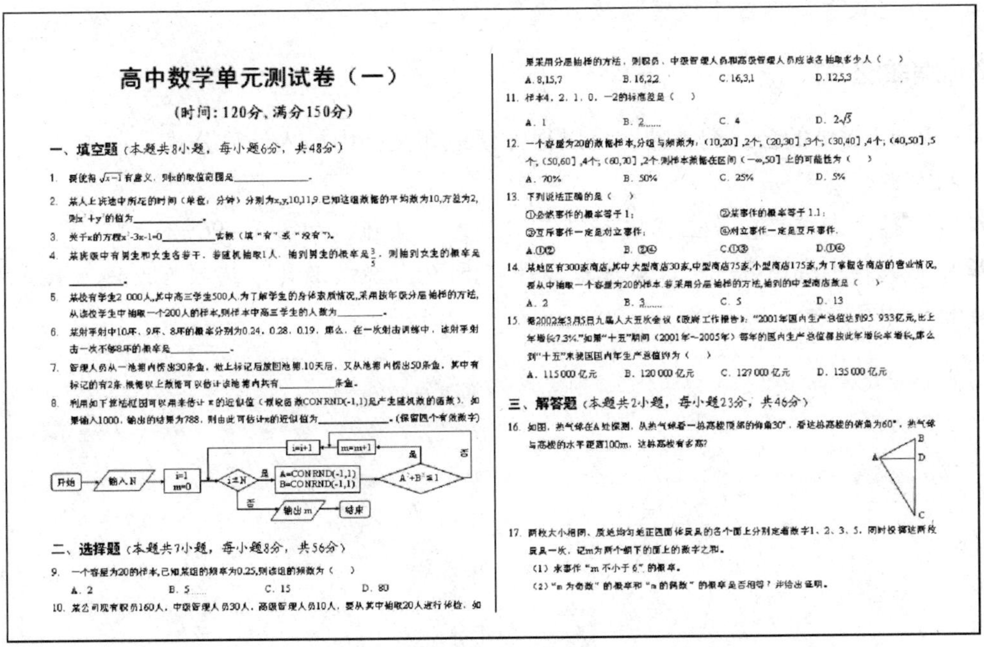

图 3－95　数学单元测试卷样文

3.5.1　绘制与编辑图形

1. 绘制图形

Word 2010 的"插入"选项卡中的"形状"菜单中提供了 100 多种能够任意改变形状的自选图形（线条、基本形状、箭头总汇、流程图、星与旗帜、标注等）。下面简单介绍绘制矩形和正方形的方法，操作步骤如下：

01 单击"形状"下拉列表中的"矩形"按钮□，再将鼠标指针移动至要绘制的位置，按住鼠标左键使指针变成十字后拖动，即可绘制一个矩形。在拖动鼠标的同时按住 Shift 键，可以绘制一个正方形。

02 绘制完成后，松开鼠标左键即可。

2. 编辑图形

绘制好图形后，往往还需要对其进行适当的编辑，才能达到理想的效果。可以通过"格式"选项卡对图形进行排列对齐、旋转或翻转、组合或取消组合等操作。或者使用"设置形状格式"对话框来完成。具体操作步骤如下：

01 选中绘制好的图形，单击"格式"→"形状样式"右下角的对话框启动器按钮，打开"设置形状格式"对话框。

02 单击"填充"选项卡，在该选项卡中可以设置自选图形内部的填充颜色，打开"线条颜色"选项卡，则可以设置有无线条显示，并可以设置线条的线型、粗细和颜色。单击"确定"按钮完成设置。

03 单击"格式"选项卡中"大小"右下角的对话框启动器按钮，单击"大小"选项卡，在该选项卡中可以精确设置自选图形的大小，对自选图形进行旋转和缩放等操作。

04 单击"文字环绕"选项卡，在该选项卡中可以选择一种文本对自选图形的环绕版式。

05 设置完成后，单击"确定"按钮。

3.5.2 编辑公式

利用 Word 提供的公式编辑器，可以很方便地在文档中插入计算公式。

1. 插入数学公式

01 确定插入点位置，单击"插入"→"公式"按钮，如图 3-96 所示。

02 此时文档中会出现一个文本虚框，并打开了"公式工具"选项卡，进入公式编辑状态，如图 3-97 所示。

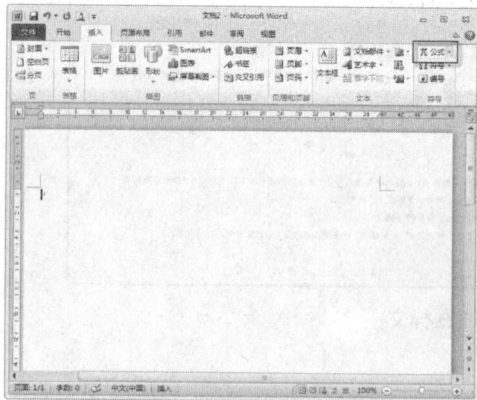

图 3-96　插入公式

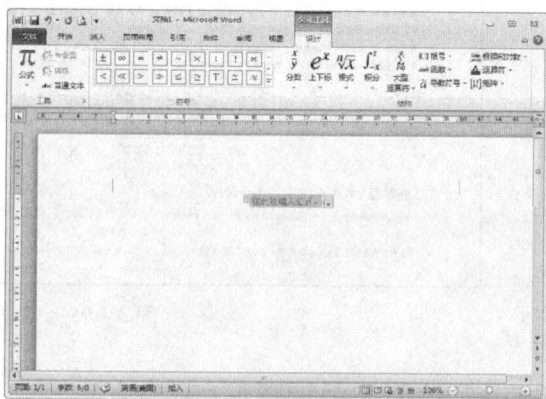

图 3-97　公式编辑状态

03 输入字符"y ="，在"公式"工具栏中选择"根式模板"里的平方根按钮。

04 在"公式"工具栏中选择"上下标模板"里的上标按钮，在对应位置分别输入"2(x +1)"和"2"，然后输入"+"。

05 在"公式"工具栏中选择"分数模板"里的分式按钮，然后在分子中输入"1"，在分母中输入"5"。

06 输入完成后单击公式外的任意区域，返回文档编辑状态，调整公式的大小，效果如图 3 –98 所示。

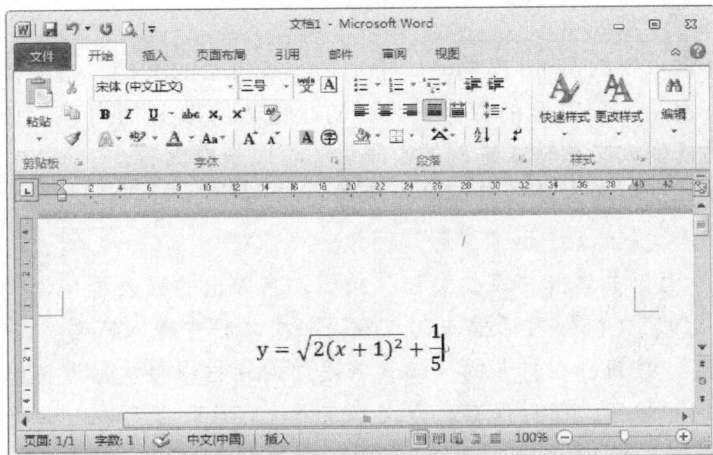

$$y = \sqrt{2(x+1)^2} + \frac{1}{5}$$

图 3 –98　插入数学公式

> **提示：** 在公式的输入过程中，插入点位置的确定除了可以使用鼠标外，还可以使用 Tab 键在各插入点之间跳转，方便快捷。

2. 修改数学公式

要修改数学公式，首先要进入公式编辑状态，双击要修改的数学公式，即可进入公式编辑窗口，对公式进行编辑和修改。

3.5.3　提高与拓展

1. 设置制表位

制表位就是指按键盘上的 Tab 键后，插入点所移动的位置。制表位的位置可以改变，制表位上的数据的对齐方式也可以设置。可以通过使用水平标尺或"制表位"对话框来设置。

单击"开始"选项卡"段落"组右下角的对话框启动器，在弹出的"段落"对话框中单击左下角的"制表位"选项，打开"制表位"对话框，如图 3 –99 所示。

在水平标尺的左端有一个制表符按钮，反复单击它，可以循环出现 5 种类型的制表符：

➤ ⊾：左对齐。正文的左边在制表符位置对齐。

➤ ⊥：居中对齐。正文在制表符位置居中对齐。

➤ ⊿：右对齐。正文的右边在制表符位置对齐。

➤ ⊥：小数点对齐。小数点在制表符位置对齐。

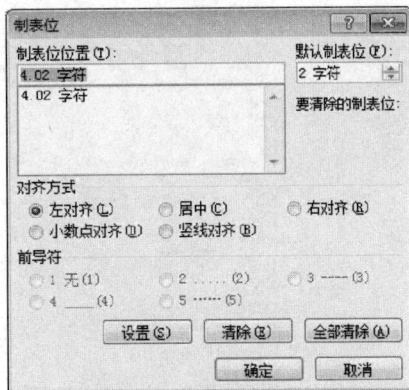

图 3 –99　"制表位"对话框

> ▶ |ı| : 竖线。用于生成一条垂直的实线。

> **提示：** 如果要精确设置制表位，可先按下 Alt 键，然后在标尺上拖动鼠标，则可看到制表位的准确位置数值。

2. 设置文档密码

在编辑一些非常重要的 Word 文档时，特别是一些机密的文档，给文档加上密码是一项非常有用的功能，也是一项安全的保障。为了防止他人篡改文档内容，必须给文档加上密码。给文档加密后任何人必须输入正确的密码后才可以查看内容。

下面介绍给文档加密的方法，具体操作步骤如下：

01 单击"信息"按钮，打开"信息"面板。

02 在"信息"面板中单击"保护文档"按钮，在弹出的列表框中选择"用密码进行加密"选项，弹出"加密文档"对话框，在"密码"文本框中输入密码。

03 单击"确定"按钮，在打开的"确认密码"对话框中再次输入密码。

04 单击"确定"按钮，然后保存。即文档在下次打开时需要输入正确的密码才能打开。

如果想设置修改文档时必须输入密码，则在"另存为"对话框中单击"工具"按钮，在弹出的列表框中选择"常规选项"，在"常规选项"对话框选项卡中的"修改文件时的密码"文本框中输入密码，单击"确定"按钮后，在"确认密码"对话框中再次输入密码即可。

3.5.4　制作过程

1. 页面设置

01 打开 Word 2010，新建一个空白文档。

02 单击"页面布局"→"页面设置"按钮，打开"页面设置"对话框。在"页边距"选项卡中设置如图 3 - 100 所示参数。

03 在"纸张"选项卡中，设置纸张为"自定义大小"，宽度为 37.8 厘米，高度为 26 厘米，如图 3 - 101 所示。

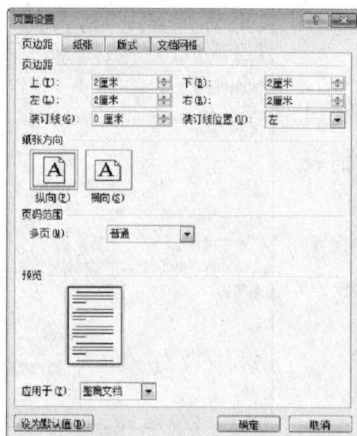

图 3 - 100　"页边距"选项卡　　　　图 3 - 101　"纸张"选项卡

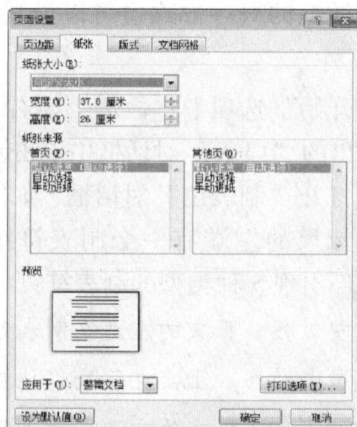

2. 设置标题

01 输入标题内容，并设置字体属性为黑体、一号、加粗、居中对齐。

02 输入"（时间：120分，满分150分）"内容，设置字体属性为楷体、小二号、加粗、居中对齐，如图3-102所示。

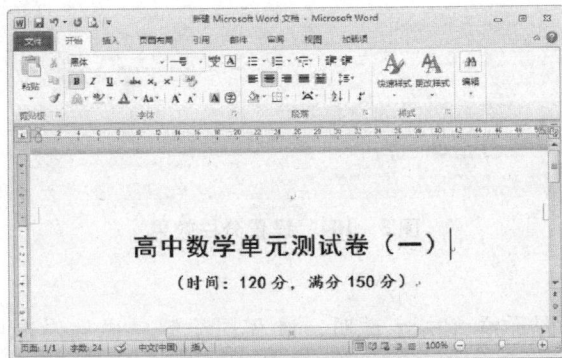

图3-102　设置标题格式

3. 输入数据并设置格式

01 输入填空题的标题及说明文字，并设置字体格式。

02 输入填空题内容。使用"开始"选项卡"段落"组中的"编号"按钮，为每道填空题添加编号，并将要插入公式的部分用底纹突出显示。效果如图3-103所示。

03 按制作填空题的操作方法，输入选择题内容并设置格式，使用Tab在选项A、B、C、D之间插入制表符，使其排列整齐。

04 按照上面的操作方法，最后输入解答题内容。

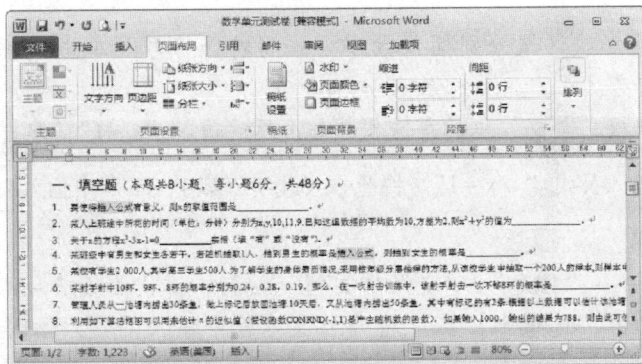

图3-103　设置填空题格式

4. 设置分栏

01 选中试卷内容。单击"页面布局"→"分栏"→"更多分栏"按钮，打开"分栏"对话框，选择"两栏"样式，间距为2.8个字符。

02 单击"确定"按钮，试卷即为两栏显示，效果如图3-104所示。

5. 绘制流程图

01 为第8题绘制一个流程图。使用自选图形绘制多个图形，并调整大小，单击选定其中一个图形，在该图形上右击，选择"添加文字"命令，输入内容，并对文字格式和对齐

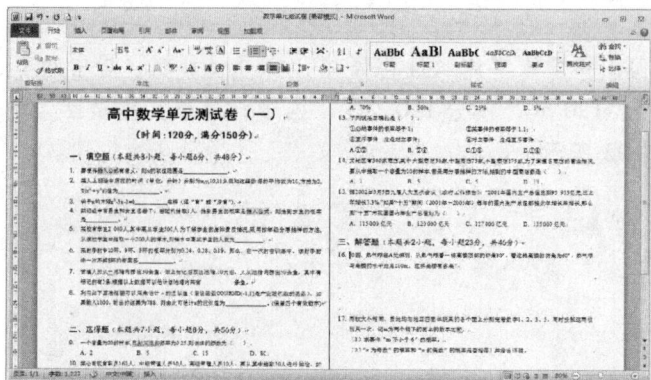

图 3 − 104　设置分栏效果

方式作适当调整。

02 按此方法为每个图形添加文字说明，流程图绘制完成后，选中所有整个流程图，在流程图上右击鼠标，选择"组合"→"组合"命令，将其组合成一个对象。

03 为第 16 题绘制一个图形。使用自选图形和文本框绘制三角形，并添加文字说明，然后组合对象。效果如图 3 − 105 所示。

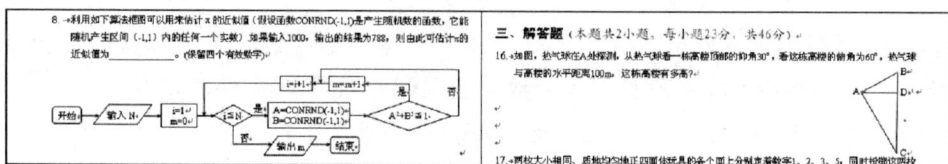

图 3 − 105　流程图效果

6. 插入公式

01 在文档的黄色底纹区域分别插入数字公式和特殊符号。单击"插入"→"公式"按钮，进入公式编辑状态。

02 单击"分式和根式模板"里的平方根按钮，然后输入"x−1"，单击文档任意位置，完成公式编辑并在文档中插入公式"$\sqrt{x-1}$"。按此方法继续为第 4、11 题中插入公式"$\dfrac{3}{5}$"和"$2\sqrt{5}$"。

7. 设置打开密码

01 单击"文件"→"信息"→"保护文档"按钮，弹出如图 3 − 106 所示下拉列表框，单击"用密码进行加密"选项卡，在"密码"文本框中输入密码，如图 3 − 107 所示。

图 3 − 106　"保护文档"列表框

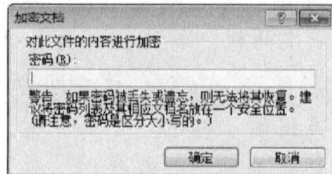

图 3 − 107　"确认密码"对话框

02 单击“确定”按钮，打开“确认密码”对话框，再次输入密码。

03 单击“确定”按钮即可。在下次打开该文件时，需要输入密码才能打开。

04 保存文件，数学测试卷最后效果如图 3－108 所示。

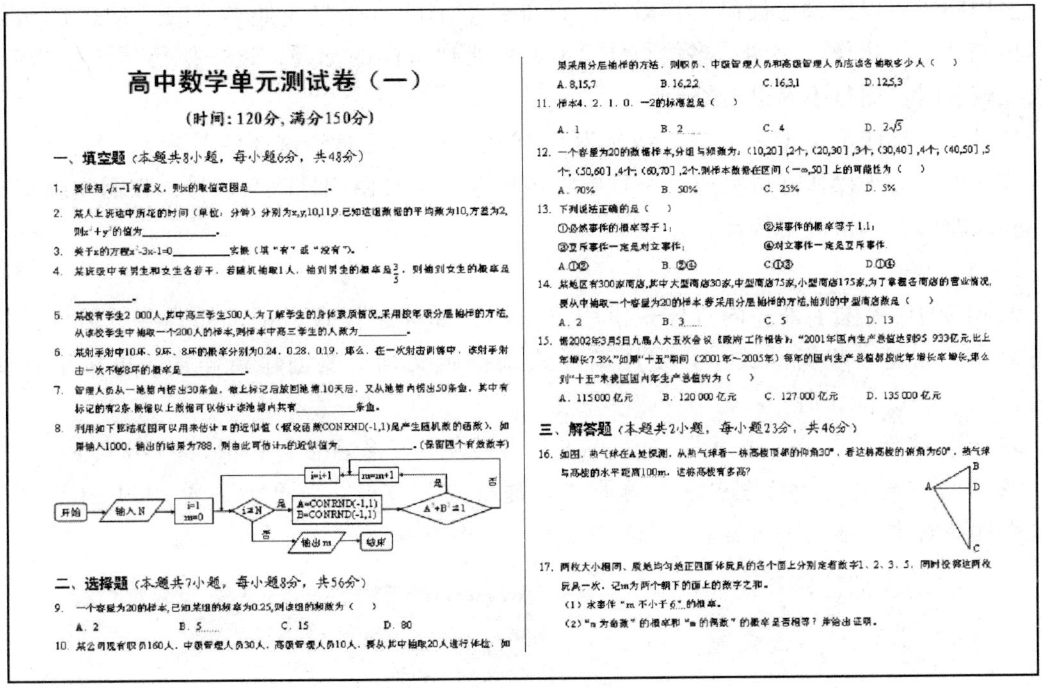

高中数学单元测试卷（一）

（时间：120分，满分150分）

一、填空题（本题共8小题，每小题6分，共48分）

1. 要使得 $\sqrt{x-1}$ 有意义，则x的取值范围是________。
2. 某人上班途中所花的时间（单位：分钟）分别为x,y,10,11,9.已知这组数据的平均数为10,方差为2,则 x^2+y^2 的值为________。
3. 关于x的方程 $x^2-3x-1=0$ ________实根（填“有”或“没有”）。
4. 某班级中有男生和女生各若干，若随机抽取1人，抽到男生的概率是 $\frac{3}{5}$，则抽到女生的概率是________。
5. 某校有学生2 000人,其中高三学生500人.为了解学生的身体素质情况,采用按年级分层抽样的方法,从该校学生中抽取一个200人的样本,则样本中高三学生的人数为________。
6. 某射手射中10环、9环、8环的概率分别为0.24，0.28，0.19，那么，在一次射击训练中，该射手射击一次不够8环的概率是________。
7. 管理人员从一池塘内捞出30条鱼，做上标记后放回池塘.10天后，又从池塘内捞出50条鱼，其中有标记的有2条.根据以上数据可以估计该池塘内共有________条鱼。
8. 利用如下算法框图可以用来估计π的近似值（假设函数CONRND(-1,1)是产生随机数的函数），如果输入1000，输出的结果为788，则由此可估计π的近似值为________。（保留四个有效数字）

二、选择题（本题共7小题，每小题8分，共56分）

9. 一个容量为20的样本,已知某组的频率为0.25,则该组的频数为（　）
A. 2　B. 5　C. 15　D. 80
10. 某公司现有职员160人，中级管理人员30人，高级管理人员10人，要从其中抽取20人进行体检，如果采用分层抽样的方法，则职员、中级管理人员和高级管理人员应该各抽取多少人（　）
A. 8,15,7　B. 16,2,2　C. 16,3,1　D. 12,5,3
11. 样本4，2，1，0，－2的标准差是（　）
A. 1　B. 2　C. 4　D. $2\sqrt{5}$
12. 一个容量为20的数据样本,分组与频数为：(10,20],2个；(20,30],3个；(30,40],4个；(40,50],5个；(50,60],4个；(60,70],2个.则样本数据在区间（－∞,50]上的可能性为（　）
A. 70%　B. 50%　C. 25%　D. 5%
13. 下列说法正确的是（　）
①必然事件的概率等于1；②某事件的概率等于1.1；
③互斥事件一定是对立事件；④对立事件一定是互斥事件.
A.①②　B. ②④　C.①③　D.①④
14. 某地区有300家商店,其中大型商店30家,中型商店75家,小型商店175家,为了掌握各商店的营业情况,要从中抽取一个容量为20的样本.若采用分层抽样的方法,抽到的中型商店数是（　）
A. 2　B. 3　C. 5　D. 13
15. 据2002年3月5日九届人大五次会议《政府工作报告》：“2001年国内生产总值达到95 933亿元,比上年增长7.3%.”如果“十五”期间（2001年～2005年）每年的国内生产总值都按此年增长率增长,那么到“十五”末我国国内年生产总值约为（　）
A. 115000 亿元　B. 120 000 亿元　C. 127 000 亿元　D. 135 000 亿元

三、解答题（本题共2小题，每小题23分，共46分）

16. 如图，热气球在A处探测，从热气球看一栋高楼顶部的仰角30°，看这栋高楼的俯角为60°，热气球与高楼的水平距离100m，这栋高楼有多高？

17. 两枚大小相同、质地均匀地正四面体玩具的各个面上分别定着数字1、2、3、5，同时投掷这两枚玩具一次，记m为两个朝下的面上的数字之和。
（1）求事件“m不小于6”的概率。
（2）“m为奇数”的概率和“m的偶数”的概率是否相等？并给出证明。

图 3－108　数学单元测试卷效果

3.6　毕业论文封面及目录制作

毕业论文封面及目录最终效果如图 3－109 所示。

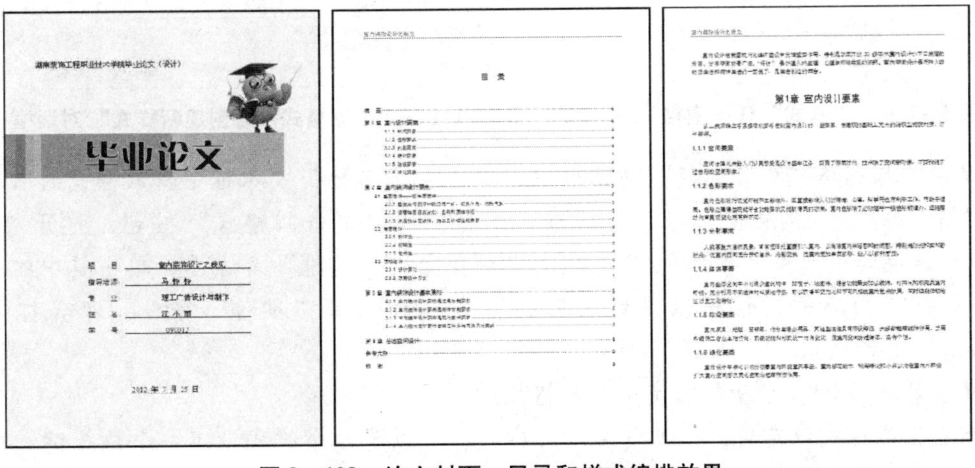

图 3－109　论文封面、目录和样式编排效果

3.6.1 使用样式

所谓样式，指的是被命名并保存的一组可以重复使用的格式，它是一系列预置的排版指令。使用样式可以极大地提高工作效率。例如，本书的节标题（如本节的"使用样式"标题）的格式是：黑体、小四、多倍行距2.6。每遇到这样的标题，逐一执行每个排版命令，不仅比较费时，而且不易进行修改。

如果将该标题定义为一个"二级标题"样式，以后每遇到这样的节标题，就只需应用该样式即可，一步操作即可完成。一旦要将该标题的字号由四号改为三号，仅需重新定义一下该样式即可，非常简单快捷。

1. 新建样式

Word 2010 提供了许多内置样式供用户选用，如标题样式、正文样式等。另外，用户也可以自己创建一些新样式，并使用新样式来排版文档。要创建新样式，可按下述步骤进行：

01 单击"开始"→"样式"命令，打开"样式"任务窗格，如图3-110所示。

02 单击"样式"对话框中左下角的"新建样式"按钮，打开如图3-111所示的"根据格式设置创建新样式"对话框。

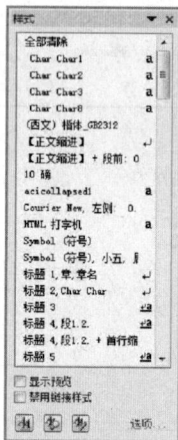

图3-110 "样式"任务窗格 　　　　图3-111 "根据格式设置创建新样式"对话框

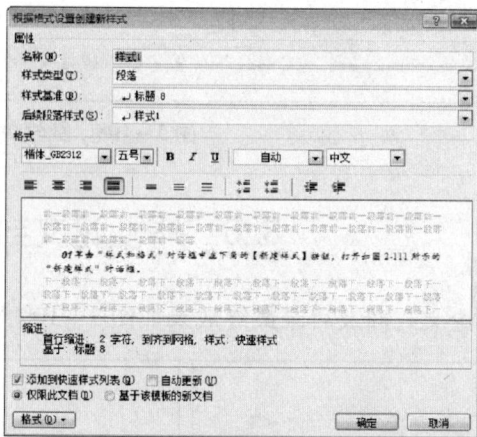

03 在"根据格式设置创建"对话框中，首先在"名称"文本框中输入样式的名称，如输入"题注样式"。接着便可以设置该样式的格式了。单击"格式"按钮，打开"格式"菜单，在此菜单中选择"字体"、"段落"、"制表位"、"边框"等命令，单击其中的一个命令，可以打开相应的对话框以设置相应的格式（如选择"段落"命令，即会打开如图3-112所示对话框）。

04 重复步骤03，给新样式定义各种格式。

05 当完成格式设定后，为了方便应用样式，可以为这个样式设定一个快捷键。在"根据格式设置创建新样式"对话框的"格式"菜单中单击"快捷键"按钮打开"自定义"对话框，如图3-113所示。在对话框的"命令"列表框中将显示当前样式名称，此时可以在键盘上按想使用的快捷键，如 Ctrl + 1。这样，组合键就会出现在"请按新快捷键"文本框中，然后单击"指定"按钮，再单击"确定"按钮即可完成快捷键的设置。

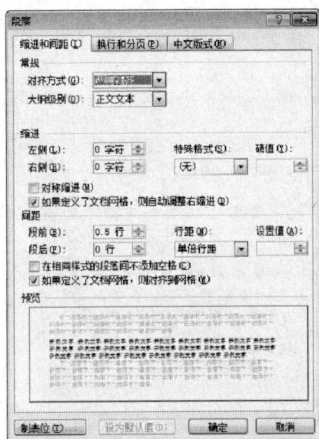

图 3－112　"段落"对话框　　　　　图 3－113　"自定义"键盘对话框

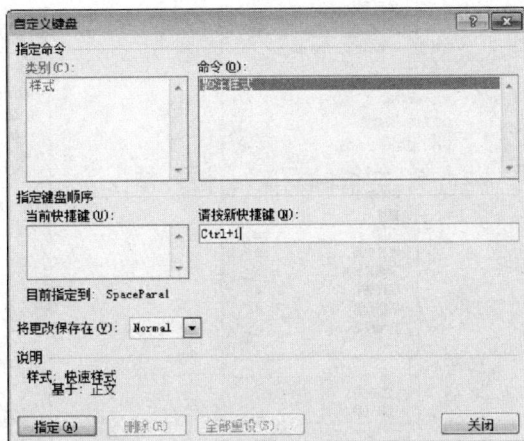

06 完成以上操作后，单击"确定"按钮，新建样式的操作全部完成。

> **提示：** 当一个样式新建完成后，就会出现在"开始"选项卡中的"样式"组面板中。单击"样式"组右下角的对话框启动器按钮，在样式列表中也可以看见新建的样式。

2. 应用样式

定义好样式之后，就可以使用它来进行排版了。应用样式的操作步骤如下：

01 将插入点置于要应用样式的段落中，或者选定要应用样式的文本。

02 切换到"开始"选项卡，单击"样式"组右下角的对话框启动器按钮。

03 从"样式"下拉列表中选择所需的格式，样式所包含的格式就会应用当前的段落或选定的文本。如果为样式定义了快捷键，可直接按下样式的快捷键。

3. 修改样式

当应用了一个样式之后，可能需要对其中的某些格式进行修改，例如把字体由宋体改为黑体，这时就可以对样式进行修改，样式修改完成之后，文档中所有应用了此样式的文本或段落都会自动更新为修改之后的格式。

01 单击"样式"对话框启动器按钮，打开"样式"列表。如图 3－114 所示。

02 在列表框中选择需要更改的样式（如选择"题注　样式"样式），然后单击右侧下拉按钮单击"修改"按钮。

03 在弹出的"修改样式"对话框中选择适当的选项来修改样式的格式，如图 3－115 所示。

04 格式修改完成后，单击"确定"按钮，返回到"样式和格式"对话框中。

05 最后单击"关闭"按钮，文档中所有应用了此样式的文本或段落会自动发生相应的更改。

139

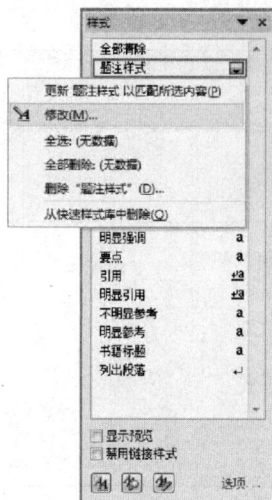

图 3 – 114　"样式"列表框　　　　　图 3 – 115　"修改样式"对话框

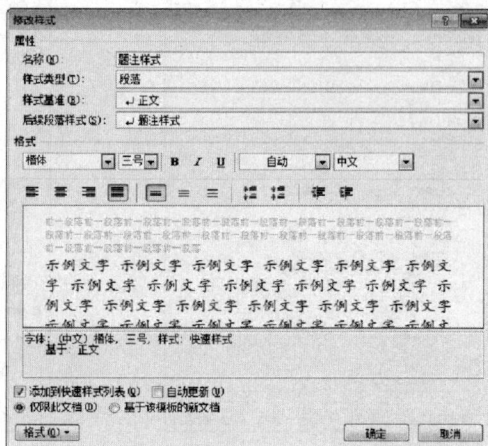

3.6.2　模板

模板由多个特定的样式组合而成，是一种排版编辑文档的基本工具。在 Word 2010 中，模板是一种预先设置好的特殊文档，能提供一种塑造最终文档外观的框架，同时能向其中添加自己的信息。

1. 利用文档创建新模板

01 打开已经设置好并准备作为模板保存的文档，单击"文件"→"另存为"命令，打开"另存为"对话框。

02 在"保存类型"下拉列表框中选择"Word 模板"选项；在"文件名"文本框中输入一个模板名称，并确定保存的位置。在默认情况下，Word 会自动打开"Templates"文件夹让用户保存模板，单击"保存"按钮即可。模板文件的扩展名为 . dot。

2. 选用模板

01 单击"文件"→"新建"按钮，打开"新建"对话框。

02 在"可用模板"选项卡中，选择需要的模板，双击该模板或单击"创建"按钮就可以打开。按照模板的格式，就可以将此模板的样式应用到新文档中了。

3.6.3　生成索引和目录

对于长文档，目录是不可缺少的，它通常位于文章首页之后。在 Word 文档中，使用"索引和目录"域功能，自动将文档中使用的内部标题样式提取到目录中。方便阅读者可以快捷地检阅或定位到感兴趣的内容，同时也有助于了解文章的纲目结构。具体操作步骤如下：

01 在编辑文档的时候，把需要显示在目录中的标题用标题样式设置为相应的级别。

02 将插入点置于文档中需要插入目录的位置，一般在文档开头处。

03 单击"引用"→"目录"→"插入目录"按钮，在打开的"目录"对话框中，单击"目录"选项卡，如图 3 – 116 所示。在"格式"下拉列表中选择一种目录格式，在"显示级别"数值框中设置显示目录的级别。

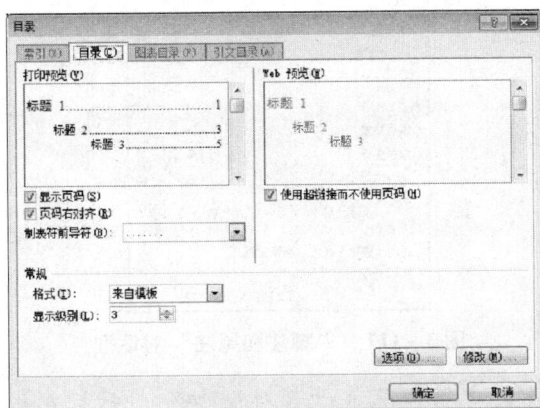

图 3 - 116 "目录"选项卡

04 选择"显示页码"复选框，则在目录中自动标题所在的页码。设置了"显示页码"后，还可在"页码右对齐"复选框中选择页码的对齐方式。在"制表符前导符"下拉列表框中设置目录标题文字和页码之间的分隔符。若选择了"使用超级链接而不使用页码"复选框，则显示在 Web 版式视图下目录中以标题作为内容的超链接。

05 设置完成后，单击"确定"按钮即可在当前插入点位置插入文档的目录。

3.6.4 提高与拓展

1. 格式刷

Word 提供了快速复制段落或文本排版格式的功能，可以将一个段落或文本的格式（源格式）迅速复制到另一段落或文本（目标）中，从而省去了重复设置相同格式的麻烦。

复制格式操作要使用到"开始"选项卡中的"格式刷"按钮 ，具体操作步骤如下：

01 选定含有要复制格式的段落或文本。

02 单击"常用"工具栏中的"格式刷"按钮 ，鼠标指针将变成 形状。

03 把鼠标指针拖过需要往其中粘贴格式的文本或段落，以将格式复制到该文本或段落中，屏幕上就会看到该文本或段落具有与被复制的段落相同的排版格式。

> 提示：如果在选定复制格式的源文本后，双击"格式刷"按钮，则可以连续进行多次格式粘贴。除了可以使用"格式刷"按钮复制格式外，还可以用快捷键进行格式复制，方法是：在选定复制格式的源文本后，按 Ctrl + Shift + C 键，然后选中要往其中粘贴格式的文本，再按 Ctrl + Shift + V 组合键即可。

2. 脚注与尾注

脚注与尾注是对文本的补充说明。脚注一般位于页面的底部，可以作为文档某处内容的注释；尾注一般位于文档的末尾，列出引文的出处等。插入脚注与尾注的操作步骤如下：

01 将插入点移动到要插入脚注和尾注的位置。

02 单击"引用"选项卡"脚注"组中的对话框启动器按钮，打开如图 3 - 117 所示"脚注和尾注"对话框。

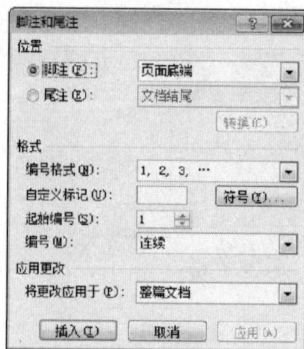

图3-117 "脚注和尾注"对话框

03 在"位置"区域选择"脚注"或"尾注"按钮,然后在格式区域中设置"脚注"或是"尾注"的格式。

04 单击"插入"按钮,就可以开始输入脚注或尾注文本了。

> 提示:如果想要删除某个脚注或尾注,只需要选中要删除的注释标记,按 Delete 键即可。

3. 批注

批注是审阅添加到独立的批注窗口中的文档注释或者注解,当审阅者只是评论文档,而不直接修改文档时要插入批注,因为批注并不影响文档的内容,批注是隐藏的文字,Word 会为每个批注自动赋予不重复的编号和名称。

◎ **插入批注**

01 将插入点移动到要插入批注的位置或者选定的文本。

02 单击"审阅"→"新建批注"按钮,显示批注文本框,在文本框中输入批注内容即可。

◎ **删除批注**

将插入点移到批注中,右击鼠标,在快捷菜单中选择"删除批注"命令即可删除。

3.6.5 制作过程

1. 根据已有模板创建一个文档

01 打开 Word 2010 窗口,单击"文件"→"新建"按钮,在"新建文档"窗格中选择"根据现有内容新建"文本链接,打开"根据现有内容新建"对话框。

02 在该对话框中选择一个需要的论文模板,然后单击"新建"按钮,即可创建一个带有该模板格式的文档。

2. 页面设置

01 单击"页面布局"→"页面设置"按钮,打开"页面设置"对话框。在"页边距"选项卡中设置如图3-118所示参数。

02 在"纸张"选项卡中,设置纸张为"A4"。

03 在"版式"选项卡中,选中"奇偶页不同"和"首页不同"复选框,如图3-119

所示。

04 单击"确定"按钮，退出"页面设置"对话框。

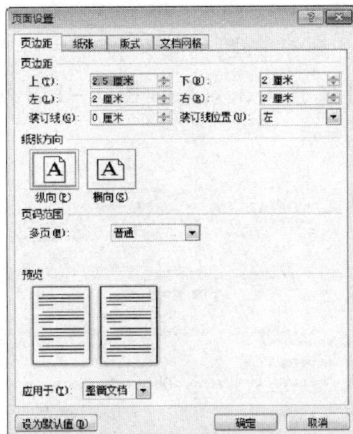
图 3-118 设置文本格式

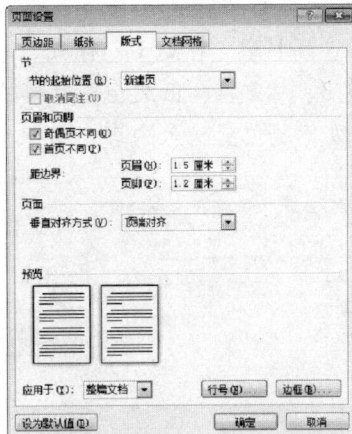
图 3-119 设置版式

3. 制作封面

01 输入文本。在第一页中输入如图 3-120 所示内容，将题目、指导老师等内容缩进一定的距离，且日期以居中方式显示。

02 绘制图形。使用"插入"选项卡"形状"列表中的"矩形"绘制几个矩形，然后填充合适的颜色并调整大小和位置。选中所有矩形，右击鼠标，在快捷菜单中选择"组合"→"组合"命令。

03 插入艺术字。单击"插入"选项卡"文本"组中的"艺术字"按钮，插入"毕业论文"艺术字，并设置字体格式。

04 插入图片。单击"插入"→"图片"按钮，将图片插入到文档中。然后更改图片的版式为"浮于文字上方"，调整其大小和位置，效果如图 3-121 所示。

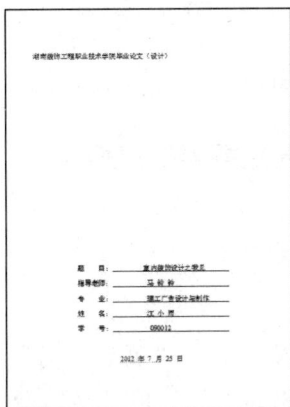
图 3-120 设置文本格式

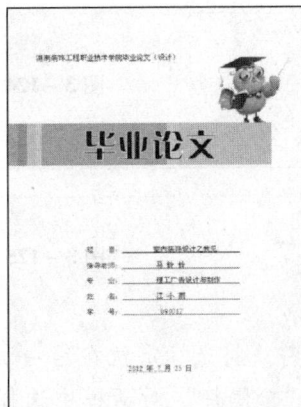
图 3-121 插入图片和艺术字

4. 录入文本

01 输入标题"室内装饰之我见"，设置字体属性为黑体、二号、居中。

02 查阅相关资料，输入中文和英文版的摘要与关键词内容，并设置文本格式。

5. 应用样式

01 将光标定位在要插入章标题的位置，然后单击"开始"→"样式"对话框启动器按钮，在窗口右侧打开"样式"任务窗格。

02 单击"第1章　标题1"样式，将此样式应用到章标题位置，按此方法可以依次为标题2、标题3、标题4、正文、图片等应用相应的样式格式，效果如图3-122所示。

03 在各级标题位置输入内容，效果如图3-123所示。

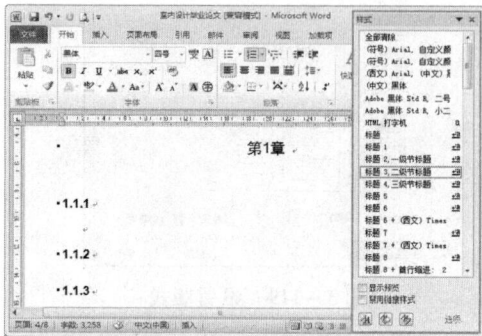

图3-122　应用样式

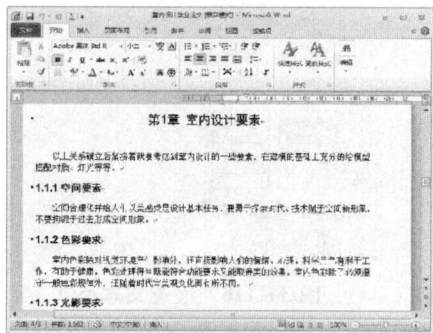

图3-123　输入文本

6. 设置页眉页脚

01 选择"插入"→"页眉"按钮，进入页眉编辑状态。

02 在偶数页页眉位置输入论文标题文字，如图3-124所示，并设置字体属性为黑体、五号。

03 在奇数页页眉位置输入学校名称，如图3-125所示，并将文本右对齐显示。

04 分别在偶数和奇数页页脚位置插入页码。可以使用"页眉和页脚"工具栏上的"插入页码"按钮，并将奇数页页码右对齐。

图3-124　偶数页眉编辑状态

图3-125　奇数页眉编辑状态

7. 生成目录

01 插入分页符。将光标定位在第一页最后一行位置，单击"页面布局"→"分隔符"按钮，在打开的"分隔符"对话框中选择"分页符"单选按钮，即可插入分页符，这时光标会出现在第二页中。

02 插入目录。单击"引用"→"目录"→"插入目录"按钮，打开"目录"对话框，在"目录"选项卡设置如图3-126所示参数。

03 单击"确定"按钮，生成如图3-127所示目录。

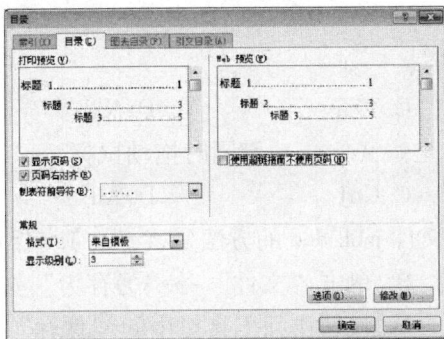

图 3 – 126　"目录"对话框

图 3 – 127　生成目录

04 按上面的操作方法设置论文的其他格式，并完成论文内容。

05 设置完成后，保存文件，论文封面及目录效果如图 3 – 128 所示。

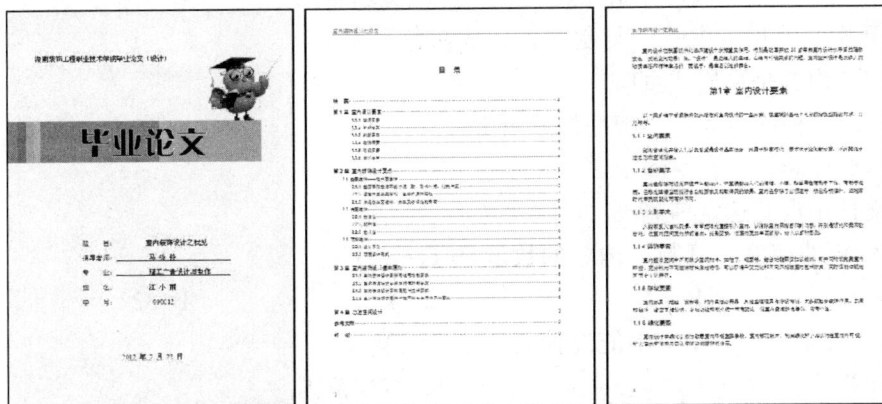

图 3 – 128　论文封面、目录及格式编排效果

3.7　练习与思考

一、选择题

1. 以下的操作不能建立新文档的是（　　　）。

A. 双击桌面的 Word 2010 的图标　　　　　B. 单击"文件"→"新建"按钮

C. 双击桌面的 Word 2010 类型的文档　　　D. 按 Ctrl + N 组合键

2. 不能在文档中的某一行产生换行的操作是（　　　）。

A. 按 Enter 键　　　　　　　　　　　　B. 按 Shift + Enter 组合键

C. 单击"插入"→"分隔符"按钮　　　　D. 按 Ctrl + Enter 组合键

3. 在 Word 2010 中，默认的段落标识符是（　　　）。

A. 软回车　　　　　B. 硬回车　　　　　C. 分号　　　　　D. 句号

4. 关于 Word 2010 的模板，下面叙述错误的是（　　　）。

A. 模板的文件类型与普通文档的文件类型一样

B. 模板是某种文档格式的样板

C. 模板是指一组已命名的字符和段落格式

D. 模板是 Word 的一项核心技术

5. 保存一个新 Word 文档时，默认的扩展名是（   ）。

A. DOT   B. DOC   C. TXT   D. XLS

6. 纵向选定一个矩形文本区域操作方法是按（   ）键同时拖动鼠标。

A. Shift   B. Esc   C. Ctrl   D. Alt

7. 正在编辑的文件 jz.doc，做一个备份文件 jzbf.doc 的方法是（   ）（保留原文件）。

A. 单击"文件"→"保存"按钮   B. 单击"文件"→"另存为"按钮

C. 功能区中的"复制"   D. 快速访问工具栏中的"保存"

8. 在 Word 2010 中，插入新一页，应该按（   ）键。

A. Alt + Enter   B. Ctrl + Enter   C. Enter   D. Shift + Enter

9. Word 2010 中插入页眉页脚的按钮在（   ）选项卡中。

A. 视图   B. 开始   C. 页面布局   D. 插入

10. "开始"选项卡中的"复制"按钮成灰色，表示（   ）。

A. 选定的内容是页眉或页脚

B. 选定的文档内容太长，剪贴板放不下

C. 剪贴板已满，没有空间了

D. 在文档中没有选定信息

11. 剪贴板的存放"复制"内容的数量是（   ）个。

A. 8   B. 12   C. 24   D. 32

12. 在"打印"列表中，不能设置的是（   ）。

A. 打印格式   B. 打印范围

C. 打印文档的缩放   D. 打印份数

13. 在 Word 2010 中，单击"文件"→"关闭"按钮，将（   ）。

A. 退出 Word 2010

B. 最小化正在编辑的文档

C. 保存正在编辑的文档后，可以继续编辑该文档

D. 退出正在编辑的文档，Word 2010 应用程序仍在运行

14. 在 Word 2010 中，快速访问工具栏上的（   ）按钮，可恢复删除的文本。

A. 撤消   B. 清除   C. 恢复   D. 后退

15. 关于 Word 2010 文档窗口的说法，正确的是（   ）。

A. 只能打开一个文档

B. 可打开多个文档窗口，被打开的文档都是活动的

C. 可打开多个文档窗口，只有一个文档是活动的

D. 可打开多个文档窗口，只有一个窗口是可见的

16. 在"开始"选项卡按钮中，（   ）不是剪切板的按钮。

A. ✄   B. ▣   C. ▣   D. ↩

17. 在剪切板的键盘命令中，（   ）不是剪切板的快捷键。

A. Ctrl + X   B. Ctrl + C   C. Ctrl + V   D. Ctrl + Z

18. 在查找和替换的对话框中，没有的标签是（　　　　）。

A. 搜索　　　　　　B. 查找　　　　　　C. 替换　　　　　　D. 定位

19. Word 提供了的文档显示方式，称为视图，在 Word 2010 中没有（　　　　）。

A. 页面视图　　　　　　　　　　B. 阅读版式

C. Web 版式视图　　　　　　　　D. 普通视图

20. Word 2010 文档最大的显示比例为（　　　　）。

A. 200%　　　　B. 300%　　　　C. 500%　　　　D. 600%

21. Word 2010 的字体对话框中，没有的标签是（　　　　）。

A. 文字效果　　　B. 字体　　　　　　C. 段落　　　　　　D. 字符间距

22. 在 Word 2010 的编辑状态下，按下（　　　　）键退出 Word 2010 应用程序窗口。

A. Alt + F4　　　B. Shift + F4　　　C. Tab + F4　　　D. Ctrl + F4

23. 在 Word 2010 文档中，下列关于分页的正确说法是（　　　　）。

A. Word 2010 文档中的硬分页符不能删除

B. Word 2010 文档中的软分页符会自动调整位置

C. Word 2010 文档中硬分页符会随文本内容的增减而变动

D. Word 2010 文档中的软分页符可以删除

24. Word 2010 中插入剪贴画的默认方式为（　　　　）。

A. 嵌入式　　　　　　　　　　　B. 浮动式

C. 上下型环绕式　　　　　　　　D. 四周型环绕式

25. 在 Word 2010 中，不能选中整个表格的操作是（　　　　）。

A. 用鼠标拖动

B. 单击表格左上角的表格移动手柄图标

C. 按 Ctrl + A 快捷键

D. 双击表格的某一行

26. 在 Word 2010 的表格中输入计算公式必须要以（　　　　）开头。

A. 加号　　　　　B. 等号　　　　　　C. 减号　　　　　　D. 单引号

27. 在 Word 2010 的编辑状态下，下列（　　　　）组合键可以从汉字输入状态切换到英文输入状态。

A. Alt + Ctrl　　　B. Ctrl + Space　　　C. Shift + Space　　　D. Alt + Space

28. 在 Word 2010 的编辑状态下，下列（　　　　）组合键可转换不同的汉字输入法。

A. Shift + Ctrl　　　B. Ctrl + Space　　　C. Shift + Space　　　D. Alt + Space

29. 在 Word 2010 中，编辑好一个文件后，要想知道其打印效果，可以（　　　　）。

A. "模拟显示"　　　B. "打印预览"　　　C. 按 F8 键　　　D. "全屏显示"

30. 在 Word 2010 的文档中，人工设置分页符的方式是（　　　　）。

A. 单击"文件"→"页面设置"按钮　　　B. 单击"视图"→"页面"按钮

C. 单击"插入"→"分隔符"按钮　　　　D. 单击"格式"→"分页"按钮

二、填空题

1. 在 Word 2010 中插入的图形对象有＿＿＿＿＿＿＿和＿＿＿＿＿＿＿两种显示形式。

2. 在 Office 2010 剪贴板中最多可以保存＿＿＿＿＿＿＿项被剪切或复制过的对象。

3. 利用_____组合键，可以在安装的各种输入法之间切换。

4. 利用_____组合键，可以在全角、半角字符之间切换。

5. 利用_____组合键，可以在中文、英文标点符号之间切换。

6. 插入/改写状态的转换，可以通过按键盘上的_____键来实现。

7. 使用键盘上的_____键可以将插入点移动到行尾。

8. 使用键盘上的_____键可以将插入点移动到文档尾。

9. 在选定多块文本时，先选定一块，然后按住_____键的再选定下一块。

10. 剪切文本使用的快捷键是_____，复制文本使用的快捷键是_____，粘贴文本使用的快捷键是_____。

11. 撤消输入的快捷键是_____，恢复输入的快捷键是_____。

12. Word 2010 文档和模板的默认扩展名分别是_____和_____。

13. 在_____视图方式下，显示的人工分页符为一条虚线。

14. 使用_____选项卡中的页眉页脚按钮可以进行文档的页眉页脚设置且只能在页面视图方式下可见。

15. 在 Word 2010 中，把当前选定的字符设置为上标或下标可以在_____对话框中进行。

16. 在 Word 2010 中，把当前选定的字符设置为删除线可以在_____对话框中进行。

17. 在 Word 2010 中，把当前选定的字符设置为阴影可以在_____对话框中进行。

18. 保存文档的快捷键是_____。

19. 显示格式的快捷键是_____。

20. 任务窗格的快捷键是_____。

21. 全部选定的快捷键是_____。

22. 页面视图主要适用于快速输入_____、图形及表格，并进行简单的排版。

23. 阅读版式视图可自动在页面上_____文档内容，易于浏览。

24. 文字效果是用来产生字符的_____效果。有阴影、发光和柔化等效果。

25. ☑是_____选项卡中的_____按钮。

26. "开始"选项卡中的四个对齐按钮是：两端对齐、_____、_____、分散对齐。

27. 文本中文字的默认对齐方式是_____。

28. 按钮▦是"插入"选项卡中的插入_____按钮。

三、判断题

1. 选择矩形文本区域按 Alt + 鼠标左键点拖。 （   ）

2. Shift + A 是文档全部选定的快捷键。 （   ）

3. Ctrl + A 是文档全部选定的快捷键。 （   ）

4. Ctrl + C 是复制命令的快捷键。 （   ）

5. Ctrl + V 是剪切命令的快捷键。 （   ）

6. 错误使用"撤消"命令后，可以使用"后悔"命令恢复撤消内容。　　　　（　　）

7. 插入文档的图片有两种类型：嵌入式和浮动式。浮动式为系统默认类型。（　　）

8. 按住 Shift 键的同时拖曳矩形或椭圆可以绘制出正方形或圆形。　　（　　）

9. 按住 Ctrl 键的同时拖曳矩形或椭圆可以绘制出正方形或圆形。　　（　　）

10. 选择某个具体图形单击，然后到文档中所需位置单击并拖曳至所需大小。在拖曳时按住 Shift 键可以保持图形的高度和宽度成比例。　　　　　　　　　（　　）

11. 选择某个具体图形单击，然后到文档中所需位置单击并拖曳至所需大小。在拖曳时按住 Alt 键可以保持图形的高度和宽度成比例。　　　　　　　　　（　　）

12. 在大纲视图中可显示首字下沉效果。　　　　　　　　　　　　　　（　　）

13. 在页面视图中可显示首字下沉效果。　　　　　　　　　　　　　　（　　）

14. 叠放次序级联菜单中含有置于顶层、置于底层、上移一层、下移一层、浮于文字上方和衬于文字下方六个菜单项。　　　　　　　　　　　　　　　　　（　　）

15. 艺术字是具有图形效果的文字，是嵌入式的图形。　　　　　　　　（　　）

16. 文本框是将文字、图片、图形精确定位的有力工具。　　　　　　　（　　）

17. 文本框对文字只能进行横排，不能进行竖排。　　　　　　　　　　（　　）

18. 回车后，将上一个段落的格式带到下一个段落。　　　　　　　　　（　　）

19. 用户可以删除自己新建的样式，但不能删除系统内置的样式。　　　（　　）

20. 对文本框进行缩放时，文本框中的内容不能自动编排。　　　　　　（　　）

21. 在插入符号时，如果没有关闭"符号"对话框则不能编辑文档。　　（　　）

22. 嵌入式的图片可以与正文实现多种形式的环绕。　　　　　　　　　（　　）

23. 在 Word 2010 中，自绘图形默认的插入方式是嵌入式的。　　　　（　　）

24. 使用"剪切"按钮和按 Delete 键删除的文本都将移到剪贴板。　　（　　）

25. 在插入特殊符号时，若没有关闭"特殊符号"对话框则不能编辑文档。（　　）

四、思考题

1. 如何在 Word 文档中插入艺术字？

2. 如何在保存文档的同时创建新的文件夹？

3. 如何使用鼠标选定一个句子、一行文本、一个段落和整个文档？

4. 如何在 Word 文档中插入剪贴画、图片文件？图片格式包括哪些内容？如何进行设置？

第 4 章　电子表格

4.1　了解 Excel 2010

中文版 Excel 2010 是 Microsoft 公司 Office 2010 办公套装软件之一，是 Windows 环境下的优秀电子表格软件。它以其友好的界面、便捷的操作、强大的数据处理功能，而广泛应用于财务报表制作和数据分析等领域。它能以多种形式的图表方式来表现表格数据，还能对数据进行排序、筛选和分类汇总等操作。

4.1.1　Excel 2010 的主要功能

1. 工作表管理

Excel 2010 具有强大的电子表格操作功能，用户可以随意设计、修改自己的报表，并且可以方便地一次打开多个文件。

2. 数据库管理

Excel 2010 作为一种电子表格工具，对数据库进行管理是其最有特色的功能之一。工作中的数据是按照相应的行和列组织的，加上 Excel 2010 提供处理数据库的相关选项和函数，使 Excel 2010 具备了组织和管理大量数据的能力。

3. 数据分析和图表管理

Excel 2010 改进了排序、筛选、数据透视表等多项数据分析功能。还可以根据工作表中的数据源迅速生成二维和三维的统计图表，并对图表中的文字、色彩、图案、尺寸等属性进行编辑和修改。数据地图工具可以使数据信息与地理位置有机地结合起来，完善了电子表格的应用功能，为用户直观化的数据分析与决策、数据优化与资源配置提供帮助。

4. 信息传递和共享

Excel 2010 不但可以与其他 Office 组件无缝连接，还可以帮助用户通过 Intranet 或 Internet 与其他用户进行协同工作，方便交换信息。

5. 数据透视表

数据透视表中的动态视图功能，可以将动态汇总中的大量复杂数据收集到一起，直接在工作表中更改"数据透视表"的布局。交互式的"数据透视表"可以更好地发挥其强大功能。并且 Excel 2010 首次在数据透视表中加入了"切片器"功能。该功能可以横跨多个透视表进行筛选，从而实现同时从不同视角观察数据分析结果的目标。

6. Excel 2010 和 Web

Excel 2010 使用增强的"Web 查询"功能，可以创建并运行查询来检索全球广域网上的数据，可在 Internet 上共享工作簿，通过电子邮件发送或传送工作簿，还可以将工作表或图表中的数据转换为能在 WWW 上进行浏览的 Web 数据页，能够将工作簿或工作表另存为网页并在 Internet 上发布。

7. 宏与 VBA

Excel 2010 内置了 VBA 编程语言，允许用户通过录制宏与 VBA，定制 Excel 功能，开发自动化解决方案，当再次需要进行类似的操作时，只需要运行录制的宏即可，极大地提高了办公效率。

4.1.2 Excel 2010 的启动与退出

1. Excel 2010 的启动

启动 Excel 2010 的方法主要有以下几种：

➢ 选择"开始"→"所有程序"→Microsoft Office→Microsoft Office Excel 2010 命令。

➢ 双击桌面上的 Excel 2010 的快捷图标。

2. Excel 2010 的退出

退出 Excel 2010 有多种方法：

➢ 选择"文件"→"退出"按钮。

➢ 单击应用程序窗口右上角"关闭"按钮。

➢ 按下 Alt + F4 组合键。

4.1.3 Excel 2010 的窗口组成

Excel 2010 中文版主窗口主要由标题栏、功能区、快速访问工具栏、编辑栏、工作表区、状态栏等部分组成，布局与 Word 2010 基本一致。只是由于功能不同，Excel 功能区和工作区域与 Word 有很多不同，如图 4 - 1 所示。

图 4 - 1　Excel 2010 主窗口

1. 标题栏

标题栏位于 Excel 2010 窗口的最上方，用于显示当前 Excel 打开的工作簿名称。工作簿是 Excel 存储并处理数据的文件,工作簿名就是文件名。如图 4 - 1 中"工作簿 1"就是该工作簿的名称。

一个工作簿最多可以有 255 个工作表。但当前工作的工作表只有一个,我们称之为活动工作表,其名称显示在工作表标签中。在默认情况下,新建一个工作簿时,系统提供 3 个工作表。

2. 功能区

功能区位于标题栏的下方,由一组选项卡面板所组成,Excel 的所有命令按钮按照操作的类型不同分布于不同的选项卡面板中。单击选项卡标签可以切换到不同的选项卡功能面板。

3. 快速访问工具栏

快速访问工具栏是一个可定义的工具栏,它包含一组常用的命令快捷按钮,并且用户可以根据需要快速添加或删除其所包含的命令按钮。

4. 编辑栏

编辑栏用于显示当前单元格输入或编辑的相关内容。如果单元格中含有公式,则公式的结果显示在单元格中,公式本身显示在编辑栏中。编辑栏的左边是名称框,用来定义单元格或区域的名称,或者根据名称来查找单元格或区域。

5. 行号、列标

用来定位单元格,例如,E8 就代表第 9 行、第 E 列。其中行号以数字显示,列标以英文字母显示。

6. 工作表区

工作表区是用于编辑、查看数据的区域。工作表中的所有信息都将保存在这张表中。

7. 单元格

表格中的每个格子,叫作单元格。每个工作表由 256 列和 65536 行组成,行和列相交形成单元格。每一列列标由 A、B、C 等表示,每一行行号由 1、2、3 等表示,所以每一单元格的名称由交叉的列标、行号表示。例如,在列 B 和行 8 处的单元格可表示为 B8。

每个工作表中只有一个单元格或单元格区域为当前激活的,称为活动单元格,屏幕上带粗线黑框的单元格就是活动单元格,此时可以在该单元格中输入和编辑数据。

在活动单元格的右下角有一个小黑方块,称为填充柄,利用此填充柄可以填充某个单元格区域的内容。

8. 状态栏

状态栏位于窗口的底部,用于显示与当前工作状态相关的各种状态信息。例如,显示"就绪",表明 Excel 正准备接收命令或数据。

9. 工作表标签

用于显示工作表的名称,单击工作表标签可激活相应的工作表。

4.2　创建公司员工信息采集簿

创建如图 4 - 2 所示公司员工信息采集表,需要对员工信息表对管理、编辑等操作。

公司员工信息采集表					
序 号	姓 名	性 别	部 门	身份证号码	上班时间
0009	姜志刚	男	企划部	521604198806186901	2012-2-5
0007	李昌美	女	企划部	532541259962566653	2008-1-7
0008	姚 玲	女	研发部	412568923385662333	2008-9-3
0014	熊雨寒	男	研发部	430587622133365255	2009-10-9
0006	邓小欣	女	研发部	535844879566566666	2010-7-7
0001	唐 瑛	女	行政部	430025869451355755	2011-6-3
0010	杨荣健	男	行政部	325868942122144555	2011-5-9
0004	胡 林	男	财务部	312569875212563335	2007-5-4
0011	林 玲	女	财务部	635294663366699666	2007-3-2
0002	霍枫霞	女	财务部	612565663333335752	2007-3-4
0005	范国毅	男	销售部	430726589875412035	2008-7-2
0012	段业萍	女	销售部	430225566412545669	2008-11-1
0013	郑择意	男	销售部	221589457513587455	2008-5-12
0003	李良慧	女	销售部	225684577123356666	2007-11-5

图 4 – 2　公司员工信息表

4.2.1　工作簿的创建

启动 Excel 2010 时，系统自动建立一个新的工作簿，文件名为"工作簿 1"，用户在保存工作簿时可换成合适的文件名再进行存盘。

要重新创建一个新工作簿，可以单击"文件"选项卡中的"新建"按钮，选择合适的模板，单击"创建"按钮，系统会创建一个名为"工作簿 2"的新工作簿。

4.2.2　选定单元格

1. 选定单个单元格

选取单元格最基本的方法是当鼠标指针变成一个空心十字形状✚时，将它移动到想要选取的单元格上方，然后单击鼠标即可。

2. 选定一行或整列

若想选定一行或整列的单元格，在行号或列号上单击即可。

3. 选取连续的区域

选定一个单元格后拖动鼠标，或者使用 Shift 键结合鼠标的方式选定连续区域。

4. 选取不连续的区域

按下 Ctrl 键，然后单击选取的单元格或者拖动选定相邻的单元格区域。

5. 选取整张工作表

单击工作表左上角的"全选"按钮▄▄，即可选定整张表格。另外，按下 Ctrl + A 快捷键，也可选择整张表格。

4.2.3　在工作表中输入数据

在 Excel 中输入数据时，首先要了解输入数据的类型，不同类型的数据输入方法是不同的。这些类型有：数值、货币、会计专用、日期、时间、分数、科学计数法、文本、特殊、自定义和常规等。

1. 文本的输入

文本是工作表中的文本文字，如"员工姓名"、"公司名称"等，可以包含汉字、英文字母、数字、空格以及其他一些符号。在默认情况下，文本沿单元格左边对齐。

单击要输入文本的单元格，启动相应的输入法即可输入相应的文本。输入的文本会出现在单元格和编辑栏中，并且在编辑栏中出现"取消"按钮⌧和"输入"按钮✓。它们的作用是：

➤ "取消"⌧：单击此按钮将取消此次输入，按 Esc 键与该按钮功能相同。

➤ "确认"✓：单击此按钮确认刚才的输入有效并存入当前的单元格中。

输入完毕后，按 Enter 键，可以存储当前单元格中输入的数据，并使本列下一行的单元格成为活动单元格；按方向键（→、←、↑、↓），存储当前单元格中输入的数据，并使箭头方向的相邻单元格成为活动单元格；单击"√"按钮，存储当前单元格中输入的数据，并使该单元格仍为活动单元格。

输入文本后，如果内容太多而列又太窄，就会出现单元格不能显示全部数据的情况，这时有两种做法：一种是通过调整列宽的方法来使单元格的大小适应其中的文本。移动鼠标到列标分界处，当指针变成双箭头✛形状时，拖动鼠标就可改变相应列宽的大小。另一种方便易行的方法就是在列分界线上双击，这样就可以让 Excel 自动调整列宽以适应单元格内容的大小。

> **提示**：有些数字，如电话号码、邮政编码等需要作为文本处理，否则会被作为数字类型处理，这时只需在输入该数字时前面加一个单撇号"'"，Excel 就会把该数字作为文本处理，使它沿单元格左边对齐。

2. 数值型数据的输入

整数可以直接输入，带小数的数要先把单元格数据类型设为数值，并指定小数位数。单击"开始"选项卡"单元格"组中的"格式"按钮，选择"设置单元格格式"选项，打开"设置单元格格式"对话框，如图 4 – 3 所示设置小数位数。

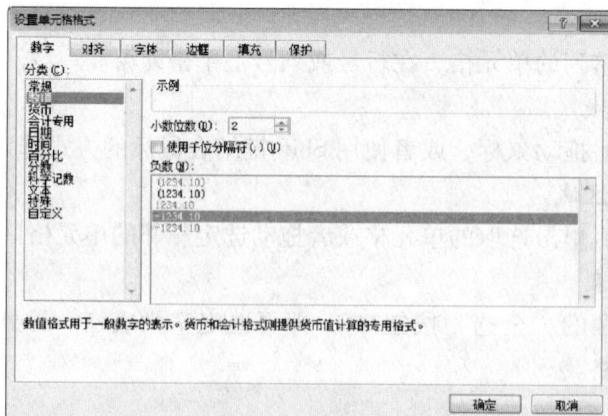

图 4 – 3 "单元格格式"对话框

为避免将输入的分数视作日期，在输入时必须以 0 开头，然后按一下空格键，如输入3/6，必须输入 0 3/6，否则将被视为 3 月 6 日。

对长度超过 11 位数的数字，会自动用科学计数法表示。如 123456789123 会显示为"1.234567+11"。超过 15 位数的数字，超过部分自动转换为 0，不再准确了。

3. 日期、时间的输入

在 Excel 2010 中，用户可以使用多种格式来输入一个日期和时间。如果 Excel 不能识别输入的日期或时间格式，输入的内容将被视作文本，并在单元格中左对齐。例如美国的时间系统，斜线"/"和破折号"-"用作日期分隔符，冒号":"用作时间分隔符。

要输入日期 2011 年 11 月 15 日，可以使用如下的格式输入：

2011-11-15

或者

2011/11/15

要输入时间下午 7 点 30 分，可以使用如下格式：

7:30

或者

7:30 PM

如果要以 12 小时制输入时间，可在时间后加空格并输入"AM"或"A"表示上午，输入"PM"或"P"表示下午。如果是用 24 小时制来表示时间，就不必使用 AM 或 PM。

> 提示：按 Ctrl+；组合键可以快速输入当前日期；按 Ctrl+Shift+；组合键可以快速输入当前时间。

4. 输入技巧

如果相邻单元格中输入的是相同或者按某种规律变化的数据，使用 Excel 的自动填充功能能够实现快速输入。

如果要复制相同的数据到相邻的单元格中，操作方法如下。

方法一：

01 选定已有数据的单元格和需输入相同数据的单元格。

02 单击"开始"→"编辑"→"填充"按钮，弹出如图 4-4 所示的下拉列表框。

03 单击"向下"按钮（快捷键 Ctrl+D），就可以在选中单元格中填入与第一个单元格相同的数据。

方法二：

01 选定已有数据的单元格，拖动该单元格右下角的填充柄。

02 经过要复制数据的单元格中，松开鼠标左键时，原单元格的内容就被复制到选定的单元格中。

图 4-4 "填充"子菜单

当某一行或某一列的数据为有规律的数据时，例如 1、2、3…，1、3、5、7…或 1、3、9、81…，可以使用自动填充功能。操作方法如下：

01 选定要填充区域的第一个单元格并输入数据序列中的初始值。

02 选定要填充的单元格区域，单击"开始"→"编辑"→"填充"→"系列"按钮，打开如图 4-5 所示的"序列"对话框。

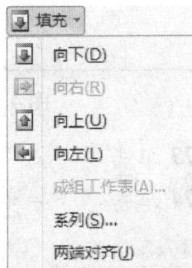

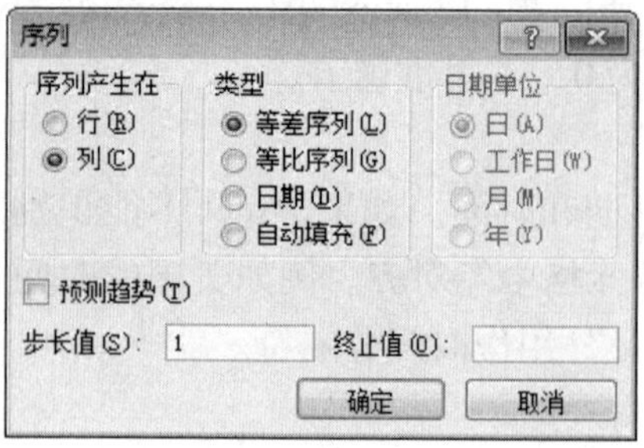

图4-5 "序列"对话框

03 在"序列产生在"栏中选择填充方向，在"类型"栏中选择序列的类型，在"步长值"文本框中输入一个正数或负数作为序列增加或减少的数量。

04 单击"确定"按钮。

填充输入还可以用自动填充方式进行输入。此方式可以快速输入一些特殊的序列，如年份、月份、星期等。

01 首先在单元格中输入数据，然后将鼠标移动到该单元格右下角的控制柄上。

02 当光标变成十字形光标**+**时，按下鼠标并拖动，至目标单元格处松开鼠标，拖曳过的单元格中就自动填入了相应的数据。

5. 导入外部数据

所谓外部数据，是指存储在 Excel 以外的软件财务系统、大型机或数据库等位置的数据。而文本文件是一种可由 Excel 读取的常见文件格式。如何导入文本文件，除了直接以打开文件形式导入文本文件外，还可以用 Excel 的"获取外部数据"工具来导入。

例：有如图4-6所示的 TXT 文件，请将其导入到 Excel 中。

01 单击"数据"选项卡下"获取外部数据"组中的"自文本"选项，打开"导入文本文件"对话框。

02 在该对话框中的"文件类型"下拉列表中选择"文本文件"，然后在查找范围列表中找到要导入的文本文件，如图4-7所示。

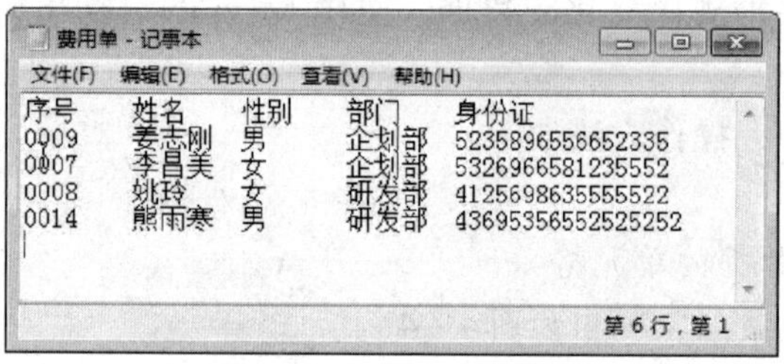

图4-6 文本文件

图4-7 "导入文本文件"对话框

03 单击"导入"按钮，打开如图4-8所示文本导入向导。

04 单击"下一步"按钮，打开如图4-9所示向导2，设置分列数据所包含的分隔符号。

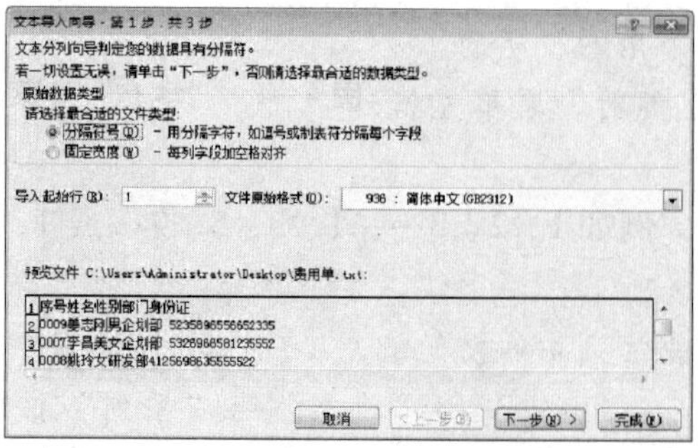

图4-8 文本文件

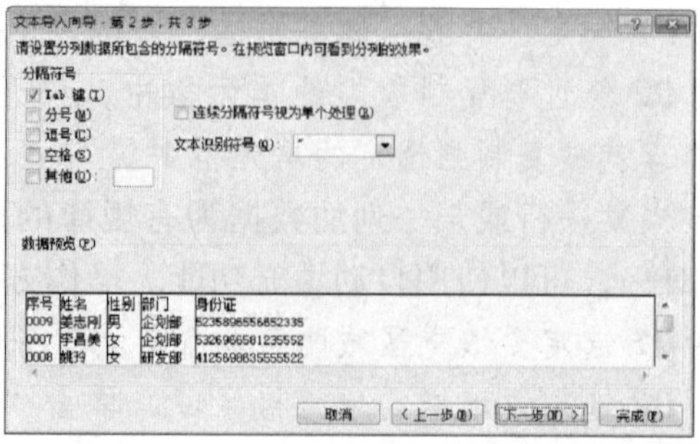

图4-9 "选取数据源"对话框

05 单击"下一步"按钮，打开如图 4 – 10 所示向导 3，设置每列的数据类型。

06 设置完成后，单击"完成"按钮，打开"导入数据"对话框，设置数据的旋转位置，然后单击"确定"按钮，将数据导入到 Excel 中。如图 4 – 11 所示。

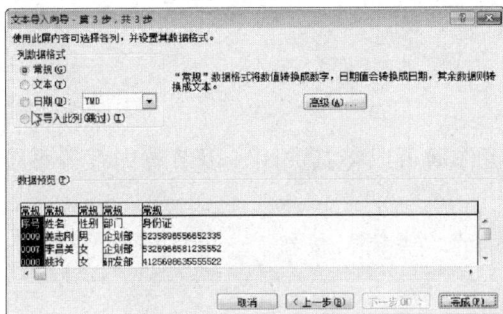

图 4 – 10　设置数据类型

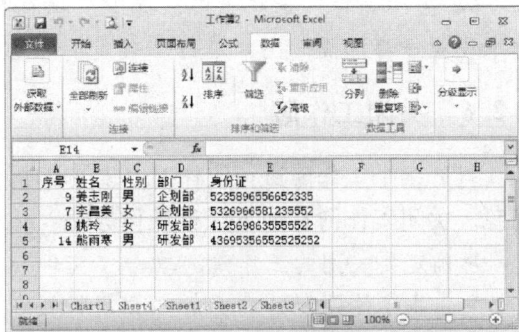

图 4 – 11　将数据导入到 Excel 中

4.2.4　工作簿的打开

要打开一个旧工作簿文件，可以像打开 Word 文档一样，操作步骤如下：

01 单击"文件"→"打开"按钮 [图标] （快捷键为 Ctrl + O），弹出如图 4 – 12 所示"打开"对话框。

02 在该对话框中选择一个或多个 Excel 工作簿，单击"打开"按钮即可。

图 4 – 12　"打开"对话框

4.2.5　保存工作簿

制作好一份电子表格或完成工作簿的编辑工作后，就可以将其保存起来，以备日后修改或编辑使用。用户应该养成在工作中经常存盘的好习惯，每隔一段时间就存盘一次，当突然停电时，就可以把损失降低到最小。

图 4 – 13　"另存为"对话框

1. 第一次保存工作簿

当用户是第一次保存新建的工作簿文件时，单击快速访问工具栏上的"保存"按钮 [图标]，就会打开如图 4 – 13 所示的"另存为"对话框，输入工作簿名称，并指定存储的位置。

> **提示：**若工作簿是最近打开或编辑过的文件，则可在下拉"文件"选项卡下"最近所用文件"列表中找到相应的文件，双击该文件名，即可快速将其打开。

2. 保存已有的文件

单击"文件"→"保存"按钮，Excel 将按原来的路径和文件名存盘。如果想把已经保存过的文件另存为一份时，可以单击"文件"→"另存为"按钮，打开"另存为"对话框，然后按照上面介绍的步骤进行操作即可。

3. 自动保存工作簿

在 Excel 中，可以设置自动保存工作簿的时间间隔，操作方法如下：

01 单击"文件"→"选项"按钮，打开"选项"对话框。

02 在"保存"选项卡中，选中"保存自动恢复信息时间间隔"复选框，在其后的数值框中设置保存间隔时间，单击"确定"按钮即可。

4.2.6 关闭工作簿

打开多个工作簿进行工作时，对于不再使用的工作簿可以将其关闭，以节省内存等系统资源。关闭工作簿有如下几种操作方法：

➤ 确定要关闭的工作簿，单击"文件"选项卡中的"关闭"按钮。

➤ 单击工作簿窗口右上角"关闭"按钮。

➤ 双击当前 Excel 工作窗口左上角的 Excel 程序图标▣。

➤ 按下 Alt + F4 组合键。

> **提示**：如果当前的 Excel 工作窗口中同时打开了多个工作簿，也可以通过以上这些方法来同时关闭所有工作簿。

4.3 美化公司员工信息采集表

4.3.1 编辑工作表

1. 插入单元格、行或列

在往工作表输入数据的过程中，可能会碰到输入数据时漏掉了一个、一行或一列数据的情况，这时就需要在工作表中插入行、列或单元格来追加数据。

◇ **插入单元格**

要插入一个或多个单元格，首先在要插入空单元格的位置选定相应的单元格区域，选定的单元格数量应与待插入的空单元格的数目相同，具体操作步骤如下：

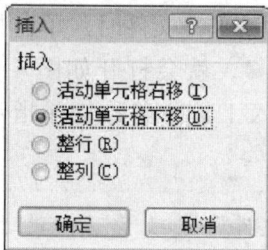

图 4-14 "插入"单元格对话框

01 选择单元格。

02 单击"开始"选项卡下"单元格"组中的"插入"下拉按钮，选择"插入单元格"选项，打开如图 4-14 所示的"插入"对话框，在该对话框中选择相应的插入方式。

03 单击"确定"按钮，这样就在所需的位置插入了单元格。

◇ **插入行、列**

要插入一行或一列，首先选定要插入某行或某列的任意一个单元格，插入的行或列将处在该单元格所在行或列之前，然后在"插入"对话框中选择"整行"或"整列"。

2. 调整列宽和行高

要调整表格的列宽和行高，既可以直接利用鼠标拖动来调整，也可以使用对话框来精确设置行高和列宽。

◇ **用鼠标调整行高与列宽**

01 将鼠标指针移动至行号或列标的边界处。

02 当指针变为双箭头形状 ✛ 或 ✛ 时，按住鼠标左键左右（上下）拖动，即可改变行号（列宽）。

> 提示：双击行号或列号的边界位置可以使表格的行高或列宽自动调整大小以适应单元格中的内容。

◇ **精确设置行高与列宽**

01 选定要调整的行或列，单击"开始"选项卡下"单元格"组中的"格式"按钮，在弹出的下拉列表框中选择"行高"或"列宽"选项，打开如图 4–15 所示的"行高"或图 4–16 所示的"列宽"对话框。

02 输入具体的行高或列宽值，最后单击"确定"按钮即可。

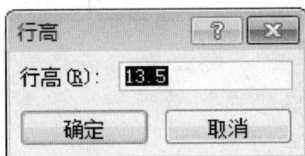

图 4–15　"行高"对话框	图 4–16　"列宽"对话框

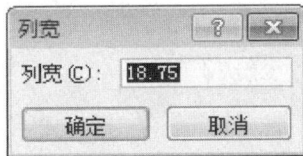

4.3.2　表格的格式设置

Excel 2010 提供了丰富的格式化选项按钮，能够改变数字的显示方式、字符的格式、对齐方式、表格边框和底纹的设置等。

1. 设置数字的格式

在 Excel 中，数字能以多种形式显示在工作表中，如货币样式、百分比样式、千位分隔符样式等，具体的显示方式取决于用户的格式设置。Excel 中的数字格式默认为常规规格，输入的数值将以最大精度显示，较大的数值会以科学计数法显示。为数字设置不同的格式后，其本身的值并不发生改变。

Excel 中常用的数字格式类型如表 4–1 所示。

表 4–1　Excel 2010 的数字类型

类　型	说　明	示　例
常规	默认的数字格式，较大数以科学计数法显示	1234.56
数值	可设置小数位数和添加千位分隔符	1,234.56
货币	可供选择主要货币类型标记	￥123,456
会计专用	可设置小数位数、货币符号，数字显示自动包含千位分隔符	￥　123,456

续表

类　型	说　明	示　例
日期	有十几种可供选择的显示日期的方式	1903 – 5 – 18
时间	有多种可供选择的时间显示方式	1:26 PM
百分比	输入的数据以百分比数的形式显示，可设置小数位数	123456.00%
分数	有多种分数的形式可供选择	1234 5/9
科学记数	以包含指数符号（E）的科学记数形式显示数字	1. E + 05
文本	所输入的内容均作为文本处理	0123456
特殊	如邮件编码、电话号码等	0123456
自定义	允许用户自己定义格式，其中内置了部分自定义格式	

设置数字格式可以通过"格式"工具栏或"单元格格式"对话框进行设置。下面介绍使用"单元格格式"对话框对数字格式进行设置。

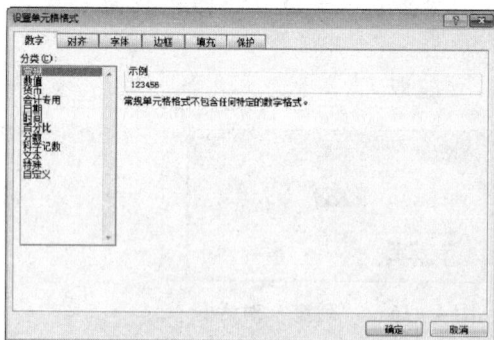

图 4 –17　"数字"选项卡

01 选定需格式化的单元格，单击"开始"选项卡下"单元格"组中的"格式"按钮，在下拉列表中单击"设置单元格格式"按钮，打开"设置单元格格式"对话框，单击"数字"选择卡，如图 4 –17 所示。

02 要设置数字的格式，首先在"分类"列表框中选择一种类型，然后在列表框的右侧进一步设置所需的格式，在"示例"框中可以查看设置的格式效果。

03 单击"确定"按钮完成数字格式的设置。

2. 设置数据的对齐方式

在默认情况下，在水平方向文本沿单元格左边对齐，数字、日期和时间沿单元格右边对齐，垂直方向全部为底端对齐，如图 4 –18 所示。为了使表格看起来更美观，就必须进行相应的设置。

设置单元格对齐方式包括两个方面：一是水平方向的对齐；一是垂直方向的对齐。

➤设置水平方向的对齐：可以直接使用"开始"选项卡下"对齐方式"组中的"左对齐"、"居中对齐"和"右对齐"按钮进行设置。

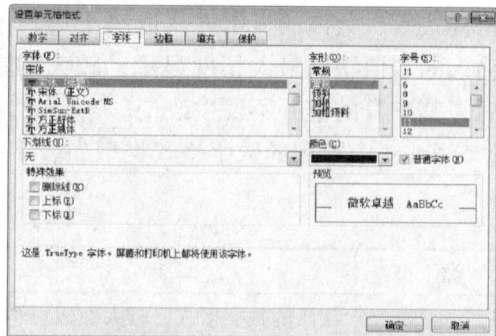

图 4 –18　"对齐"选项卡

➤设置垂直方向的对齐：也可以直接使用"对齐方式"组中的按钮进行。

➤也可以使用"设置单元格格式"对话框设置水平方向和垂直方向的对齐方式。

下面介绍对齐方式和合并单元格的设置方法，具体操作步骤如下：

01 选定 A1:G1 单元格区域，表格标题将在此区域居中对齐，如图 4-19 所示。

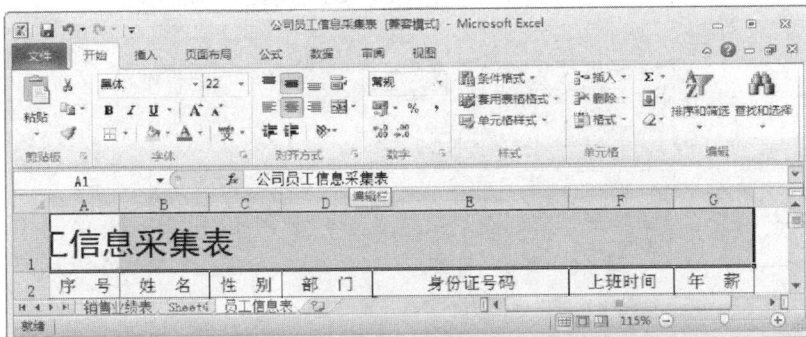

图 4-19 选定要合并区域

02 单击"开始"选项卡下"对齐方式"组中的"合并后居中"按钮，则 Excel 先合并选定的 A1:G1 单元区域，然后将 A1 单元格文本设为居中对齐，如图 4-20 所示。

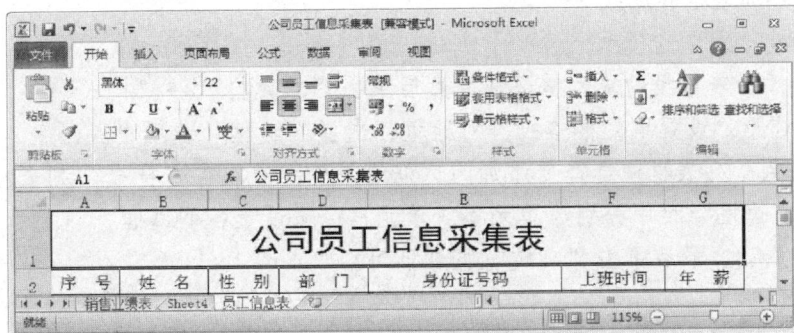

图 4-20 合并及居中

03 设置标题的垂直居中对齐。选定合并后的标题单元格，单击"开始"→"单元格"→"格式"按钮，在下拉列表框中选择"设置单元格格式"选项，打开"设置单元格格式"对话框，选择"对齐"选项卡，如图 4-21 所示。

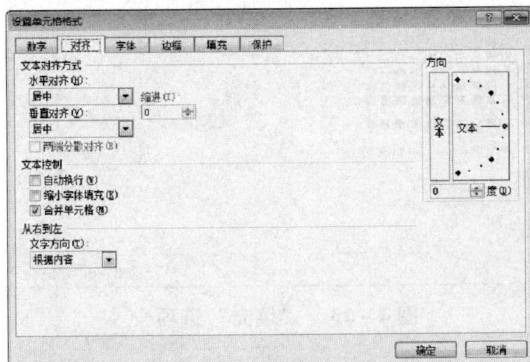

图 4-21 "对齐"选项卡

04 在"垂直对齐"下拉列表框中选择"居中"对齐方式，最后单击"确定"按钮。这样，表格标题就在"行1"垂直方向居中对齐了。

提示： 如果要取消单元格的合并，只要选定合并的单元格，在如图 4-22 所示的对话框中的"对齐"选项卡中，取消选中"合并单元格"复选框即可。

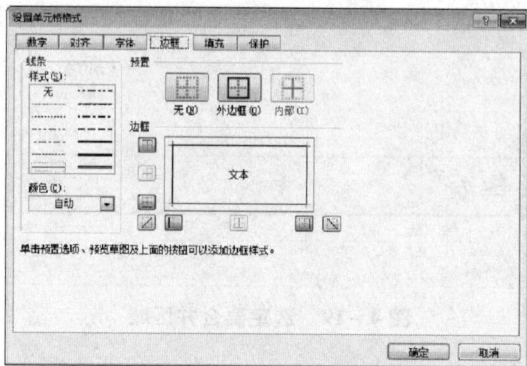

图 4-22　"边框"选项卡

3. 为表格添加边框和底纹

◇添加边框

01 选定要添加表格线的单元格区域，然后单击"单元格"→"格式"→"设置单元格格式"按钮，打开"设置单元格格式"对话框，选择"边框"选项卡。

02 在"颜色"列表框中选择要添加的边框的颜色，然后在"样式"列表框中选择线条的线型，再在"边框"栏中分别为单元格或单元格区域设置各个边框。

03 设置完成后，最后单击"确定"按钮即可。

◇添加底纹

在表格中使用不同的底纹和图案作为背景可以达到美化表格、突出重点的作用。

单击"单元格"→"格式"→"设置单元格格式"按钮，打开"设置单元格格式"对话框，单击"填充"选项卡，如图 4-23 所示，从中也可选择相应的填充颜色。

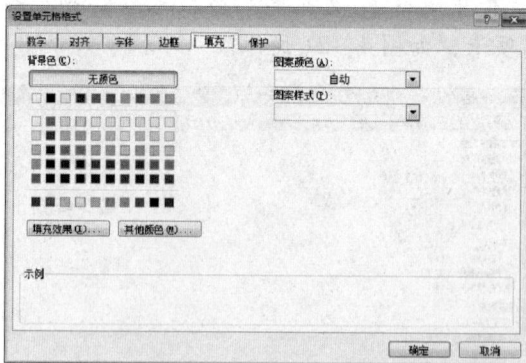

图 4-23　"填充"选项卡

4. 设置单元格的锁定与隐藏

单击"单元格"→"格式"→"设置单元格格式"按钮，打开"设置单元格格式"对话框，在"保护"选项卡中可以设置单元格的锁定与隐藏，如图 4-24 所示。

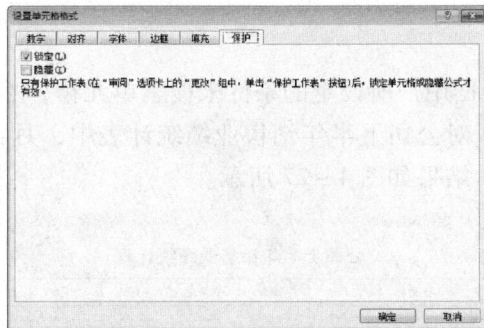

图 4 – 24　"保护"选项卡

5. 自动套用格式

为了快速格式化工作表，Excel 2010 为用户提供了十几种表格格式方案，使用这些格式方案可以非常方便、快速地设置工作表的格式。要使用这些格式方案，具体的操作步骤如下：

01 选取要套用格式的单元格区域。

02 单击"开始"选项卡"样式"组中的"套用表格格式"按钮，弹出"表样式"下拉列表，如图 4 – 25 所示。

03 从列表框中选择需要的表格格式即可，效果如图 4 – 26 所示。

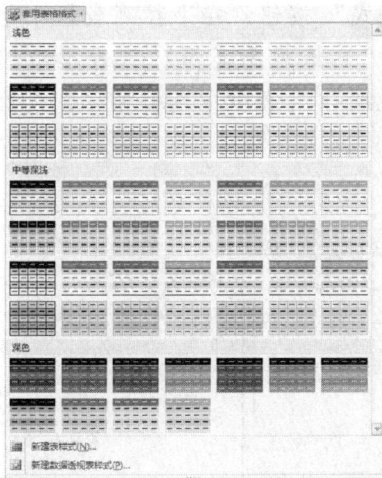

图 4 – 25　"自动套用格式"对话框

图 4 – 26　自动套用格式效果

6. 工作表背景设置

为工作表设置背景，可以使工作表漂亮、生动，操作也非常简单。

01 单击"页面布局"选项卡下"页面设置"组中的"背景"按钮，打开"工作表背景"对话框。

02 在左侧列表框中选择背景图片的位置，然后在图像文件列表中选中所需的图片。

03 单击"插入"按钮。这样，背景图片就应用至工作表中。

4.3.3 条件格式设置

条件格式是使 Excel 根据用户所设定的条件来搜索单元格，然后将指定的格式应用到满足条件的单元格中。例如，对公司上半年销售业绩统计表中，月销售额大于 100000 元的金额用红底黑字的方式显示，结果如图 4-27 所示。

图 4-27 使用条件格式的示例

设置单元格条件格式的具体操作步骤如下：

01 选定要设置条件格式的单元格区域，这里选择 C3:H16 单元格。

02 单击"开始"选项卡下"样式"组中的"条件格式"按钮，在下拉列表框中单击"新建规则"按钮，打开"新建格式规则"对话框。在"选择规则类型"列表框中选择"只为包含以下内容的单元格设置格式"，在"编辑规则说明"列表框中选择条件，设置好格式，如图 4-28 所示。

03 单击"确定"按钮，结果如图 4-27 所示。

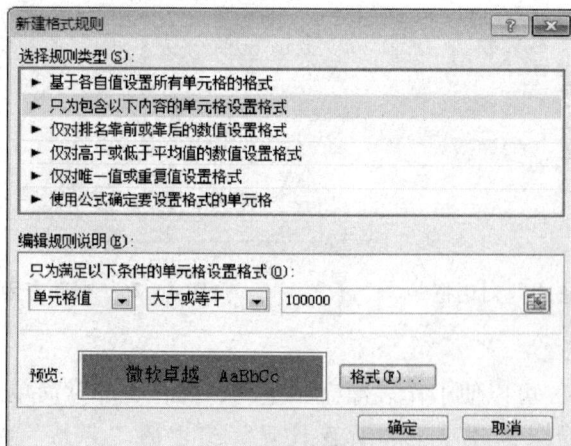

图 4-28 "新建格式规则"对话框

4.3.4 管理工作表

1. 选定工作表

如果想在一个工作表中进行工作，首先应该激活该工作表。

➢选定单个工作表：单击相应的工作表标签。

➢选定多个连续工作表：单击要选定的第一个工作表标签，然后按住 Shift 键单击要选定的最后一个工作表标签。

➢选定多个不连续工作表：单击要选定的第一个工作表标签，然后按住 Ctrl 键单击要选定的其他工作表标签。

另外，用户也可以使用键盘来选定一个工作表，按 Ctrl + PageUp 组合键，激活前一个工作表；按 Ctrl + PageDown 组合键，激活下一个工作表。

2. 重命名工作表

Excel 默认的工作表名称是 Sheet1、Sheet2……，用户也可以更改工作表的名称，操作步骤如下：

01 右击要重命名的工作表标签，在快捷菜单中选择"重命名"命令。

02 这时工作表标签上的名字会以黑色底纹显示，然后输入新的工作表名，按 Enter 键确定即可。

> 提示：也可以直接双击工作表标签，使其黑色底纹显示，然后输入新的工作表名。

3. 插入工作表

在工作簿中插入工作表可以有多种方法，用户可以任选一种：

➢单击"开始"选项卡"单元格"组中"插入"按钮右侧的下拉按钮，在下拉列表框中单击"插入工作表"按钮，即可插入一个工作表。

➢在工作表标签上右击，然后从弹出的快捷菜单中选择"插入"命令，此时会打开"插入"对话框，如图 4 - 29 所示，在此对话框中的列表中双击"工作表"图标即可插入一个新的工作表。

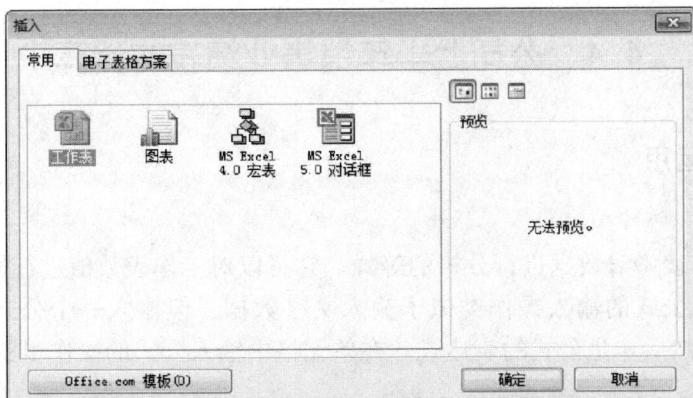

图 4 - 29　"插入"的新工作表

4. 删除工作表

如果要删除某个工作表，可以选择下面的任何一种方法：

➢选定要删除的工作表标签。单击"开始"选项卡下"单元格"组中"删除"按钮右侧的下拉按钮，在下拉列表框中单击"删除工作表"按钮，将出现一个对话框提示"Microsoft Excel 将永久性删除选定的工作表"。单击"确定"按钮，即可删除激活的工作表。

➢右击要删除的工作表标签，在快捷菜单中选择"删除"命令即可。

5. 移动或复制工作表

◇ **使用鼠标操作**

➤ 若要在当前工作簿中移动工作表，可以沿工作表标签行拖动选定的工作表。

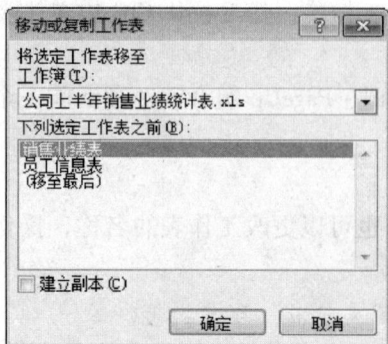

➤ 若要复制工作表，可按住 Ctrl 键拖动工作表，并在目标处释放鼠标按钮。

◇ **使用"移动或复制工作表"对话框操作**

01 右击要移动或复制的工作表标签。

02 在快捷菜单中单击"移动或复制"命令，打开"移动或复制工作表"对话框，如图 4－30 所示。

03 在"工作簿"下拉列表框中选择要粘贴到工作表的工作簿。在"下列选定工作表之前"列表框中，单击要在其前面插入移动或复制的工作表。若要复制而不移动工作表，则选中"建立副本"复选框。

图 4－30　"移动或复制工作表"对话框

04 单击"确定"按钮。

6. 工作表标签颜色管理

在 Excel 2010 中可以对工作标签添加颜色，使工作表管理更方便、直观。

右击工作表标签，在快捷菜单中将鼠标指向"工作表标签颜色"选项，在弹出的列表框中选择颜色，如图 4－31 所示。

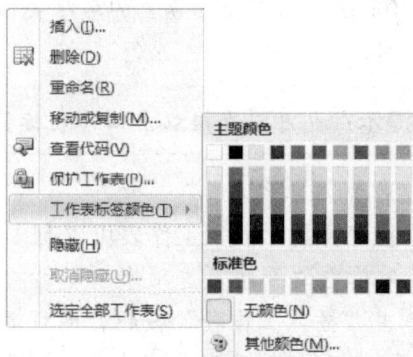

图 4－31　"设置工作表标签颜色"对话框

4.4　公司上半年销售业绩表的计算

4.4.1　公式的运用

1. 公式

公式是在工作表中对数据进行分析的等式。它可以对工作表数值进行加法、减法、乘法以及除法等运算。公式的输入操作类似于输入文字数据，但输入一个公式的时候应以等号（＝）作为开头，然后才是公式的表达式。在单元格中输入公式的操作步骤如下：

01 单击要输入公式的单元格。

02 在单元格中输入一个等号"＝"。

03 输入公式的表达式。

04 输入完毕后，按 Enter 键或者单击编辑栏中的"√"按钮。

其中，表达式由运算符、常量、单元格引用、函数以及括号等组成。

2. 运算符

运算符对公式中的元素进行特定类型的运算。Microsoft Excel 包含四种常用运算符：算术运算符、文本运算符、比较运算符和引用运算符。

◇算术运算符

算术运算符可以完成基本的数学运算，如表4-2所示。

◇文本运算符

在 Excel 中，可以利用文本运算符"&"将文本连接起来，以产生一串文本。

表4-2　算术运算符

算术运算符	功　能	示　例
+	加	10 + 5
−	减	10 − 5
−	负数	− 5
*	乘	10 * 5
/	除	10/5
%	百分号	5%
^	乘方	5^2

◇比较运算符

比较运算符的功能是比较两个数值并产生布尔代数逻辑值：TRUE 或 FALSE。比较运算符如表4-3所示。

表4-3　比较运算符

比较运算符	功　能	示　例
=	等于	A1 = A2
<	小于	A1 < A2
>	大于	A1 > A2
< >	不等于	A1 < > A2
< =	小于等于	A1 < = A2
> =	大于等于	A1 > = A2

◇引用运算符

引用操作符的功能是产生一个引用，它可以产生一个包括两个区域的引用。它有三种运算，如表4-4所示。

表4-4　引用运算符

引用运算符	含　义	示　例
"："冒号运算符	区域运算符，对两个引用之间，包括两个引用在内的矩形区域所有单元格进行引用	B5：B15
" "空格运算符	交叉运算符，表示各单元格区域之间互相重叠的部分。如示例中的结果实际上为"B1 + C1"	SUM（A1：C1 B1：D1）

续表

引用运算符	含 义	示 例
“,”逗号运算符	联合操作符将多个引用合并为一个引用	SUM（B5:B15，D5:D15）

3. 运算符的优先级

运算符具有优先级，如公式“=6+15×3”，Excel在计算时会先计算乘法“15×3”，再计算加法。也可以使用圆括号来改变计算顺序。例如，将公式改为“=（6+15）×3”，则先进行“6+15”的运算，再用运算结果乘以3。

表4-5按照优先级从高到低列出了各运算符。

表4-5 运算符的运算优先级

运 算 符	说 明	运算优先级
–	负号	高 ↓ 低
%	百分号	
^	乘幂	
*、/	乘和除	
+、-	加和减	
&	文本运算符	
=、<、>、>=、<=、<>	比较运算符	

如果公式中包含了相同优先级的运算符，例如公式中同时使用加法和减法运算符，则按照从左到右的原则进行计算。

4. 公式的运用

使用公式计算如图4-32所示的“公司上半年销售业绩统计表”的总销售额和月平均销售额。

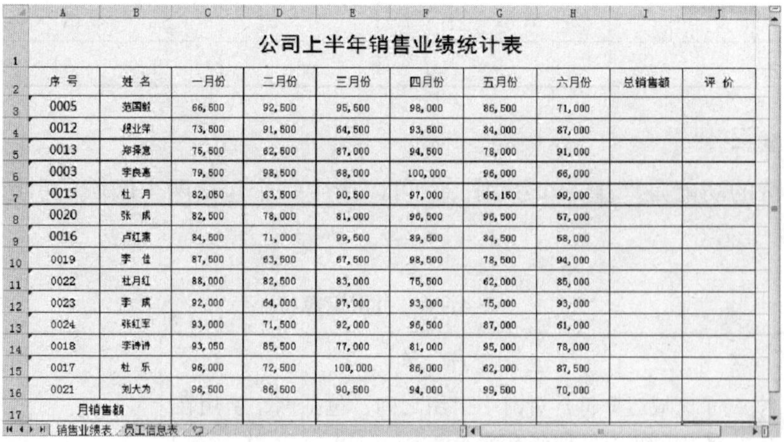

公司上半年销售业绩统计表

序 号	姓 名	一月份	二月份	三月份	四月份	五月份	六月份	总销售额	评 价
0005	范国毅	66,500	92,500	95,500	98,000	86,500	71,000		
0012	殷业萍	73,500	91,500	64,500	93,500	84,000	87,000		
0013	郑泽惠	75,500	62,500	87,000	94,500	78,000	91,000		
0003	李良惠	79,500	98,500	68,000	100,000	96,000	66,000		
0015	杜 月	82,050	63,500	90,500	97,000	65,150	99,000		
0020	张 威	82,500	78,000	81,000	96,500	96,500	57,000		
0016	卢红燕	84,500	71,000	99,500	89,500	84,500	58,000		
0019	李 佳	87,500	63,500	67,500	98,500	78,500	94,000		
0022	杜月红	88,000	82,500	83,000	75,500	62,000	85,000		
0023	李 威	92,000	64,000	97,000	93,000	75,000	93,000		
0024	张红军	93,000	71,500	92,000	96,500	87,000	61,000		
0018	李诗诗	93,050	85,500	77,000	81,000	95,000	78,000		
0017	杜 乐	96,000	72,500	100,000	86,000	62,000	87,500		
0021	刘大为	96,500	86,500	90,500	94,000	99,500	70,000		
月销售额									

图4-32 公司上半年销售业绩统计表

操作步骤：

01 选定 I3 单元格，在编辑栏中输入公式“=C3+D3+E3+F3+G3+H3”，如图 4-33 所示。

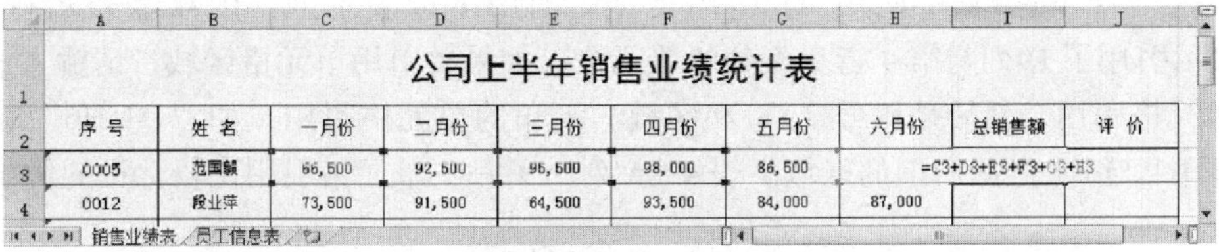

公司上半年销售业绩统计表

序号	姓名	一月份	二月份	三月份	四月份	五月份	六月份	总销售额	评价
0005	范国毅	66,500	92,500	95,500	98,000	86,500	=C3+D3+E3+F3+G3+H3		
0012	段业萍	73,500	91,500	64,500	93,500	84,000	87,000		

图 4-33　输入公式

02 单击√按钮，或按 Enter 键得到总销售额，如图 4-34 所示。

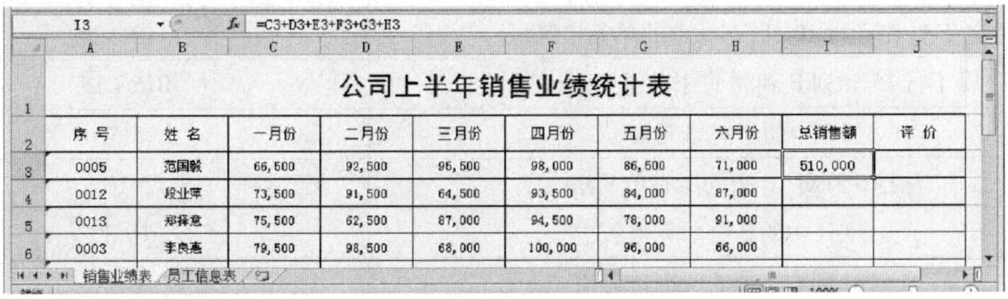

公司上半年销售业绩统计表

序号	姓名	一月份	二月份	三月份	四月份	五月份	六月份	总销售额	评价
0005	范国毅	66,500	92,500	95,500	98,000	86,500	71,000	510,000	
0012	段业萍	73,500	91,500	64,500	93,500	84,000	87,000		
0013	郑择意	75,500	62,500	87,000	94,500	78,000	91,000		
0003	李良惠	79,500	98,500	68,000	100,000	96,000	66,000		

图 4-34　输入公式结果

03 使用填充柄向下填充，得到其他的总销售额。

04 选定 C3:C17 单元格，单击“常用”工个栏上的“求和”按钮，即可得到一月份的月销售额，按此方法继续计算出其他月份的月销售额。

05 在 C18 单元格中输入公式“=C17/14”，得到一月份平均销售额。

06 使用填充柄向右填充，得到其他月份平均销售额。最后计算结果如图 4-35 所示。

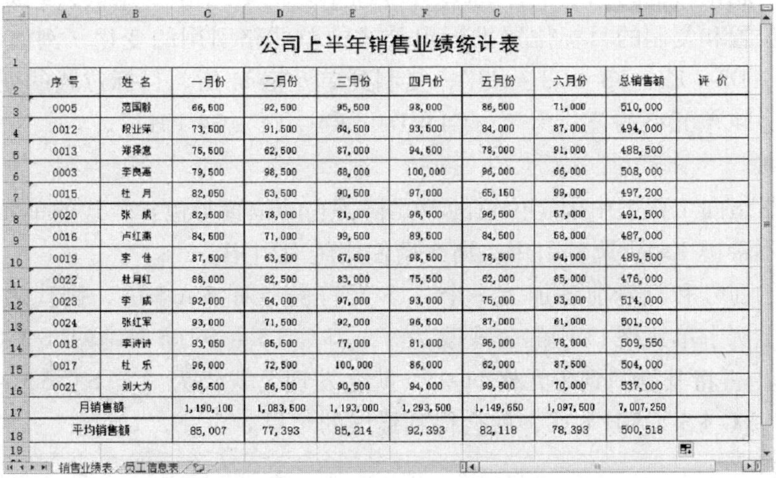

公司上半年销售业绩统计表

序号	姓名	一月份	二月份	三月份	四月份	五月份	六月份	总销售额	评价
0005	范国毅	66,500	92,500	95,500	98,000	86,500	71,000	510,000	
0012	段业萍	73,500	91,500	64,500	93,500	84,000	87,000	494,000	
0013	郑择意	75,500	62,500	87,000	94,500	78,000	91,000	488,500	
0003	李良惠	79,500	98,500	68,000	100,000	96,000	66,000	508,000	
0015	杜 月	82,050	63,500	90,500	97,000	65,150	99,000	497,200	
0020	张 威	82,500	78,000	81,000	96,500	96,500	57,000	491,500	
0016	卢红燕	84,500	71,000	99,500	89,500	84,500	58,000	487,000	
0019	李 佳	87,500	63,500	67,500	98,500	78,500	94,000	489,500	
0022	杜月红	88,000	82,500	83,000	75,500	62,000	85,000	476,000	
0023	李 威	92,000	64,000	97,000	93,000	75,000	93,000	514,000	
0024	张红军	93,000	71,500	92,000	96,500	87,000	61,000	501,000	
0018	李诗诗	93,050	85,500	77,000	81,000	95,000	78,000	509,550	
0017	杜 乐	96,000	72,500	100,000	86,000	62,000	87,500	504,000	
0021	刘大为	96,500	86,500	90,500	94,000	99,500	70,000	537,000	
月销售额		1,190,100	1,083,500	1,193,000	1,293,500	1,149,650	1,097,500	7,007,250	
平均销售额		85,007	77,393	85,214	92,393	82,118	78,393	500,518	

图 4-35　总销售额和平均销售额计算结果

4.4.2　单元格的引用

引用的作用在于标识工作表上的单元格或单元格区域，并指明公式中所使用的数据位置。通过引用，可以在公式中使用工作表不同部分的数据，或者在多个公式中使用同一单元格的数据，还可以引用相同工作簿不同工作表的单元格数据。

在默认情况下，Excel 使用 A1 引用类型，即用字母表示列，用数字表示行。例如，"D4"表示引用了 D 列与第 4 行交叉处的单元格。如果要引用单元格区域，请输入该区域左上角的单元格引用，然后是比号（：）和区域右下角的单元格引用，如"D4：H6"表示引用从单元格 D4 与 H6 之间所围的区域。表 4-6 列出了一些单元格引用比较常见的例子。

表 4-6　单元格引用示例

如果要引用	请使用
在列 A 和行 10 中的单元格	A10
属于列 A 和行 10 到行 20 中的单元格区域	A10：A20
属于行 15 和列 B 到列 E 中的单元格区域	B15：E15
行 5 中的所有单元格	5：5
从行 5 到行 10 中的所有单元格	5：10
列 H 中的所有单元格	H：H
从列 H 到列 J 中的所有单元格	H：J
从 A 列第 10 行到 E 列第 20 行的单元格区域	A10：E20

在 Excel 2010 中有三种引用的方式：相对引用、绝对引用和混合引用。

◇相对引用

相对引用是指向相对于公式所在单元格相应位置的单元格。当该公式被复制到别处时，Excel 能够根据移动的位置调节引用单元格。

在上面计算总销售额的例子中，Excel 并非简单地把单元格 I3 中的公式原样照搬，而是根据公式原来位置和复制的目标位置推算出公式中单元格引用的变化。例如，单元格 I3 的公式为"= C3 + D3 + E3 + F3 + G3 + H3"，复制到单元格 I4 后，目标位置的列号不变，而行号要加 1，因此 I4 单元格的公式为"= C4 + D4 + E4 + F4 + G4 + H4"。

◇绝对引用

绝对引用是指向工作表中固定位置的单元格，它的位置与包含公式的单元格无关。如果在复制公式时不希望 Excel 调整引用，那么请使用绝对引用。

在单元格的列号和行号前各加上一个"$"符号（如 A1），则代表绝对引用单元格。例如，将上例中单元格 I3 中的公式改为"= C3 + D3 + E3 + F3 + G3 + H3"，再将其复制到单元格 I4 中，就会发现公式仍为"= C3 + D3 + E3 + F3 + G3 + H3"，就会得到错误的结果。

◇混合引用

混合引用指的是既包含相对引用又包含绝对引用。例如 $A1。若"$"在字母前，那么列位置是绝对的，行是相对的。反之，若"$"在数字前，那么行位置是绝对的，列是相对的。

提示：如果想要引用其他工作表中的单元格，例如要引用工作表 Sheet3 的单元格 D4，可在公式中输入“Sheet3！D4”，即用感叹号“！”将工作表引用和单元格引用分开。如果工作表已经命名，只需使用工作表名字再加上单元格引用即可。

使用如图 4－36 所示的“公司上半年销售业绩统计表”的数据，要求分别使用相对引用、绝对引用和混合引用计算总销售额。

公司上半年销售业绩统计表

序号	姓名	一月份	二月份	三月份	四月份	五月份	六月份	总销售额
0005	范国毅	66,500	92,500	95,500	98,000	86,500	71,000	
0012	段业萍	73,500	91,500	64,500	93,500	84,000	87,000	
0013	郑择意	75,500	62,500	87,000	94,500	78,000	91,000	
0003	李良惠	79,500	98,500	68,000	100,000	96,000	66,000	
0015	杜 月	82,050	63,500	90,500	97,000	65,150	99,000	

销售业绩表 / 员工信息表

图 4－36　上半年销售业绩统计表

01 相对引用：在 I3 单元格中输入公式“＝C3＋D3＋E3＋F3＋G3＋H3”，使用填充柄后的结果如图 4－37 所示。

公司上半年销售业绩统计表

序号	姓名	一月份	二月份	三月份	四月份	五月份	六月份	总销售额
0005	范国毅	66,500	92,500	95,500	98,000	86,500	71,000	510,000
0012	段业萍	73,500	91,500	64,500	93,500	84,000	87,000	494,000
0013	郑择意	75,500	62,500	87,000	94,500	78,000	91,000	488,500
0003	李良惠	79,500	98,500	68,000	100,000	96,000	66,000	508,000
0015	杜 月	82,050	63,500	90,500	97,000	65,150	99,000	497,200

销售业绩表 / 员工信息表

图 4－37　相对引用结果

02 绝对引用：在 I3 单元格中输入公式“＝C3＋D3＋E3＋F3＋G3＋H3”，使用填充柄后的结果如图 4－38 所示。

公司上半年销售业绩统计表

序号	姓名	一月份	二月份	三月份	四月份	五月份	六月份	总销售额
0005	范国毅	66,500	92,500	95,500	98,000	86,500	71,000	510,000
0012	段业萍	73,500	91,500	64,500	93,500	84,000	87,000	510,000
0013	郑择意	75,500	62,500	87,000	94,500	78,000	91,000	510,000
0003	李良惠	79,500	98,500	68,000	100,000	96,000	66,000	510,000
0015	杜 月	82,050	63,500	90,500	97,000	65,150	99,000	510,000

销售业绩表 / 员工信息表

图 4－38　绝对引用结果

03 混合引用：在 I3 单元格中输入公式“＝C3＋D3＋E3＋F3＋G3＋H3”，使用填充柄后的结果如图 4－39 所示。

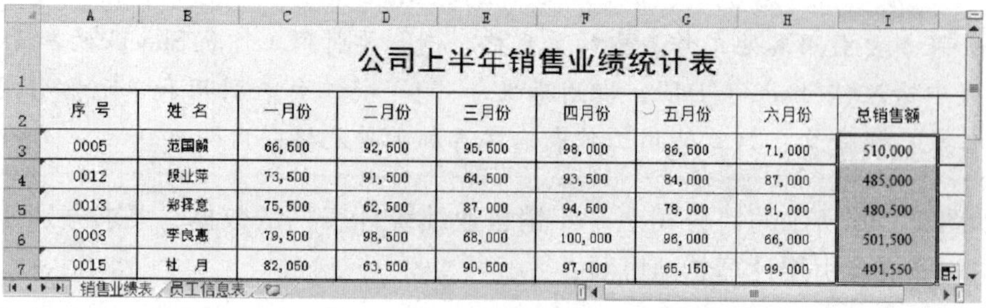

	A	B	C	D	E	F	G	H	I
1	公司上半年销售业绩统计表								
2	序 号	姓 名	一月份	二月份	三月份	四月份	五月份	六月份	总销售额
3	0005	范国毅	66,500	92,500	95,500	98,000	86,500	71,000	510,000
4	0012	段业萍	73,500	91,500	64,500	93,500	84,000	87,000	485,000
5	0013	郑择意	75,500	62,500	87,000	94,500	78,000	91,000	480,500
6	0003	李良惠	79,500	98,500	68,000	100,000	96,000	66,000	501,500
7	0015	杜 月	82,050	63,500	90,500	97,000	65,150	99,000	491,550

图 4－39　混合引用结果

4.4.3　函数的使用

函数是一些预定义的公式，它们将一些称为参数的数值按特定的顺序或结构进行计算。例如，SUM 函数对单元格或单元格区域进行加法运算，PMT 函数在给定的利率、贷款期限和本金数额基础上计算偿还金额。函数处理数据的方式与公式处理数据的方式是相同的，函数通过引用参数接收数据，并返回结果。大多数情况下返回的是计算的结果，也可以返回文本、引用、逻辑值、数值或者工作表信息。

参数可以是数字、文本、逻辑值、数组、错误值或者单元格引用。给定的参数必须能产生有效的值。参数也可以是常量、公式或其他函数。

函数的语法以函数名称开始，后面是左圆括号、以逗号隔开的参数和右圆括号，如果函数以公式的形式出现，应在函数名称前面输入等号“＝”。

1. 函数的输入

如果要在工作表中使用函数，首先要输入函数。函数的输入可以采用手工输入或使用函数向导的方向来输入。

如果用户对某些常用函数及其语法比较熟悉，可以直接在单元格中输入公式。如使用前面介绍的“公司上半年销售业绩统计表”为例，计算表中总销售额的方法：在 I3 单元格中输入公式“＝SUM（C3:H3）”，按 Enter 键即可得到结果。

2. 常用函数

Excel 提供了 300 多个功能强大的函数，共分为财务、数字与三角、统计、日期与时间、数据库、逻辑、文本等十多个类别。在这些函数中，有些是要经常使用的，表 4－7 所示介绍几个常用的函数。

表 4－7　常用函数与数学和三角函数

函　数	功　能	使用格式
SUM	求和	SUM（number1，number2，…）
AVERAGE	求平均值	AVERAGE（number1，number2，…）
COUNT	计算个数	COUNT（value1，value2，…）
IF	判断真假值	IF（logical_test，value_if_true，value_if_false）
MAX	求最大值	MAX（number1，number2，…）
MIN	求最小值	MIN（number1，number2，…）

函　数	功　能	使用格式
ABS	求绝对值	ABS（number）
INT	取整	INT（number）
SQRT	求平方根	SQRT（number）

使用函数计算如图 4－32 所示的"公司上半年销售业绩统计表"的总销售额和月平均销售额。

操作步骤：

01 选定 I3 单元格，单击"公式"选项卡下"插入函数"按钮，打开"函数"对话框，选择"SUM"函数，如图 4－40 所示。

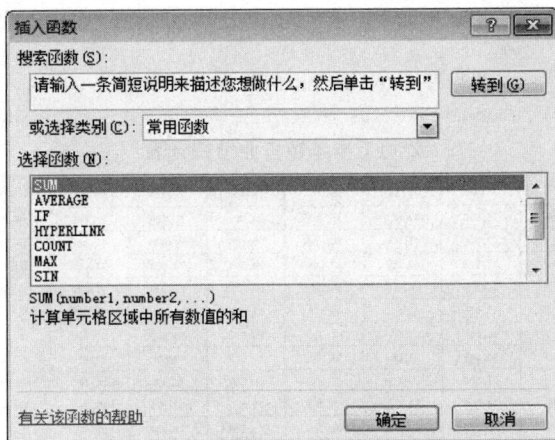

图 4－40　"插入函数"对话框

02 单击"确定"按钮，打开"函数参数"对话框，在"number1"文本框中已经出现了引用区域"C3:H3"（也可以自己选择引用区域），如图 4－41 所示。

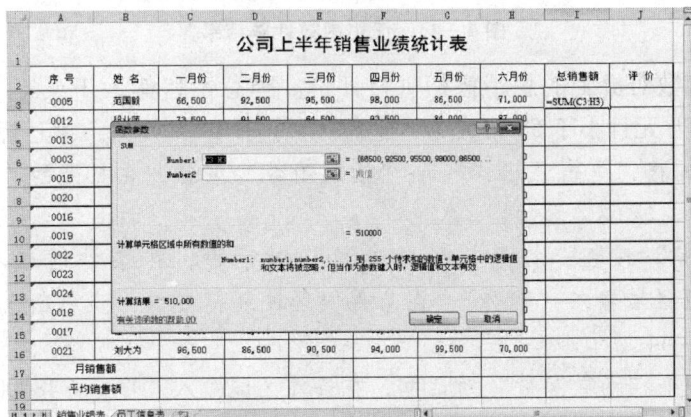

图 4－41　选定引用区域

03 单击"确定"按钮，即可得到第一个员工的总销售额。

04 使用同样的操作方法在 C18 单元格中插入 AVERAGE 函数，设置引用区域为"C3:C16"，如图 4－42 所示。

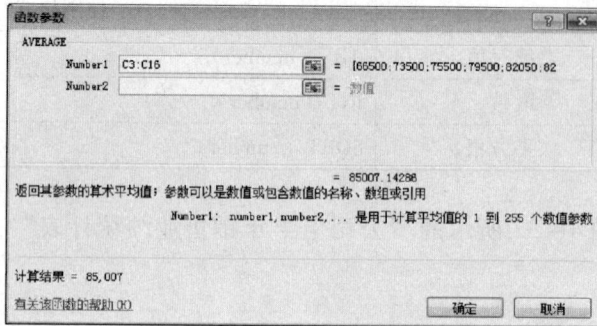

图 4－42　选定引用区域

05 单击“确定”按钮，即可得到一月份的平均销售额。

06 使用填充柄分别对总销售额向下填充和平均销额向右填充，得到计算结果如图 4－43 所示。

公司上半年销售业绩统计表

序 号	姓 名	一月份	二月份	三月份	四月份	五月份	六月份	总销售额	评 价
0005	范国毅	66,500	92,500	95,500	98,000	86,500	71,000	510,000	
0012	殷业萍	73,500	91,500	64,500	93,500	84,000	87,000	494,000	
0013	郑择意	75,500	62,500	87,000	94,500	78,000	91,000	488,500	
0003	李良惠	79,500	98,500	68,000	100,000	96,000	66,000	508,000	
0015	杜 月	82,050	63,500	90,500	97,000	65,150	99,000	497,200	
0020	张 成	82,500	78,000	81,000	96,500	96,500	57,000	491,500	
0016	卢红燕	84,500	71,000	99,500	89,500	84,500	58,000	487,000	
0019	李 佳	87,500	63,500	67,500	98,500	78,500	94,000	489,500	
0022	杜月红	88,000	82,500	83,000	75,500	62,000	85,000	476,000	
0023	李 成	92,000	64,000	97,000	93,000	75,000	93,000	514,000	
0024	张红军	93,000	71,500	92,000	96,500	87,000	61,000	501,000	
0018	李诗诗	93,050	85,500	77,000	81,000	95,000	78,000	509,550	
0017	杜 乐	96,000	72,500	100,000	86,000	62,000	87,500	504,000	
0021	刘大为	96,500	86,500	90,500	94,000	99,500	70,000	537,000	
平均销售额		85,007	77,393	85,214	92,393	82,118	78,393		

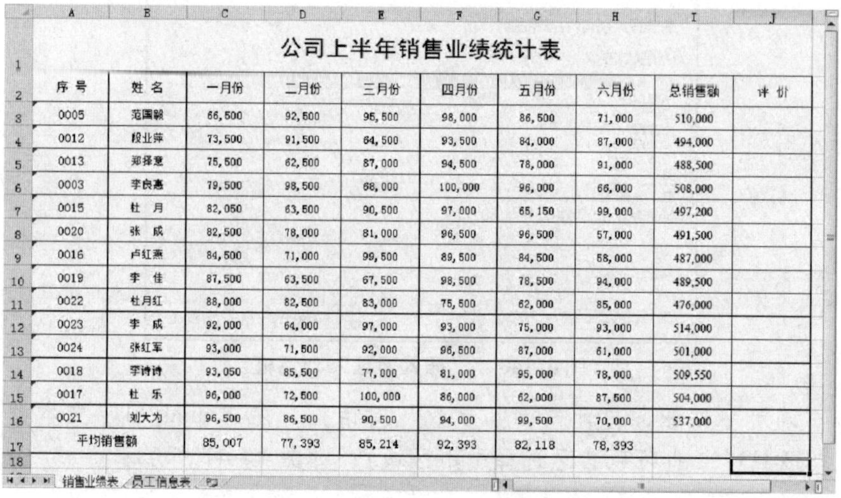

图 4－43　使用函数计算结果

使用 IF（）函数对员工的总销售额进行评价。当总销售额大于或等于 52 万元为“优秀”，大于等于 48 万元且小于 52 万元为“达标”，小于 48 万元为“未达标”。

01 选定 J3 单元格，单击“公式”→“插入函数”按钮，在打开的“插入函数”对话框中选择 IF 函数。

02 单击“确定”按钮，打开“函数参数”对话框，在条件区域中输入“I3 > = 520000”，在条件真区域输入“优秀”，在条件假区域还需要进一步判断，单击名称框的 IF 函数，设置如图 4－44 所示。

03 进入到下一个“函数参数”对话框，在条件区域输入“I3 > =480000”，在条件真区域输入“达标”，在条件假区域输入“未达标”，如图 4－45 所示。

04 单击“确定”按钮，得到第一个员工的总销售额评价，使用填充柄向下填充得到其他员工的总销售额评价，如图 4－46 所示。

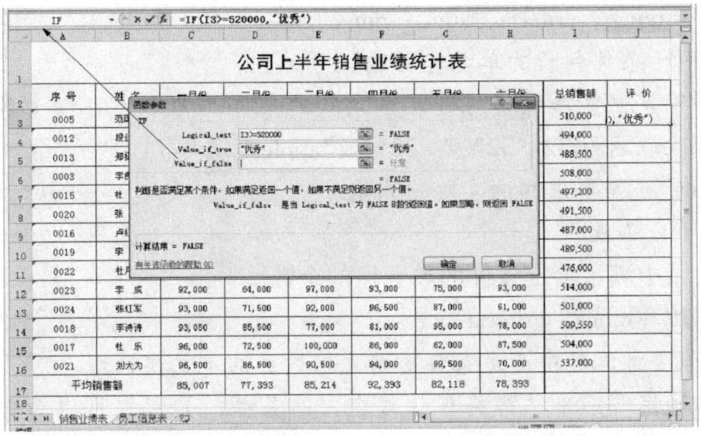

图 4-44　第一个“函数参数”对话框

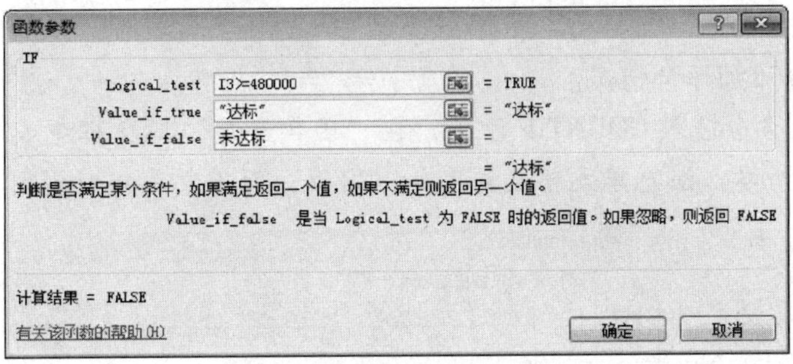

图 4-45　第二个“函数参数”对话框

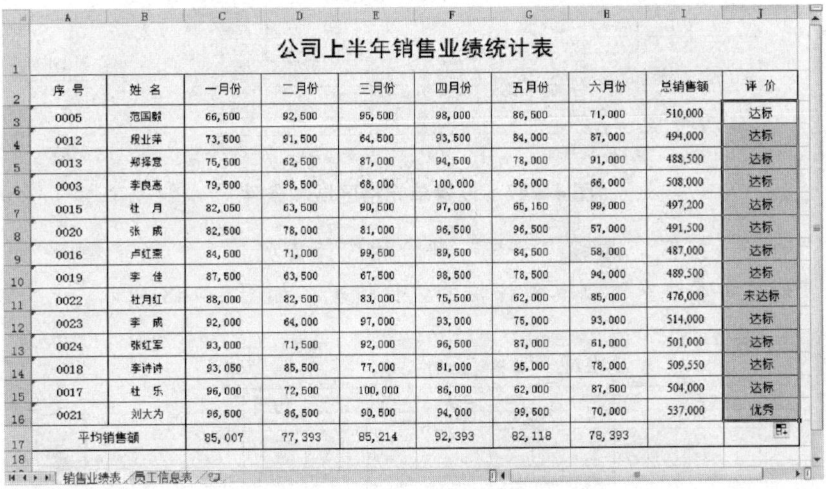

公司上半年销售业绩统计表

序号	姓名	一月份	二月份	三月份	四月份	五月份	六月份	总销售额	评价
0005	范国毅	66,500	92,500	95,500	98,000	86,500	71,000	510,000	达标
0012	殷业萍	73,500	91,500	64,500	93,500	84,000	87,000	494,000	达标
0013	郑择意	75,500	62,500	87,000	94,500	78,000	91,000	488,500	达标
0003	李良惠	79,500	98,500	68,000	100,000	96,000	66,000	508,000	达标
0015	杜　月	82,050	63,500	90,500	97,000	65,150	99,000	497,200	达标
0020	张　威	82,500	78,000	81,000	96,500	96,500	57,000	491,500	达标
0016	卢红燕	84,500	71,000	99,500	89,500	84,500	58,000	487,000	达标
0019	李　佳	87,500	63,500	67,500	98,500	78,500	94,000	489,500	达标
0022	杜月红	88,000	82,500	83,000	75,500	62,000	85,000	476,000	未达标
0023	李　威	92,000	64,000	97,000	93,000	75,000	93,000	514,000	达标
0024	张红军	93,000	71,500	92,000	96,500	87,000	61,000	501,000	达标
0018	李诗诗	93,050	85,500	77,000	81,000	95,000	78,000	509,550	达标
0017	杜　乐	96,000	72,500	100,000	86,000	62,000	87,500	504,000	达标
0021	刘大为	96,500	86,500	90,500	94,000	99,500	70,000	537,000	优秀
平均销售额		85,007	77,393	85,214	92,393	82,118	78,393		

图 4-46　条件函数判断结果

3. 其他函数

Excel 还提供了大量的数学和三角函数、统计函数、查询函数等，利用这些函数，我们可以创建各种各样的汇总计算公式。

◇**SUMIF（）函数**

功能：对满足条件的单元格求和。

第4章 电子表格

语法：SUMIF（range，criteria，sum __range）

➢ Range：为用于条件判断的单元格区域。

➢ Criteria：为确定哪些单元格将被相加求和的条件，其形式可以为数字、表达式或文本。例如，条件可以表示为 32、"32"、">32" 或"apples"。

➢ Sum __range：是需要求和的实际单元格。

◇**COUNTIF（）函数**

功能：计算区域中满足给定条件的单元格的个数。

语法：COUNTIF（range，criteria）

➢ Range：为需要计算其中满足条件的单元格数目的单元格区域。

➢ Criteria：为确定哪些单元格将被计算在内的条件，其形式可以为数字、表达式或文本。例如，条件可以表示为 32、"32"、">32" 或"apples"。

例：使用 COUNTIF 函数对销售业绩表中员工的评价进行统计。

操作步骤如下：

01 在表格右边添加评价情况。

02 在 M3 单元格中插入 COUNTIF 函数，在"函数参数"对话框中设置单元格的区域和条件，如图 4－47 所示。注意单元格区域为绝对引用，而条件为相对引用。

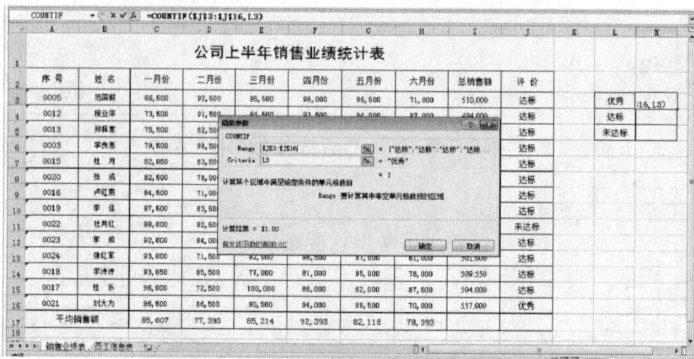

图 4－47 设置单元格区域和条件

03 单击"确定"按钮，得到"优秀"评价的统计情况。

04 使用填充柄向下填充得到其他评价的统计情况，如图 4－48 所示。

图 4－48 统计评价结果

◇**COUNTA**（）*函数*

功能：计算参数列表所包含的数值个数以及非空单元格的数目。

语法：COUNTA（value1，value2，…）

◇**RANK**（）*函数*

功能：返回一个数字在数字列表中的排位。

语法：RANK（number，ref，order）

➤ Number：为需要找到排位的数字。

➤ Ref：为数字列表数组或对数字列表的引用。Ref 中的非数值型参数将被忽略。

➤ Order：为一数字，指明排位的方式。

◇**PERCENTRANK**（）*函数*

功能：返回特定数值在一个数据集中的百分比排位。

语法：PERCENTRANK（array，x，significance）

➤ Array：为定义相对位置的数组或数字区域。

➤ X：为数组中需要得到其排位的值。

➤ Significance：为可选项，表示返回的百分数值的有效位数。如果省略，函数 PER-CENTRANK 保留 3 位小数。

◇**HLOOKUP**（）*函数*

功能：在表格或数值数组的首行查找指定的数值，并由此返回表格或数组当前列中指定行处的数值。当比较值位于数据表的首行，并且要查找下面给定行中的数据时，请使用函数 HLOOKUP。当比较值位于要查找的数据左边的一列时，请使用函数 VLOOKUP。

HLOOKUP 中的 H 代表"行"。

语法：HLOOKUP（lookup_value，table_array，row_index_num，range_lookup）

➤ Lookup_value：为需要在数据表第一行中进行查找的数值。Lookup_value 可以为数值、引用或文本字符串。

➤ Table_array：为需要在其中查找数据的数据表。可以使用对区域或区域名称的引用。

➤ Row_index_num：为 table_array 中待返回的匹配值的行序号。row_index_num 为 1 时，返回 table_array 第一行的数值；row_index_num 为 2 时，返回 table_array 第二行的数值，以此类推。如果 row_index_num 小于 1，函数 HLOOKUP 返回错误值 #VALUE!；如果 row_index_num 大于 table-array 的行数，函数 HLOOKUP 返回错误值 #REF!。

➤ Range_lookup：为一逻辑值，指明函数 HLOOKUP 查找时是精确匹配，还是近似匹配。如果为 TRUE 或省略，则返回近似匹配值。也就是说，如果找不到精确匹配值，则返回小于 lookup_value 的最大数值。如果 range_value 为 FALSE，函数 HLOOKUP 将查找精确匹配值，如果找不到，则返回错误值 #N/A!。

◇**VLOOKUP**（）*函数*

功能：在表格或数值数组的首列查找指定的数值，并由此返回表格或数组当前行中指定列处的数值。当比较值位于数据表首列时，可以使用函数 VLOOKUP 代替函数 HLOOKUP。在 VLOOKUP 中的 V 代表垂直。

语法：VLOOKUP（lookup_value，table_array，col_index_num，range_lookup）

➤ Lookup_value：为需要在数组第一列中查找的数值。Lookup_value 可以为数值、引用或文本字符串。

➢ Table __array：为需要在其中查找数据的数据表。可以使用对区域或区域名称的引用，例如数据库或列表。

➢ Col __index __num：为 table __array 中待返回的匹配值的列序号。Col __index __num 为 1 时，返回 table __array 第一列中的数值；col __index __num 为 2，返回 table __array 第二列中的数值，以此类推。如果 col __index __num 小于 1，函数 VLOOKUP 返回错误值 #VALUE！；如果 col __index __num 大于 table __array 的列数，函数 VLOOKUP 返回错误值 #REF！。

➢ Range __lookup：为一逻辑值，指明函数 VLOOKUP 返回时是精确匹配还是近似匹配。如果为 TRUE 或省略，则返回近似匹配值，也就是说，如果找不到精确匹配值，则返回小于 lookup __value 的最大数值；如果 range __value 为 FALSE，函数 VLOOKUP 将返回精确匹配值。如果找不到，则返回错误值 #N/A。

4.5　员工信息采集表的数据管理

Excel 2010 作为一个优秀的电子表格系统，提供了强大的数据库管理功能。它可以将工作表中的数据清单，按数据库的方式进行工作，如执行查询、排序、筛选和汇总数据等数据库操作，从而为数据的分析和管理提供方便。

通常对公司日常费用表进行排序、筛选、分类汇总等数据处理和分析操作，掌握 Excel 的数据管理功能，并能使用数据透视表对数据进行分析。

4.5.1　创建数据列表

数据清单是包含相关数据的一系列工作表数据行。数据清单中的列作为数据库中的字段，标题行作为数据库的字段名称，数据清单中的每一行对应数据库中的一个记录。

在输入数据时，我们应该遵循如下输入数据的规则。

➢每张工作表仅使用一个数据清单。

➢避免在数据清单中放置空行和空列，且同一列中的数据类型要相同。

➢使清单独立。在工作表的数据清单与其他数据间至少留出一个空列和一个空行。

➢将关键数据置于清单的顶部或底部。

➢在修改数据清单之前，请确保隐藏的行或列也被显示。

➢请在清单的第一行中创建列标题，并将单元格设置为文本格式。

➢如果要将标志和其他数据分开，请使用单元格边框（而不是空格或短划线）在标题行下插入直线。

➢不要在前面或后面输入空格。单元格开头和末尾的多余空格会影响排序与搜索。

单击数据列表区域中任意一个单元格，依次按下 Alt 键、D 键和 O 键，打开"数据列表"对话框，在该对话框中可以完成以下操作。

输入记录：单击"新建"按钮，可以添加一条新记录。

删除记录：单击"删除"按钮，可以删除当前显示的记录。

修改记录：可直接在当前显示的记录文本框中进行修改。

查看记录：单击"上一条"、"下一条"按钮可以前后查看记录。

条件查找：单击"条件"按钮，在打开的空白记录单中输入查找条件，然后单击"上一条"或"下一条"按钮，即显示满足条件的记录。

4.5.2 数据的排序

排序是管理数据的基本操作，就是将数据表中的一列或多列数据的大小重新排列记录的顺序。这里的一列或多列是指排序的关键字段，排序分为升序（递增）和降序（递减）两种。

1. 只有一个关键字段的排序

如果只按一个关键字段进行排序，首先选定这一列的任一单元格，然后单击"数据"选项卡中"升序"按钮 ↓ 或"降序"按钮 ↓，Excel 会以活动单元格所在的数据列为标准，按照从低到高的顺序对数据清单进行排序。

2. 多个关键字段的排序

如果排序的字段出现相同项（此字段为主关键字段），这时就需要使用 Excel 的多级排序来指定另一字段（此字段为次关键字段）排序，依次类推，还有第三关键字段。

下面以"公司上半年销售业绩统计表"为例，介绍排序的使用方法。排序要求：对第一关键字"总销售额"进行降序，第二关键字"姓名"升序排序。

操作步骤：

01 选择表格中的任一单元格，单击"数据"→"排序"按钮，打开"排序"对话框。

02 在该对话框中设置如图 4-49 所示参数。

03 单击"确定"按钮，得到如图 4-50 所示排序结果。

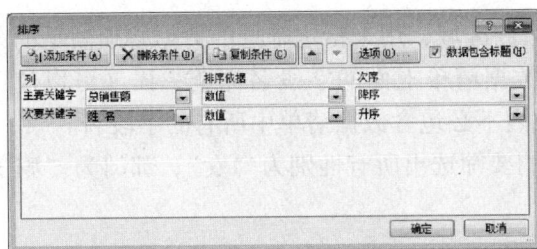

图 4-49 "排序"对话框

图 4-50 排序结果

4.5.3 数据的筛选

所谓"筛选"是指从工作表中选出满足条件的记录，这是查找数据一种比较常见的方式。筛选的结果为显示满足条件的行，该条件可由用户根据某列进行指定。Excel 提供了两种筛选清单的方式：

➤ 筛选，包括按选定内容筛选，适用于条件比较简单的情况。

➤ 高级筛选，适用于条件比较复杂的情况。

与排序不同，筛选并不重排清单。筛选只是暂时隐藏不满足条件的行。对于得到的筛选结果，可对其进行编辑、设置格式、制作图表和打印，而不必重新排列或移动。

1. 筛选

下面以"公司员工信息采集表"为例，介绍自动筛选的使用方法。筛选条件是：部门为"销售部"的员工名单。具体操作步骤如下：

01 选定要筛选的数据清单中的任意一个单元格。

02 单击"数据"选项卡中的"筛选"按钮，此时在工作表中的每个字段名旁边出现一个自动筛选下拉箭头 ▾ 。

03 单击"部门"字段名右侧的自动筛选下拉箭头 ▾ ，从下拉列表中选择"销售部"选项，结果如图4-51所示。

图4-51 筛选结果

如果要退出筛选，可以单击"数据"选项卡下"排序和筛选"组中的"清除"按钮 清除 即可清除前面的复选标记。

2. 高级筛选

高级筛选可像筛选一样筛选区域，但不显示列的下拉列表，而是在区域上方单独的条件区域中输入筛选。当筛选的条件较为复杂时，使用高级筛选更为方便。

◇**建立条件区域**

在使用高级筛选之前，首先需要建立一个条件区域，用来指定筛选的数据必须满足的条件。在条件区域的首行中包含的字段名必须与数据清单上面的字段名完全一样（可以使用复制、粘贴方法，以免输入错误），但条件区域内不必包含数据清单中所有的字段名。

继续以"公司员工信息采集表"为例，我们要筛选出所有性别为"女"，部门为"财务部"的数据。

操作步骤如下：

01 首先建立条件区域，然后单击"数据"选项卡中的"高级"按钮，打开"高级筛选"对话框，设置如图4-52所示列表区域和条件区域。

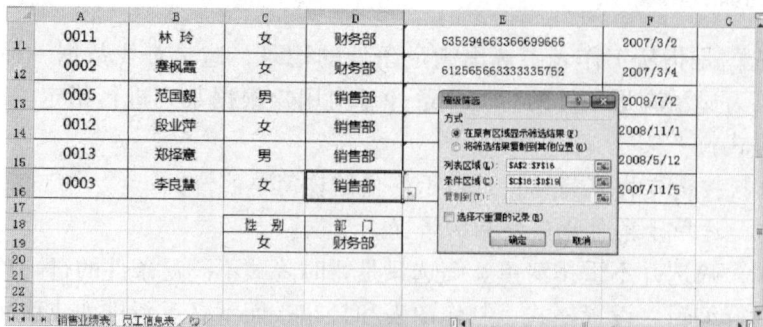

图4-52 条件区域及"高级筛选"对话框

02 单击“确定”按钮，得到如图 4－53 所示结果。

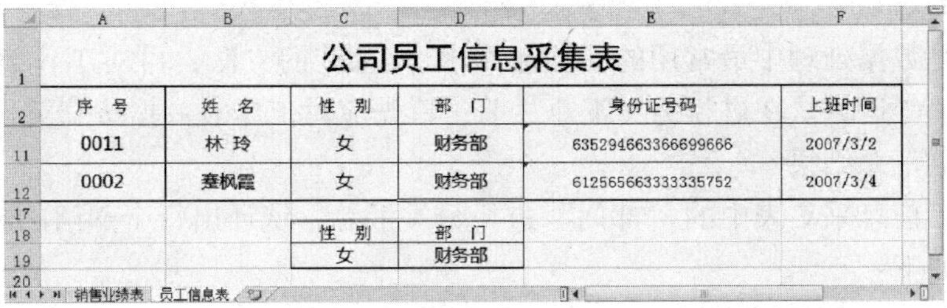

公司员工信息采集表

序号	姓名	性别	部门	身份证号码	上班时间
0011	林玲	女	财务部	635294663366699666	2007/3/2
0002	蹇枫霞	女	财务部	612565663333335752	2007/3/4

性别	部门
女	财务部

图 4－53　高级筛选结果

提示：若要将筛选结果复制到其他位置，只需要在“高级筛选”对话框中选中“将筛选结果复制到其他位置”，然后在“复制到”文本框中输入单元格引用即可。

◎使用多重筛选条件

在使用高级筛选时，可以在条件区域的同一行中输入多重条件，条件之间是“与”的关系。一个记录必须同时满足全部的条件才会显示在筛选结果中。图 4－54 为一个条件“与”的筛选结果。

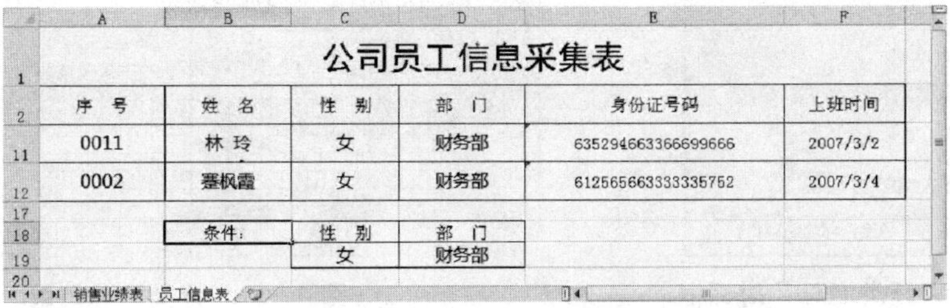

公司员工信息采集表

序号	姓名	性别	部门	身份证号码	上班时间
0011	林玲	女	财务部	635294663366699666	2007/3/2
0002	蹇枫霞	女	财务部	612565663333335752	2007/3/4

条件：	性别	部门
	女	财务部

图 4－54　条件“与”筛选结果

如果建立“或”关系的筛选条件区域，则必须将条件放在不同的行中。这时，一个记录只要满足其中之一，即可显示出来。图 4－55 为一个条件“或”的筛选结果。

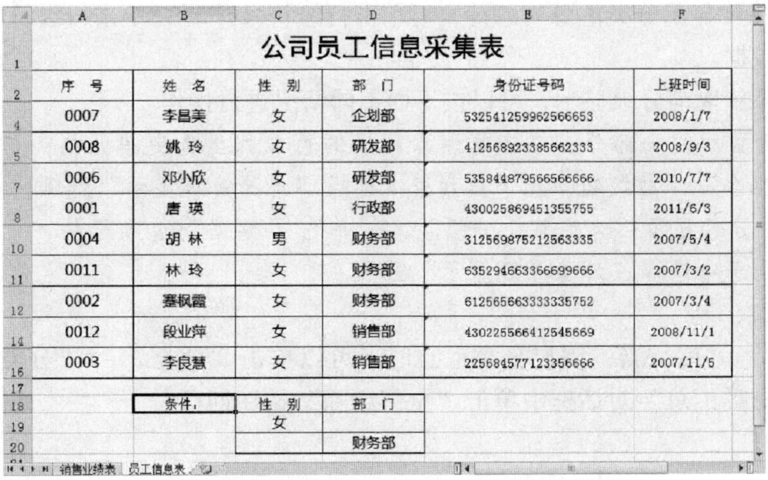

公司员工信息采集表

序号	姓名	性别	部门	身份证号码	上班时间
0007	李昌美	女	企划部	532541259962566653	2008/1/7
0008	姚玲	女	研发部	412568923385662333	2008/9/3
0006	邓小欣	女	研发部	535844879566566666	2010/7/7
0001	唐瑛	女	行政部	430025869451355755	2011/6/3
0004	胡林	男	财务部	312569875212563335	2007/5/4
0011	林玲	女	财务部	635294663366699666	2007/3/2
0002	蹇枫霞	女	财务部	612565663333335752	2007/3/4
0012	段业萍	女	销售部	430225566412545669	2008/11/1
0003	李良慧	女	销售部	225684577123356666	2007/11/5

条件：	性别	部门
	女	
		财务部

图 4－55　条件“或”筛选结果

4.5.4 数据分类汇总

分类汇总是数据处理中最常用的一种计算小计/总计的方法，可对工作表中的数据进行求和、求平均值等运算。在进行分类汇总之前，首先应对工作表数据按分类进行排序，否则将得不到正确的汇总结果。

下面对员工信息采集表中的"部门"进行分类汇总，统计出每个部门的总年薪。

操作步骤如下：

01 对需要分类汇总的字段进行排序。选定"部门"列中的任意一个单元格，单击"常用"工具栏中的"升序"按钮 ↓↑。

02 将选定表中任意一单元格，单击"数据"选项卡下的"分类汇总"按钮，打开"分类汇总"对话框，设置如图4-56所示参数。

03 单击"确定"按钮，得到如图4-57所示分类汇总结果。

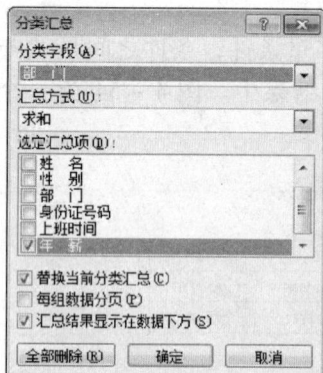

图4-56 "分类汇总"对话框

图4-57 分类汇总结果

1. 分级显示汇总数据

从图4-57中可以看到，在对数据清单进行分类汇总之后，在行标题的左侧出现了分级显示符号，可用于显示或隐藏某些明细数据。如果只显示"总计"和列标题，可单击行级符号"1"；如果要显示分类汇总与总计，可单击行级符号"2"；单击行级符号"3"时，将显示所有明细数据。

如果用户希望取消分级显示，可以按下面不同情况进行操作。

➢ 删除分级显示的一部分：应在想删除的级的行或列里选定单元格，单击"数据"选项卡的"取消组合"下拉按钮，在下拉列表中选择"清除分级显示"选项。

➢ 删除整个分级显示：选定整个分级显示，单击"数据"选项卡的"取消组合"下拉按钮，在下拉列表中选择"清除分级显示"选项。

2. 删除分类汇总

"分类汇总"之后，当不需要分类汇总时，可以单击"数据"→"分类汇总"按钮撤消，然后在"分类汇总"对话框中单击"全部删除"按钮即可。

4.6 创建公司销售业绩图表

"图表"是一种体现数据大小和变化趋势的图形表现形式。使用图表表达数据信息可以使数据更具可视性，它可以将数据之间的差异和复杂而抽象的变化趋势清楚地展现在人们面前，以帮助用户做出最佳的决策。Excel 2010 提供了强大的图表功能，能将工作表数据建成各种图表，使我们能够一目了然地对数据进行分析。

4.6.1 建立图表

Excel 2010 可以创建两种形式的图表。一种是嵌入式图表，一种是图表工作表。如果创建的是嵌入式图表，那么创建的图表将被插入到现有工作表页面中，即在一个工作表中同时显示图表及其相关的数据；而图表工作表是工作簿中具有特定工作表名称的独立工作表，当要独立于工作表数据查看或编辑大而复杂的图表时，或希望节省工作表上的屏幕空间时，就可以使用图表工作表。

无论采用何种方式，图表都会链接到工作表上的源数据，这就意味着当更新工作表数据时，同时也会更新图表。

1. 常见图表类型

Excel 2010 提供了 11 种图表类型模板，每一种图表类型又分为几种子图表类型，拥有多种二维图表类型和三维类型供用户选择使用，常见的图表有柱状图、饼图、折线图、散点图等。

➢ 柱形图：用柱形的高低来表示数值的大小。

➢ 折线图：它用来表示数据的连续性，适合表现数据的变化趋势。

➢ 饼　图：用于显示各组成部分之间的大小比例关系。

2. 创建图表

根据"公司上半年销售业绩统计表"，创建员工柱状图来观察比较员工的总销售额。

01 选定要创建图表的数据区域，如图 4-58（左）所示。如果是选定不连续的单元格区域，可先按住 Ctrl 键再用鼠标选择。

02 单击"插入"选项卡中的"柱形图"按钮，或者单击"插入"→"图表"组右下角的对话框启动器按钮，打开"插入图表"对话框，在"图表类型"列表框中选择"柱形图"，如图 4-58（右）所示。

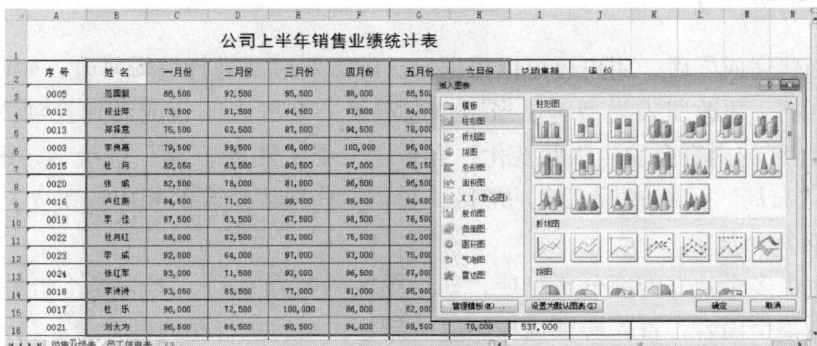

图 4-58 选定数据区域及"图表类型"对话框

03 单击"确定"按钮，在工作表中插入柱形图。选中图表，单击"设计"选项卡中的"选择数据"按钮，打开"选择数据源"对话框。在"图表数据区域"框中选择需要创建图表的数据，如图4-59所示。

04 单击对话框右侧"水平（分类）轴标签"下的"编辑"按钮，打开"轴标签"对话框，选择轴标签区域，最后单击"确定"按钮关闭对话框，为横坐标设置文字标签，如图4-60所示。在"布局"选项卡中可以设置图表标题、坐标轴、网格线、图例等。

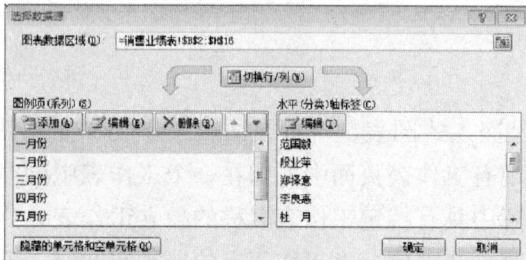

图4-59 "选择数据源"对话框

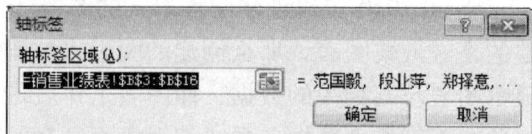

图4-60 "轴标签"对话框

05 设置完成后，单击"确定"按钮，在工作表中插入如图4-61所示图表。

06 一般情况下，图表是以对象方式嵌入在工作表中的，要移动图表可以单击"设计"选项卡中的"移动图表"按钮，打开如图4-62所示的"移动图表"对话框。选择"新工作表"选项，单击"确定"按钮，关闭对话框。此时，即可新建一个名为"Chart1"的图表工作表，并将图表移动到Chart1中。

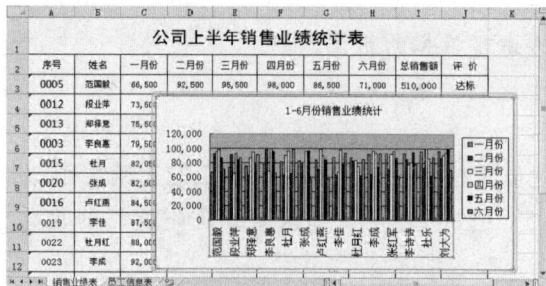

图4-61 在工作表中嵌入的图表

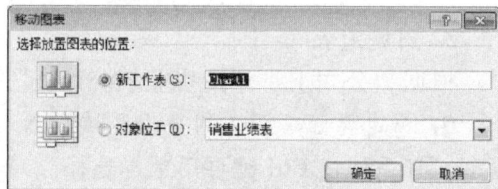

图4-62 "移动图表"对话框

4.6.2 修改图表

图表在创建完成之后，用户还可以根据自己的需要对其进行编辑修改，如调整图表的大小、添加源数据、更改图表类型等。当用户选定了一个嵌入图表或者切换到图表工作表中时，Excel功能区的内容会发生一些变化，会新增一个"图表工具"选项卡，该选项卡下包含"设计"、"布局"、"格式"三个功能区，提供一些图表修改的相应按钮。

1. 图表区域的选定

一个图表由多个独立的部分所组成，如绘图区、数据系列、图例等，如图4-63所示。要修改其中的某个内容，首先必须选择相应的部分，然后执行相应的命令。当用鼠标右击不同的对象时，弹出的快捷菜单也会各不相同。

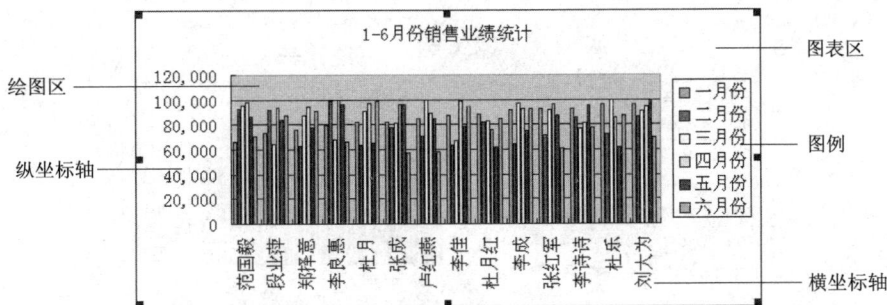

图 4 – 63　图表的各个组成部分

单击图表区中的空白区域，在图表的边框内会出现 8 个控制点，表明图表区已被选定。选定图表区后，拖动鼠标可以移动整个图表。

另外，用户也可单击"布局"选项卡中的按钮选择需修改的图表元素。

2. 调整图表的位置和大小

嵌入到工作表中的图表，就像插入的自选图形一样浮于文字的上方，单击选定图表后，图表的四周将出现八个黑色的控点，此时在图表上按住鼠标左键拖动即可改变图表的位置（鼠标指针会变成✥箭头形状）。

若需改变图表的大小，移动鼠标指针至图表四周的任一控点上，当指针变成双箭头时，拖动鼠标，直至图表变成满意的大小为止，然后松开鼠标即可。

3. 添加或删除图表数据

在 Excel 2010 中，任何方式创建的图表都会自动链接到工作表中的源数据，如果改变与图表有关的单元格数据，程序就会自动更新图表。当然，用户也可以通过向工作表中加入更多的数据系列或数据来更新图表内容。

使用下面的任何一种方法都可以添加图表数据：

➤ 如果用户正在编辑的是嵌入式图表，那么可以在工作表中选定想要添加的数据单元格区域，然后将其拖到嵌入图表中，该区域数据即被添加至图表中。

➤ 在选定图表之后，单击"设计"选项卡中的"选择数据"按钮，打开"选择数据源"对话框，再单击"添加"按钮，打开"编辑数据系列"对话框，完成添加数据系列任务。

➤ 先在工作表中选定要增加的图表数据区域，单击"开始"选项卡中的"复制"按钮（快捷键 Ctrl + C），然后单击选择图表，并单击"开始"选项卡中的"粘贴"按钮（快捷键 Ctrl + V）即可。

➤ 单击选中图表，然后在图表中右击，在快捷菜单中选择"选择数据"命令，如图 4 – 64 所示，打开"选择数据"对话框，从中添加或改变图表源数据即可。

➤ 要删除图表的数据系列，首先在图表中单击选定该数据系列，然后按 Delete 键即可。

4. 修改图表类型

选定图表区，单击"设计"选项卡中的"更改图表类型"按钮，或右键单击图表，在快捷菜单中单击"更改图表类型"命令，都可以打开"更改图表类型"对话框，选择一种合适的图表类型，单击"确定"按钮即可。

选择最合适的图表类型将使用户的数据更清晰、更有力，同时能够表达更多信息。Excel 2010 提供了多种图表类型及其用于选择和预览它们的简单方法。

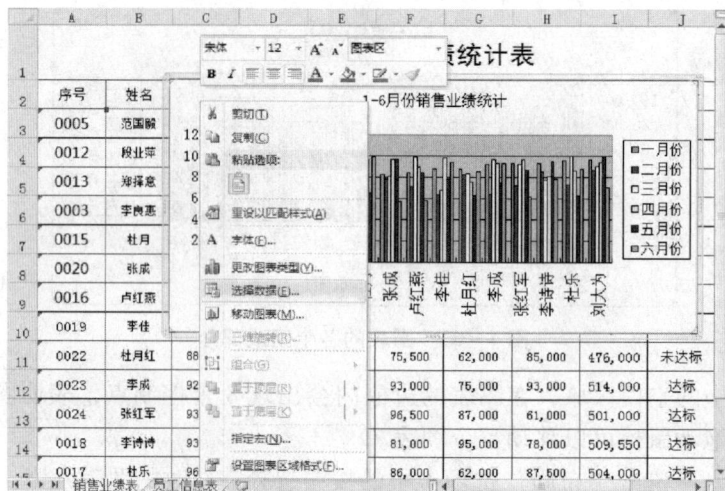

图 4-64　添加图表数据

以"公司上半年销售业绩统计表"为例，创建不同的图表来分析表中的数据。

◇**簇状柱形图**

比较相交于类别轴上的数值大小。如图 4-65 所示，显示了销售人员在过去六个月中各月之间的比较结果。

◇**百分比堆积柱形图**

用于比较相交于类别轴上的第一数值所占总数值的百分比大小。如果希望比较每个销售人员在总销售量中所占的比例，而不仅仅是比较销售额，那就需要创建百分比堆积柱形图，可以强调相同数据的不同方面，如图 4-66 所示。

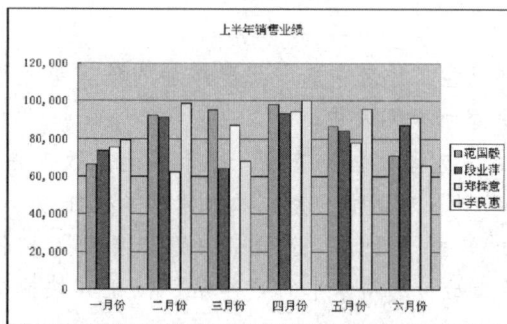

图 4-65　簇状柱形图

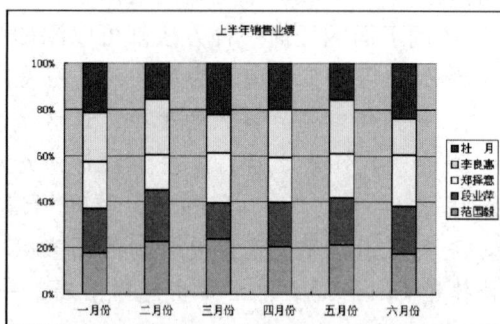

图 4-66　堆积柱形图

◇**三维饼图**

用于比较一个问题的各个部分。如果用户只需要了解大致情况，那么可以创建一个饼图。饼图只适合于显示一组数值内部的比较，以及显示各个组成部分在总体中所占的比例。若要显示每月销售数量在季度中所点的比例，则它将是理想的图表类型。

在图 4-67 所示中，可以清楚地看到每个月份所占销售总额的百分比情况，很直观，更改容易理解。

◇**数据点折线图**

用于比较一段时间里的数值。适合显示一段时间里的变化和走向图表类型，通过这种方式显示每个月的销售数量，可以生动地对销售人员的业绩进行比较。折线图如图4－68所示。

折线图适合于显示销售量、收入和利润等商业数据在一段时间内的走向。如果希望在图表底部显示日期，请使用折线图，以使历史发展情况一目了然。折线图通常只有一组数据，显示在垂直坐标轴上。

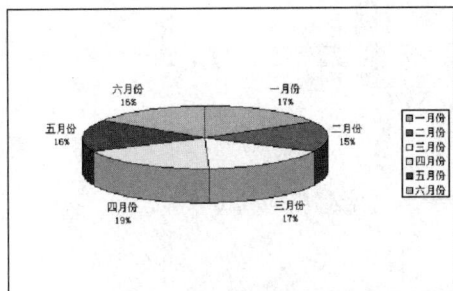

图4－67　三维饼图

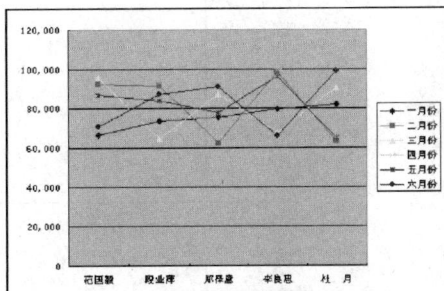

图4－68　堆积柱形图

4.6.3　创建公司员工信息采集数据透视表

数据透视表是用于快速汇总大量数据的交互式表格。用户可以旋转其行或列以查看对源数据的不同汇总结果，还可以通过显示不同的页来筛选数据。

要创建数据透视表，首先确定需要了解的信息。

如在"公司员工信息采集表"中，我们想知道各个部门的男、女员工人数。

操作步骤如下：

01 在数据清单中选定任意一个单元格。

02 单击"插入"选项卡中的"数据透视表"按钮，如图4－69所示。

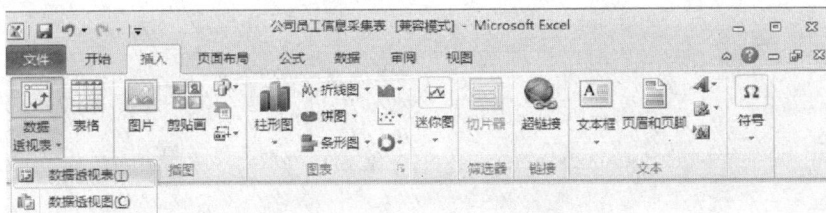

图4－69　插入"数据透视表"

03 打开"创建数据透视表"对话框，在此对话框中选择数据来源及放置透视表的位置，如图4－70所示。

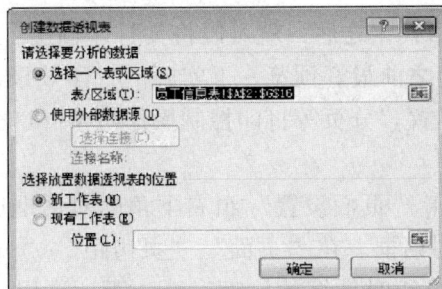

图4－70　"步骤2"对话框

04 选择"新工作表"选项，单击"确定"按钮，即可进入一个包含了"数据透视表"工具栏的新工作表，如图4－71所示。

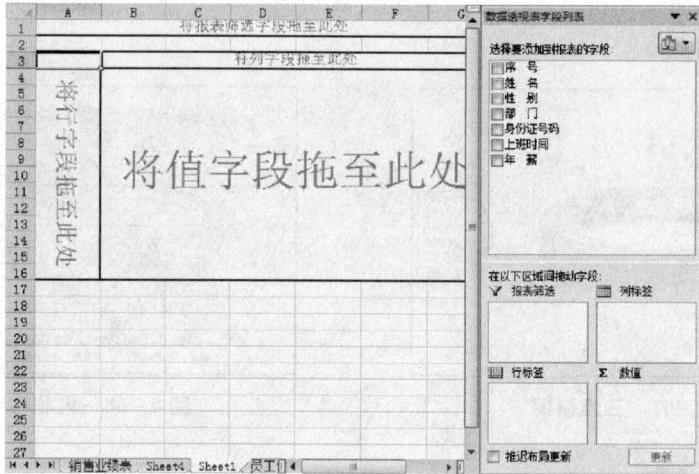

图4－71 数据透视表结构和"数据透视表字段列表"

05 从数据透视表字段列表中拖动"部门"字段至"将行字段拖至此处"区域，将"性别"字段分别拖至"将列字段拖至此处"和"将值字段拖至此处"区域，创建得到的数据透视表如图4－72所示。

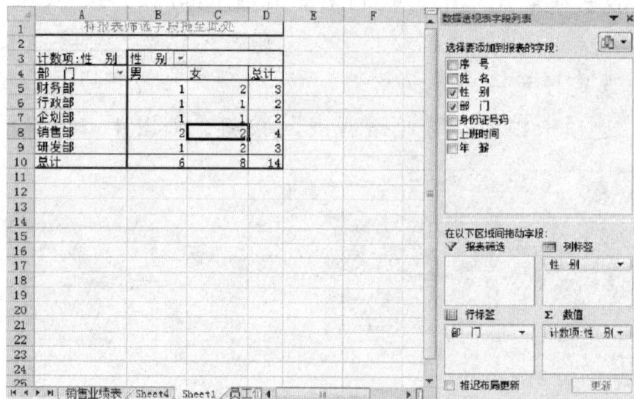

图4－72 数据透视表

4.6.4 打印工作表

工作表和图表在编辑、格式化之后，就可以将其打印输出了。Excel 2010的打印操作与Word 2010基本相同，在打印之前最好预览一下实际的打印效果，以节约纸张和时间。但由于Excel的特殊性，其页面设置、分页等打印控制操作与Word略有区别。

1. 页面设置

单击"页面布局"选项卡"页面设置"组右下角的对话框启动器按钮，即可打开如图4－73所示的"页面设置"对话框。在"页面"、"页边距"、"页眉/页脚"这三个选项卡中可以设置页面的纸张大小、打印时的缩放比例、页边距、页眉、页脚等内容。这些设置与

Word 2010 基本相同，这里就不再一一讲解。在如图 4－74 所示"工作表"选项卡中，可以设置如下内容。

➢ 打印区域：输入或者单击其右侧的 按钮从工作表中选择要打印的单元格区域。

➢ 打印标题：输入或在工作表中选择每页需要重复打印的表头（顶端标题或左侧标题）。

➢ 打印：可以选择是否打印网格线、行号列标、单色打印、按草稿方式或批注等内容。

➢ 打印顺序：决定是按"先列后行"还是按"先行后列"的顺序打印多页的表格。

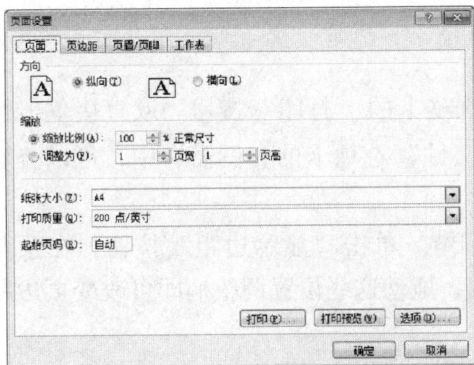

图 4－73　"页面设置"对话框　　　　图 4－74　"工作表"选项卡

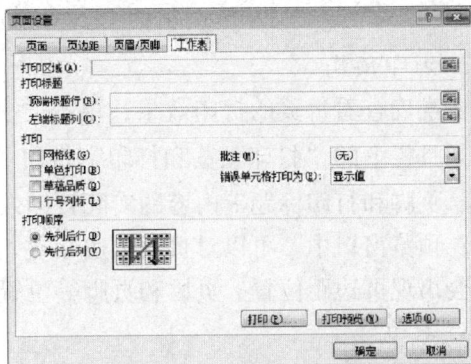

2. 分页控制

如果需要打印的工作表内容不止一页，Excel 会自动根据所设置的纸张大小、页边距等内容将工作表分成多页进行打印。另外，用户也可以通过插入水平分页符和垂直分页符来改变分页符的位置，以及通过分页预览视图来调整分页。

◎ 插入分页符

如果要插入水平分页符，首先单击选择新起页（分页符下面的内容将另起一页）第一行的行号，然后单击"页面布局"选项卡的"分隔符"按钮，在下拉列表中单击"插入分页符"按钮，即可在所选行前面插入水平分页符（一条虚线）。

如果要插入垂直分页符，首先单击选择新起页第一列的列标，然后选择"页面布局"选项卡中"分隔符"下拉列表中的"插入分页符"选项，即可在所选列前面插入垂直分页符。

如果单击工作表中间的某个单元格，然后单击"插入分页符"按钮，将同时插入水平分页符和垂直分页符于单元格的上方和左侧。

◎ 分页预览视图

"分页预览"视图使得分页符的操作变得更加容易。单击"视图"→"分页预览"按钮，即可进入"分页预览"视图。

在分页预览视图中，分页符用蓝色线条表示，并且每页均有第 n 页的水印，表示单元格区域所处的页面。

如果要改变分页符的位置，移动鼠标至蓝色线条处，当鼠标指针变为双向箭头后，拖动鼠标至目标位置，即可在新位置进行分页。

◎ 删除分页符

如果要删除人工设置的水平或垂直分页符，请单击水平分页符下方或垂直分页符右侧的单元格，然后单击"页面布局"选项卡中的"分隔符"按钮，在下拉列表中选择"删除分页符"选项。

如果要删除工作表中所有人工设置的分页符，请单击"视图"→"分页预览"按钮，然后用鼠标右键单击工作表任意位置的单元格，再单击快捷菜单中的"重设所有分页符"命令。

> **提示：** 也可以在分页预览视图中将分页符拖出打印区域以外来删除分页符。

3. 打印预览

要准确查看每页的打印效果，单击"文件"选项卡的"打印"按钮。或直接单击快速访问工具栏上的"打印预览和打印"按钮 在"文件"选项卡的右侧窗口中，可以查看到页眉、页脚和打印标题等内容的实际打印效果。

在预览窗口中，可以对页面页边距进行实时调节。单击"显示边距"按钮，在预览页面上会出现页边距位置、页眉和页脚等位置调整柄，拖动这些位置调整柄即可改变页边距。

4. 打印

通过打印预览，如果对打印效果感到满意，就可以正式打印了。

连上打印机，单击"文件"→"打印"按钮，设置相关的选项后，单击"打印"按钮，即可开始打印。

4.7 练习与思考

一、选择题

1. Excel 2010 电子表格软件基于（　　）操作系统环境运行。

A. DOS　　　　　B. UNIX　　　　　C. Windows　　　　　D. OS/2

2. 一个 Excel 2010 工作簿文件第一次存盘默认的扩展名是（　　）。

A. WK1　　　　　B. XLS　　　　　C. XCL　　　　　D. DOC

3. 在 Excel 2010 中，新建工作簿后，默认工作簿的名称为（　　）。

A. Book　　　　　B. Sheet1　　　　　C. Book1　　　　　D. 表1

4. 符合 Excel 2010 默认工作表名的是（　　）。

A. Sheet4　　　　　B. Sheet　　　　　C. Book3　　　　　D. Table

5. 在 Excel 2010 中，若要把工作簿保存在磁盘上，可按键（　　）。

A. Ctrl + C　　　　　B. Ctrl + S　　　　　C. Ctrl + E　　　　　D. Ctrl + N

6. 在 Excel 2010 中，以下方法中可用于退出 Excel 2010 应用程序的是（　　）。

A. 双击标题栏

B. 单击"文件"→"退出"按钮，或单击 Excel 2010 应用程序窗口标题栏关闭按钮

C. 单击"文件"→"关闭"按钮

D. 单击"开始"选项卡中的删除工作表按钮

7. 以下可用于只关闭当前 Excel 2010 工作簿文件的方式是（　　）。

A. 双击标题栏

B. 单击"文件"→"退出"按钮

C. 单击 Excel 2010 应用程序窗口标题栏关闭按钮 ⊠

D. 单击"文件"→"关闭"按钮，或单击工作簿窗口的关闭按钮 ⊠

8. 下面所列哪一种不是 Excel 2010 工作簿的保存方法（   ）。

A. 单击"文件"选项卡中的"另存为"按钮

B. 单击快速访问工具栏中"保存"按钮

C. 按 Ctrl + S 键

D. 执行"编辑"→"保存"命令

9. 在 Excel 2010 中，工作簿名称被放置在（   ）。

A. 标题栏   B. 状态栏

C. 快速访问工具栏   D. 功能区

10. 在 Excel 2010 中，可以使用（   ）选项卡中的按钮来设置是否显示编辑栏。

A. 开始   B. 视图   C. 插入   D. 页面布局

11. 双击窗口标题栏的作用等同于单击（   ）按钮。

A. 打印预览   B. 最小化

C. 最大化/还原   D. 关闭

12. 在 Excel 2010 中，直接处理的对象称为工作表，若干工作表的集合称为（   ）。

A. 工作簿   B. 文件

C. 字段   D. 活动工作簿

13. 在 Excel 2010 中，如果不允许修改工作表中的内容，可以使用的操作是（   ）。

A. "文件"→"另存为"→"保存"

B. "工具"→"保护"→"保护工作表"

C. "工具"→"保护"→"保护工作簿"

D. "工具"→"保护"→"保护并共享工作簿"

14. 在 Excel 2010 中设置"打开权限密码"的作用是（   ）。

A. 控制用户的修改权限   B. 控制用户的读权限

C. 控制用户的写权限   D. 控制用户的打开权限

15. Excel 2010 中，显示键盘状态是在（   ）。

A. 状态栏   B. 任务栏   C. 标题栏   D. 菜单栏

16. 在 Excel 2010 中，若要为新建工作簿和工作表设置默认字体（   ）。

A. 可以通过"视图"选项卡中的按钮

B. 可以通过"数据"选项卡中的按钮

C. 可以通过单击"开始"→"格式"按钮，在"设置单元格格式"对话框中设置

D. 不能实现

17. 在 Excel 2010 中，单击了"插入"→"插入工作表"按钮后，新插入的工作表（   ）。

A. 在当前工作表之前   B. 在当前工作表之后

C. 在所有工作表的前面   D. 在所有工作表的后面

18. 在 Excel 2010 中，删除了一张工作表后，（　　　）。

A. 被删除的工作表将无法恢复

B. 被删除的工作表可以被恢复到原来位置

C. 被删除的工作表可以被恢复为最后一张工作表

D. 被删除的工作表可以被恢复为首张工作表

19. 在 Excel 2010 中，"A1:D4" 表示（　　　）。

A. A1 和 D4 单元格

B. 左上角为 A1、右下角为 D4 的单元格区域

C. A、B、C、D 四列

D. 1、2、3、4 四行

20. 在 Excel 2010 中，若要实现移动工作表或为工作表创建副本的操作，可以使用的是（　　）选项卡。

A. 开始　　　　　　B. 插入　　　　　　C. 文件　　　　　　D. 数据

21. 在 Excel 2010 中，输入分数 1/2 的方法是（　　　）。

A. –1/2　　　　　　B. 01/2　　　　　　C. 0 1/2　　　　　　D. 0.5

22. 若一个工作簿有 16 张工作表，标签为 Sheet1 ~ Sheet16，若当前工作表为 Sheet5，将该表复制一份到 Sheet8 之前，则复制的工作表标签为（　　　）。

A. Sheet5（2）　　　B. Sheet5　　　　　C. Sheet8（2）　　　D. Sheet7（2）

23. 启动 Excel 2010 后，出现由（　　　）张工作表组成的工作簿。

A. 1　　　　　　　　B. 3　　　　　　　　C. 2　　　　　　　　D. 4

24. 在 Excel 2010 中单元格地址是指（　　　）。

A. 每一个单元格　　　　　　　　　B. 每一个单元格的大小

C. 单元格所在的工作表　　　　　　D. 单元格在工作表中的位置

25. 在 Excel 2010 中，工作表的列号范围是（　　　）。

A. A ~ IV　　　　　B. A ~ VI　　　　　C. 1 ~ 256　　　　　D. A ~ UI

26. Excel 2010 工作表的行号用（　　　）标识。

A. 数字 1，2，3，…　　　　　　　B. 英文小写字母，a，b，c，…

C. 英文大写字母，A，B，C，…　　D. 随用户定义

27. 在 Excel 2010 中，表示第一行第一列单元格地址的是（　　　）。

A. AA　　　　　　　B. B1　　　　　　　C. 1A　　　　　　　D. A1

28. 在 Excel 2010 中，活动单元格是指（　　　）。

A. 可以随意移动的单元格

B. 随其他单元格的变化而变化的单元格

C. 已经改动了的单元格

D. 正在操作的单元格

29. 在 Excel 2010 中将单元格变为活动单元格的操作是（　　　）。

A. 用鼠标单击该单元格

B. 将鼠标指针指向该单元格

C. 在当前单元格内键入该目标单元格地址

D. 没必要，因为每一个单元格都是活动的

30. 在 Excel 2010 工作表中，当选定一个单元格后，其单元格名称显示在（   ）。

A. 编辑栏   B. 任意单元格

C. 当前单元格   D. 名称框

31. 在 Excel 2010 中，选中单元格后，单击 Delete 键，将（   ）。

A. 删除选中单元格和里面的内容

B. 清除选中单元格中的内容

C. 清除选中单元格中的格式

D. 清除选中单元格中的内容和格式

32. 在 Excel 2010 中，删除已设置的单元格格式的操作方式是（   ）。

A. 单击"开始"→"删除"→"删除单元格"按钮

B. 单击"开始"→"编辑"→"清除"按钮

C. 单击"文件"→"删除单元格"按钮

D. 右击单元格，再选删除

33. 在 Excel 2010 中，若要在当前单元格的左方插入一个单元格，在右击该单元格后在弹出的"插入"对话框中选择（   ）。

A. 整行   B. 活动单元格右移

C. 整列   D. 活动单元格下移

34. 在 Excel 2010 中，要在工作簿中同时选择多个不相邻的工作表，在依次单击各个工作表的标签的同时应该按住（   ）键。

A. Ctrl   B. Shift   C. Alt   D. Delete

35. 在 Excel 2010 中，若要在工作表中选定一单元格区域，可以执行下列操作中的（   ）。

A. 右击鼠标并选择"复制"命令

B. 从单元格区域的左上角拖动到右下角

C. 单击"开始"→"填充"按钮

D. 在屏幕左边的行号上向下拖动鼠标

36. 在 Excel 2010 中，把单元格指针移到 AZ2500 单元格的最快速的方法是（   ）。

A. 拖动滚动条

B. 按 Ctrl + 方向键

C. 在名称框输入 AZ2500，并按 Enter 键

D. 先用 Ctrl +→键移到 AZ 列，再用 Ctrl +↓键移到第 1000 行

37. 在 Excel 2010 中，填充柄位于（   ）。

A. 当前单元格的左下角   B. 标准工具栏里

C. 当前单元格的右下角   D. 当前单元格的右上角

38. 在 Excel 2010 默认状态下，若在 A1 单元格中输入（123），则 A1 单元格中的内容是（   ）。

A. -123   B. 字符串 123   C. 数值 123   D. 字符串（123）

39. 在 Excel 2010 中，在单元格中输入数字字符串 100102（邮政编码）时，应输入（   ）。

A. 100102   B. "100102"   C. '100102'   D. '100102'

40. 在 Excel 2010 中，在一个单元格里输入文本时，文本的默认对齐方式是（　　）。

A. 左对齐　　　　　　　　　　　　　B. 右对齐

C. 居中对齐　　　　　　　　　　　　D. 随机对齐

41. 在 Excel 2010 中，如果单元格 A1 中内容为"Mon"，那么向下拖动填充柄到 A3，则 A3 单元格中内容应为（　　）。

A. Wed　　　　　B. Mon　　　　　C. Tue　　　　　D. Fri

42. 在 Excel 2010 中，可以使用（　　）选项卡中的按钮来为单元格加上批注。

A. 工具　　　　B. 格式　　　　C. 插入　　　　D. 数据

43. 在 Excel 2010 中，以下有关格式化工作表的叙述不正确的是（　　）。

A. 数字格式只适用于单元格中的数值数据

B. 字体格式适用于单元格中的数值数据和文本数据

C. 使用"格式刷"只能在同一张工作表中进行格式化

D. 使用"格式刷"可以格式化工作表中的单元格

44. 在 Excel 2010 中，工作表的列宽可以通过（　　）。

A. "数据"→"列"按钮来完成调整

B. "插入"→"列"按钮来完成调整

C. "格式"→"列"按钮来完成调整

D. "文件"→"列"按钮来完成调整

45. 在 Excel 2010 中，将所选多列按指定数字调整为等列宽最快的方法是（　　）。

A. 直接在列标处拖动到等列宽

B. 单击"格式"→"列宽"按钮

C. 一列一列地调整

D. 执行"格式"→"自动调整列宽"按钮

46. 在 Excel 2010 中，工作表重命名的过程是（　　）。

A. 单击"文件"→"重命名"按钮

B. 单击"编辑"→"重命名"按钮

C. 单击"格式"→"重命名"按钮

D. A、B、C 均不正确

47. 在 Excel 2010 中，下列按钮 依次表示（　　）。

A. 数据样式，百分比样式，标点符号，减少小数位数，增加小数位数

B. 货币样式，百分比样式，标点符号，减少小数位数，增加小数位数

C. 会计数字格式，百分比样式，千位分隔样式，增加小数位数，减少小数位数

D. 货币样式，百分比样式，标点符号，增加小数位数，减少小数位数

48. 在 Excel 2010 中，单元格设定其格式为保留 0 位小数，当输入数据"45.51"时，则单元格内容显示为（　　）。

A. 45.51　　　　B. 45　　　　C. 46　　　　D. ERROR

49. Excel 2010 中，下列说法不正确的是（　　）。

A. 若要删除一行，右击该行行号，从弹出的菜单中选择"清除内容"命令

B. 若要选定一行，单击该行行号即可

C. 若想使某一单元格成为活动单元格，单击此单元格即可

D. 为了创建图表，可以单击"插入"→"图表"按钮

50. 在 Excel 2010 中，选中两个单元格后使两个单元格合并成一个单元格，正确的操作应该是（　　）。

A. 使用绘图工具中的"橡皮"工具，擦除两单元格中的竖线

B. 使用"工具"菜单中的相关选项

C. 单击"格式"→"设置单元格格式"按钮，在"设置单元格格式"对话框中的"对齐"选项卡中操作

D. A、B、C 均可

51. 在 Excel 2010 工作表中，A5 的内容是 A5，拖动填充柄至 C5，则 B5、C5 单元格的内容分别为（　　）。

A. B5、C5　　　　　B. B6、C7　　　　　C. A6、A7　　　　　D. A5、A5

52. 在 Excel 2010 中，下列序列中不属于 Excel 2010 预设自动填充序列的是（　　）。

A. 星期一、星期二、星期三　　　　　B. 一车间、二车间、三车间

C. 甲、乙、丙　　　　　D. Mon、Tue、Wed…

53. 在 Excel 2010 中，若利用自定义序列功能建立新序列，在输入的新序列各项之间要加以分隔的符号是（　　）。

A. 全角分号"；"　　　　　B. 全角逗号"，"

C. 半角分号"；"　　　　　D. 半角逗号"，"

54. Excel 2010 规定，公式必须以（　　）开头。

A. 逗号"，"　　　　　B. 等号"＝"

C. 小数点"·"　　　　　D. 星号"＊"

55. 在 Excel 2010 中，若使该单元格显示 0.3，应该输入（　　）。

A. 6/20　　　　　B. "6/20"　　　　　C. ="6/20"　　　　　D. =6/20

56. 在 Excel 2010 中，公式"＝＄C1＋E＄1"中的引用是（　　）。

A. 相对引用　　　　　B. 绝对引用

C. 混合引用　　　　　D. 任意引用

57. 若在工作簿 Book2 的当前工作表中，引用工作簿 Book1 中 Sheet1 中的 A2 单元格数据，正确的引用是（　　）。

A. ［Book1. xls］! sheetA2　　　　　B. Sheet1 A2

C. ［Book1. xls］sheet1! A2　　　　　D. sheet1! A2

58. 在 Excel 2010 中，已知工作表中 C3 单元格与 D4 单元格的值均为 0，C4 单元格中为公式"＝C3＝D4"，则 C4 单元格显示的内容为（　　）。

A. C3＝D4　　　　　B. TRUE　　　　　C. #N/A　　　　　D. 0

59. 在 Excel 2010 中，若在 A2 单元格中输入"＝8^2"则显示结果为（　　）。

A. 16　　　　　B. 64　　　　　C. ＝8^2　　　　　D. 8^2

60. Excel 2010 中，公式"＝AVERAGE（A1:A4）"等价于下列公式中的（　　）。

A. ＝A1＋A2＋A3＋A4　　　　　B. ＝A1＋A2＋A3＋A4/4

C. ＝（A1＋A2＋A3＋A4）/4　　　　　D. ＝（A1＋A2＋A3）/4

61. 在 Excel 2010 中，将 B2 单元格中的公式"＝A1＋A2－C1"复制到单元格 C3 后公式为（　　）。

　　A. ＝A1＋A2－C6　　　　　　　　B. ＝B2＋B3－D2

　　C. ＝D1＋D2－F6　　　　　　　　D. ＝D1＋D2＋D6

62. 已知 A1、B1 单元格中的数据为 33、35，C1 中的公式为"A1＋B1"，其他单元格均为空若把 C1 中的公式复制到 C2，则 C2 显示为（　　）。

　　A. 88　　　　　　　B. 0　　　　　　　C. A1＋B1　　　　　D. 55

63. 在 Excel 2010 中计算平均值、求和、最大值函数分别是（　　）。

　　A. AVERAGE，SUM，MAX　　　　　B. COUNT，SUM，AVERAGE

　　C. IF，COUNTA，MAX　　　　　　　D. SUM，AVERAGE，MAX

64. 在 Excel 2010 中，在打印学生成绩单时，对不及格的成绩用醒目的方式表示（如加图案等），当要处理大量的学生成绩时，利用最为方便的是（　　）。

　　A. 查找　　　　　　　　　　　　　B. 条件格式

　　C. 数据筛选　　　　　　　　　　　D. 定位

65. 在 Excel 2010 中，单元格的格式（　　）。

　　A. 一旦确定，将不可更改

　　B. 可随时更改

　　C. 依输入数据的格式而定，并不能更改

　　D. 更改后，将不能再次更改

66. 在 Excel 2010 中，用鼠标拖曳复制数据和移动数据在操作上（　　）。

　　A. 有所不同，区别是：复制数据时，要按住 Ctrl 键

　　B. 完全一样

　　C. 有所不同，区别是：移动数据时，要按住 Ctrl 键

　　D. 有所不同，区别是：复制数据时，要按住 Shift 键

67. 在 Excel 2010 中，工作表 G8 单元格的值为 7654.375，执行某操作之后，在 G8 单元格中显示一串"#"符号，说明 G8 单元格的（　　）。

　　A. 公式有错，无法计算

　　B. 数据已经因操作失误而丢失

　　C. 显示宽度不够，只要调整宽度即可

　　D. 格式与类型不匹配，无法显示

68. 在 Excel 2010 中，当操作数发生变化时，公式的运算结果（　　）。

　　A. 会发生改变　　　　　　　　　　B. 不会发生改变

　　C. 与操作数没有关系　　　　　　　D. 会显示出错信息

69. 在 Excel 2010 中，不能建立图表的方法是（　　）。

　　A. 利用"插入"选项卡中"图表"组中的按钮

　　B. 单击"插入"→"图表"按钮

　　C. 选中目标区域，按 F11 快捷键

　　D. 执行"编辑"→"图表"命令

70. 在 Excel 2010 中，"XY 图"指的是（   ）。

A. 散点图   B. 柱形图

C. 条形图   D. 折线图

71. 在 Excel 2010 中，图表被选中后，插入选项卡中的选项（   ）。

A. 发生了变化   B. 没有变化

C. 均不能使用   D. 与图表操作无关

72. 在 Excel 2010 中，当产生图表的基础数据发生变化后，图表将（   ）。

A. 发生相应的改变   B. 发生改变，但与数据无关

C. 不会改变   D. 被删除

73. 在 Excel 2010 中，以工作表 Sheet1 中某区域的数据为基础建立的独立图表，该图表标签 "Chart1" 在标签栏中的位置是（   ）。

A. Sheet1 之前   B. Sheet1 之后

C. 最后一个   D. 不确定

74. 在 Excel 2010 中，激活图表的正确方法有（   ）。

A. 使用键盘上的箭头键   B. 单击图表

C. 按 Enter 键   D. 按 Tab 键

75. 在 Excel 2010 中，删除图表中数据的方法可以用（   ）。

A. 选择要清除的序列，然后单击"编辑"→"清除"→"清除内容"按钮

B. 选择要清除的序列，然后单击"开始"→"剪切"按钮

C. 双击要清除的序列

D. 以上都可以

76. 在 Excel 2010 中，数据清单中的列称为（   ）。

A. 字段   B. 记录   C. 数据   D. 单元格

77. 在 Excel 2010 中，一般来说，一个工作表最好（   ）。

A. 不包含数据清单   B. 只包含一张数据清单

C. 只包含两张数据清单   D. 包含 255 张数据清单

78. 在 Excel 2010 的一数据清单中，若单击任一单元格后单击"数据"→"排序"按钮，Excel 将（   ）。

A. 自动把排序范围限定于此单元格所在的行

B. 自动把排序范围限定于此单元格所在的列

C. 自动把排序范围限定于整个清单

D. 不能排序

79. 在 Excel 2010 的排序中，在排序列中有空白单元格的行会被（   ）。

A. 放置在排序的数据清单最后

B. 放置在排序的数据清单最前

C. 不被排序

D. 保持原始次序

80. 在 Excel 2010 中对某列排序时，则该列上有完全相同项的行将（   ）。

A. 保持原始次序   B. 逆序排列

C. 重新排序　　　　　　　　　　　　D. 排在最后

81. 在 Excel 2010 的升序排序中（　　　）。

A. 逻辑值 FALSE 在 TRUE 之前

B. 逻辑值 TRUE 在 FALSE 之前

C. 逻辑值 TRUE 和 FALSE 等值

D. 逻辑值 TRUE 和 FALSE 保持原始次序

82. 在 Excel 2010 中，以下操作会在字段名的单元格内加上一个下拉按钮的是（　　　）。

A. 记录单　　　　B. 自动筛选　　　　C. 排序　　　　　　D. 分类汇总

83. 对数据表进行筛选操作后，关于筛选掉的记录行的叙述，下面（　　　）是不正确的。

A. 不显示　　　　　　　　　　　B. 永远丢失了

C. 不打印　　　　　　　　　　　D. 可以恢复

84. 在 Excel 2010 中，用筛选条件"英语 >75 与总分 > =240"对成绩数据进行筛选后，在筛选结果中显示的是（　　　）。

A. 英语 >75 的记录

B. 英语 >75 且总分 > =240 的记录

C. 总分 > =240 的记录

D. 英语 >75 的或总分 > =240 的记录

85. 在进行分类汇总前必须对数据清单进行（　　　）。

A. 筛选　　　　　　　　　　　　B. 排序

C. 建立数据库　　　　　　　　　D. 有效计算

86. 在 Excel 2010 中，可以使用"分类汇总"按钮来对记录进行统计分析，此按钮所在的选项卡是（　　　）。

A. 文件　　　　　B. 开始　　　　　C. 数据　　　　　　D. 公式

87. 在 Excel 2010 中，若要改变打印时的纸张大小，正确的是（　　　）。

A. "文件"选项卡中的"选项"选项

B. "设置单元格格式"对话框中的"对齐"选项卡

C. "页面设置"对话框中的"工作表"选项卡

D. "页面设置"对话框中的"页面"选项卡

88. Excel 2010 的"页面设置"在（　　　）。

A. "文件"选项卡中　　　　　　　B. "开始"选项卡中

C. "数据"选项卡中　　　　　　　D. "页面布局"选项卡中

89. 在 Excel 2010 中，如果希望打印内容处于页面中心，可以选择"页面设置"对话框中的"页边距"选项卡中的（　　　）。

A. 水平居中　　　　　　　　　　B. 垂直居中

C. 水平居中和垂直居中　　　　　D. 无法办到

90. 在 Excel 2010 的页面设置中，增加页眉和页脚的操作是（　　　）。

A. 单击"文件"→"页面设置"按钮，打开"页眉/页脚"选项卡

B. 单击"插入"→"页眉和页脚"按钮

  C. 单击"视图"→"页眉/页脚"按钮

  D. 只能在打印预览中设置

二、填空题

1. 创建新工作表文件的快捷键是_____。

2. 要快速地合并单元格可以单击_____选项卡中的_____按钮。

3. 在 Excel 中字号的度量值为磅，磅值越_____，字号越大。

4. Excel 在默认的情况下，数字在单元格中_____对齐，文字居左对齐。

5. 使用条件格式时，最多可以同时设置_____个条件。

6. 在 Excel 中，如果在单元格中输入 4/5，默认情况下会显示为_____。

7. 选中要创建的图表的数据以后，单击_____选项卡中的"图表"按钮就可以创建图表了。

8. 创建完成的图表，可以选择两种放置的位置，分别为_____和_____插入。

9. 如果想要删除图表，可以选中图表，按_____键就可以直接将其删除。

10. 在公式中的_____优先级最高。

11. 在 Excel 中输入的公式或函数，总是以_____开始的。

12. 单击"公式"选项卡中的_____按钮可以在弹出的"函数"对话框中，选择需要使用的函数。

13. 按键盘中的_____键，可以快速地更改公式中的引用类型。

14. 在 Excel 中，单元格的引用（地址）有_____和_____两种形式。

15. 将鼠标指针指向某工作表标签，按 Ctrl 键拖动标签到新位置，则完成_____操作；若拖动过程中不按 Ctrl 键，则完成_____操作。

16. 单元格的名称是由_____来表示的。第 5 行第 4 列的单元格地址应表示为_____。

17. Excel 中的"："为区域运算符，对两个引用之间，包括两个引用在内的所有单元格进行引用，表示 B5 到 B10 所有单元格的引用为_____。

18. Excel 最常用的数据管理功能包括排序、筛选和_____。

19. 数据清单中的_____相当于数据库的字段名。

20. 在 Excel 工作表中，当相邻单元格中要输入相同数据或按某种规律变化的数据时，可以使用_____功能实现快速输入。

21. 一个 Excel 工作簿文件中默认有_____张工作表。

三、判断题

1. 一个单元格所对应的列字母与行号即为该单元格的地址。 （ ）

2. 在 Excel 2010 中，可以打开已经存在的工作簿。 （ ）

3. 当启动 Excel 2010 后，会自动打开一个名为 Book1 的工作簿。 （ ）

4. Excel 2010 表格与 Word 中的表格完全一样。 （ ）

5. Excel 2010 中的分类汇总和总计是一样的作用。 （ ）

6. 编辑栏可以显示单元格中的数据和公式运算的结果。 （ ）

7. 选定一列最简单的方法是单击行号。 （ ）

8. Excel 2010 的筛选功能包括自动和高级。 （ ）

9. Excel 2010 中，当复制某一公式后，系统会自动更新单元格的内容，但不计算其结果。　　　　　　　　　　　　　　　　　　　　　　　　　　　（　　）

10. Excel 2010 工作表就是数据清单，数据清单是一种特殊的工作表。　（　　）

四、思考题

1. 什么是工作簿和工作表？它们之间的关系是什么？

2. 在 Excel 中怎样输入和编辑公式、函数和数组？

3. 简述 Excel 中图表的种类和作用。

4. 清除单元格和删除单元格的区别是什么？

第 5 章　演示文稿

在报告、教学、演讲时，如何才能直观、形象、生动地表达出自己的观点，以打动在场的每一位听众？使用一份集文本、声音、图表、表格、图像、影片于一体的演示文稿绝对是一个相当不错的主意。PowerPoint 2010 就是这样一个演示文档和幻灯片制作、放映软件，它所创建的演示文稿可以设置为幻灯片的形式，使用计算机与幻灯机、投影仪等外部设备进行放映，也可以以电子文件的形式保存，或者在纸上打印为讲义和大纲，用胶片制作成投影机幻灯片，或输出为 35mm 幻灯片。

5.1　"大学生关注的问题"演示文稿的制作

现有一份关于"大学生关注的问题"的调查报告数据，要求以此为题将它制作成一个演示文稿。我们可以通过 PowerPoint 中演示文稿的创建、幻灯片的编辑、在幻灯片中插入图片、艺术字、图表与对象等操作制作出"大学生关注的问题"演示文稿。

5.1.1　思路与素材准备

要制作一个"大学生关注的问题"的演示文稿，只要掌握了 PowerPoint 的一些基础知识，包括设置文本背景，插入图片、表格、图表和组织结构图等，应该算是一个简单的任务。在设计制作之前需要调查相关数据，并搜集与之相关的文字资料和图片资源等。

5.1.2　PowerPoint 的启动和退出

启动和退出 PowerPoint 软件是创建演示文稿的第一步，它的启动和退出方法与 Office 组件中其他程序一样。

1. PowerPoint 的启动

启动 PowerPoint 2010 的方法主要有以下几种：

➢ 选择"开始"→"所有程序"→Microsoft Office→Microsoft Office PowerPoint 2010 命令。

➢ 双击桌面上的 PowerPoint 快捷方式图标🅿。

➢ 双击要打开的 PowerPoint 文件也可打开。

2. PowerPoint 的退出

退出 PowerPoint 2010 有多种方法。

➢ 选择"文件"→"退出"命令。

➢ 单击窗口右上角"关闭"按钮▣。

➢ 按下 Alt + F4 组合键。

5.1.3 PowerPoint 2010 的窗口介绍

启动 PowerPoint 2010，打开 PowerPoint 2010 的工作界面，如图 5 - 1 所示。

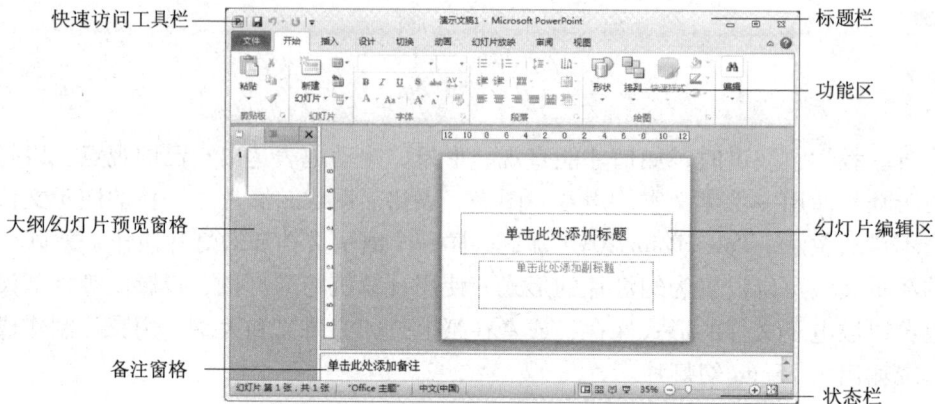

图 5 - 1 PowerPoint 2010 窗口

➤ 标题栏：显示软件的名称（Microsoft PowerPoint）和当前文档的名称（演示文稿 1）；在其右侧是常见的"最小化"、"最大化/还原"、"关闭"按钮。

➤ 快速访问工具栏：PowerPoint 2010 的"快速访问工具栏"中包含最常用的快捷按钮，以方便用户使用，并且它与早期版本的工具栏类似，单击它右侧的▼按钮，可以自定义"快速访问工具栏"。

➤ 功能区：PowerPoint 2010 工作界面的功能区将旧版本 PowerPoint 中的菜单栏和工具栏结合在一起，以选项卡的形式列出 PowerPoint 2010 的操作命令。在默认情况下，PowerPoint 2010 的功能区选项卡包括"开始"、"插入"、"设计"、"切换"等选项卡。

➤ 幻灯片编辑区：其位于幻灯片编辑区下面，主要用于添加提示内容及注释信息。

➤ 幻灯片和大纲窗口：幻灯片和大纲窗口用于显示演示文稿中的所有幻灯片，该窗口包含"大纲"和"幻灯片"两个选项卡。"大纲"选项卡中显示各幻灯片的具体文本内容，"幻灯片"选项卡则显示各级幻灯片的缩略图。

➤ 备注区：用来编辑幻灯片的"备注"文本。

➤ 状态栏：状态栏在窗口的最后一行，显示当前演示文稿的工作状态及常用参数。状态栏的左边显示当前的页数和总页数、幻灯片当前使用的主题等；在其右边，用户可以通过视图切换按钮快速设置幻灯片的视图模式，还可以通过幻灯片显示比例滑控杆控制幻灯片的视图比例。

5.1.4 PowerPoint 的视图方式

与 Word 一样，PowerPoint 2010 中文版同样也具有多种视图方式。在 PowerPoint 窗口的状态栏的右下角有四个，如图 5 - 2 所示，使用这些按钮可以完成视图方式的切换操作。当

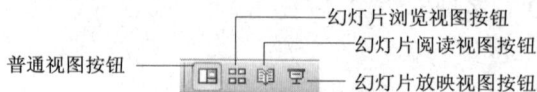

图 5 - 2 视图切换按钮

然，用户也可以选择"视图"菜单中的相应命令来完成视图方式的切换。

1. 普通视图

普通视图如图 5-3 所示。PowerPoint 2010 启动后打开的是普通视图，它是系统默认的视图模式。普通视图主要用来编辑幻灯片的总体结构。在此视图下，窗口分为左右两侧，左侧是幻灯片和大纲窗口；右侧又可以分为上下两边，上边是幻灯片编辑窗口，下边是备注窗口。

2. 幻灯片浏览视图

幻灯片浏览视图如图 5-4 所示，这也是可以同时显示多张幻灯片的方式。在该视图方式下，可以看到整个演示文稿，因而可以轻松地添加、删除和移动幻灯片。用户可以单击"演示文稿视图"组中的"幻灯片浏览"按钮，即可切换至幻灯片浏览视图。

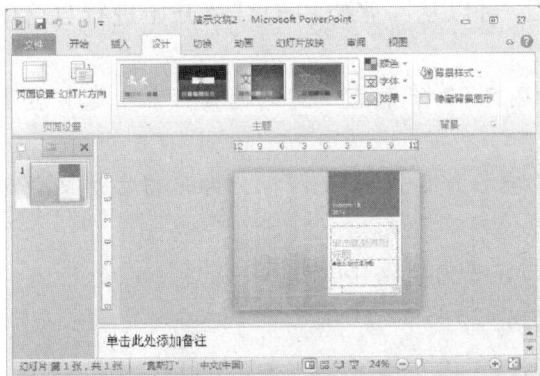
图 5-3 普通视图

图 5-4 幻灯片浏览视图

3. 幻灯片放映视图

幻灯片放映视图如图 5-5 所示。在该视图方式下，整张幻灯片的内容占满整个屏幕，这也是在计算机屏幕上演示的、将来制成胶片后用幻灯机放映出来的效果。

4. 备注页视图

在备注页视图中，幻灯片窗格下方有一个备注窗格，如图 5-6 所示，用户可以在此窗格内为幻灯片添加需要的备注内容。在普通视图下备注窗格中只能添加文本内容，而在备注页视图中，用户可以在备注中插入图片。

图 5-5 幻灯片放映视图

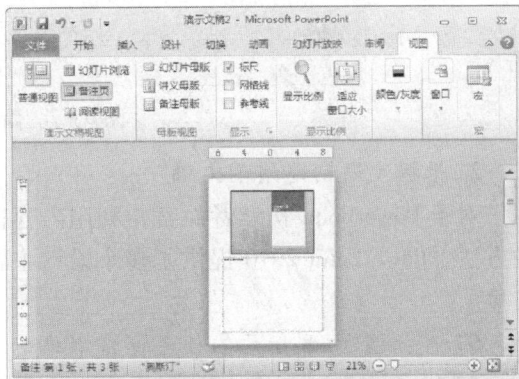
图 5-6 备注页视图

5. 阅读视图

在阅读视图下，用户可以浏览幻灯片的最终效果，单击"阅读视图"按钮或者按F5键，即可切换至该视图。此时用户可以看到演示文稿中所有的演示效果，如图片、形状、动画效果及切换效果等。

5.1.5 演示文稿的创建

在PowerPoint 2010中文版中，有多种创建演示文稿的方法。选择"开始"→"所有程序"→Microsoft Office→Microsoft Office PowerPoint 2010命令，启动PowerPoint。

1. 空演示文稿的创建

如果想创造出独具个人风格的演示文稿来，可以从一张空白幻灯片开始进行自己的设计。

01 单击"文件"→"新建"命令，打开如图5-7所示的"可用的模板和主题"任务窗格。

02 在"可用的模板和主题"列表中选择"空白演示文稿"图标，再单击右边的创建即可。

03 接下来便可以发挥个人的想象力和创造力，自由地设计所需演示文稿了。

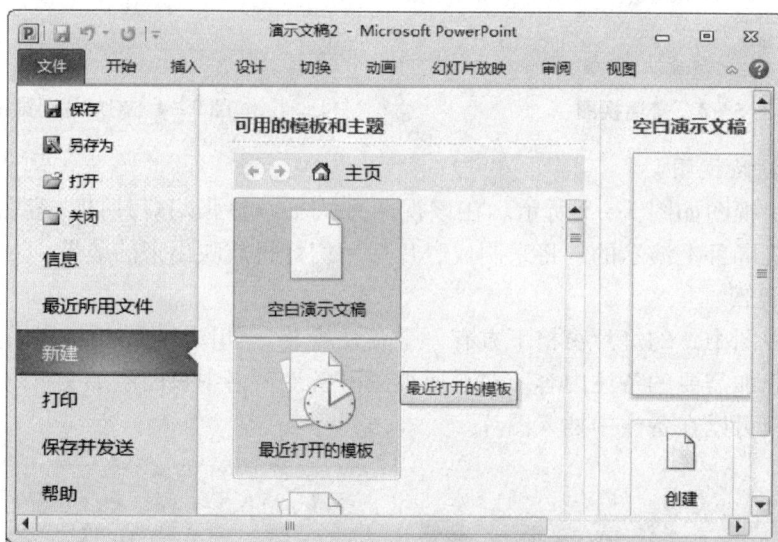

图5-7　新建演示文稿窗格

2. 根据主题创建演示文稿

对于PowerPoint初学者而言，利用内容提示向导无疑是最简便、最快捷地创建演示文稿的方法。PowerPoint 2010提供了多个设计主题，下面介绍如何利用主题设计创建漂亮的演示文稿。

01 在如图5-8所示的任务窗格中单击"主题"图标，打开如图5-9所示的对话框。

02 在"主题"列表中选择要用于新演示文稿的主题样式。

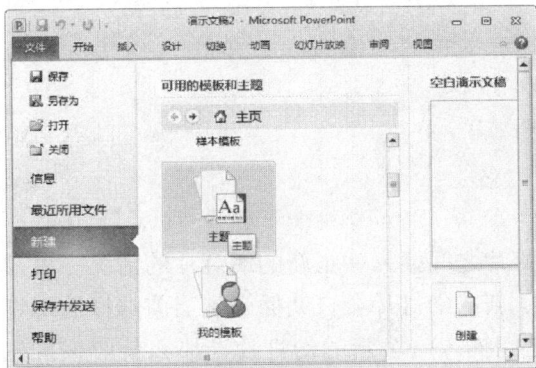

图 5-8　"主题创建演示文稿"第一步

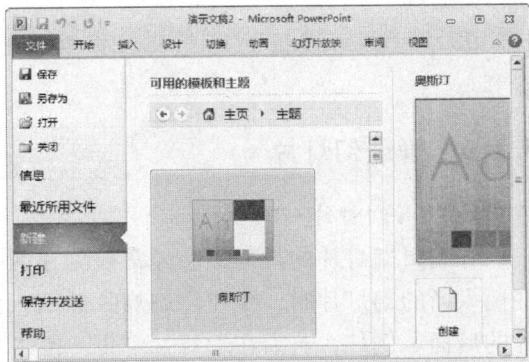

图 5-9　"主题创建演示文稿"第二步

03 单击"创建"按钮即可创建出应用所选主题的空白演示文稿，如图 5-10 所示。

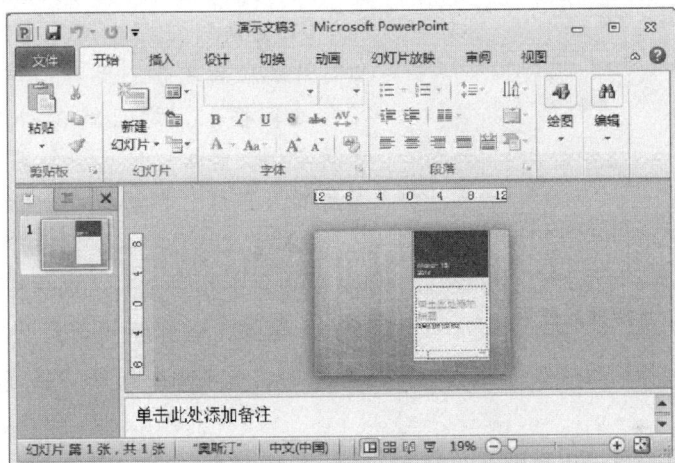

图 5-10　创建的主题演示文稿

> 提示：幻灯片是演示文稿的基本组成单位，相当于 Word 中的一页，每个演示文稿都是由若干张幻灯片组成。放映演示文稿时每一屏即为一张幻灯片，幻灯片中可以插入图片、文字、声音、图表、艺术字等内容。

3. 使用模板创建演示文稿

在 PowerPoint 2010 中文版中，还有一种常用的创建演示文稿的方法，那就是利用样本模板创建演示文稿。关于模板的概念及作用，在本书的 Word、Excel 中已有详尽的介绍，读者可参考相关章节。下面就来介绍使用模板创建演示文稿的方法。

01 单击"文件"→"新建"命令，打开"可用的模板和主题"窗格。

02 选择"样本模板"图标，打开如图 5-11

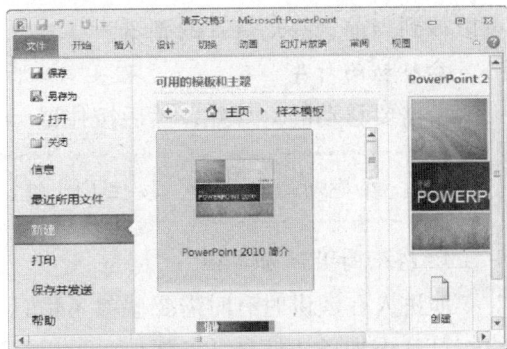

图 5-11　"新建演示文稿"窗格

所示对话框。

03 在"样本模板"列表中选择要用于新演示文稿的样本模板,单击"创建"按钮即可。

5.1.6 管理幻灯片

1. 插入幻灯片

在编辑幻灯片的过程,会经常碰到在两张幻灯片之间插入一张新的幻灯片的情况。大家在插入新的幻灯片时,要注意幻灯片的插入位置。新的幻灯片会自动插入到当前选择的幻灯片的后面。例如,若需在幻灯片"2"和"3"之间插入一个新的幻灯片,那么就应该首先选择幻灯片"2"。

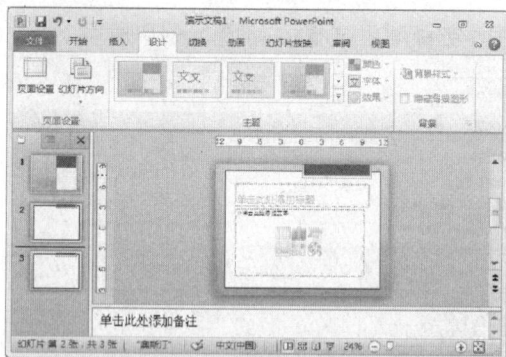

图5-12 选择插入位置

在"幻灯片浏览视图"中,幻灯片的插入操作变得更为简单,操作方法如下:

01 切换到幻灯片浏览视图,然后在需插入幻灯片的位置单击。例如,需在幻灯片"2"与"3"之间插入,那么就在幻灯片"2"和"3"之间空白位置单击鼠标,屏幕上会显示出一个闪烁的插入光标,如图5-12所示。

02 在"开始"选项卡下选择"新建幻灯片",点击下拉三角形可以选择要插入的幻灯片的版式。这样,一张新的幻灯片就插入到演示文稿中。也可以在插入光标的位置处单击右键,在弹出的快捷菜单中选择"新建幻灯片"命令。

2. 删除幻灯片

当然,对于不再需要的幻灯片也可以非常轻易地将其删除:首先选中要删除的幻灯片,然后按键盘上的 Delete 键,或者单击右键,在弹出的快捷菜单中选择"删除幻灯片"。如果误删除了某张幻灯片,那也不必着急,单击"快速访问工具栏"中的 按钮,可以恢复以前的操作。

3. 幻灯片的复制与移动

◇**复制幻灯片**

选择需要复制的幻灯片,然后右键单击,在弹出的快捷菜单中选择"复制幻灯片"就可以得到当前选择幻灯片的副本。

◇**移动幻灯片**

单击要移动的幻灯片,然后按住鼠标,拖动幻灯片到所需的位置松开鼠标。

> **提示**:在拖动幻灯片时,按住 Ctrl 键,可复制当前拖动的幻灯片。

4. 给幻灯片添加备注

演讲人在演讲时有时需要些参考信息,但这些参考信息又不方便在屏幕显示,这时可以给幻灯片添加备注信息,备注信息可以打印使用。

在备注窗格中单击占位符即可添加备注信息。如果备注内容比较多则可以到"备注页"

下进行添加，选择"视图"→"备注页"命令，可以切换到备注页，单击占位符即可添加备注信息。

> **提示**：在创建新幻灯片时，在幻灯片上显示的虚线方框即占位符。占位符一般指有待确定的对象，如幻灯片标题、文本、表格、剪贴画等。占位符是设计模板的主要组成元素，在占位符中添加文本和对象可以方便地建立美观的演示文稿。

5.1.7 丰富幻灯片的内容与格式

1. 插入文字

在使用了自动版式的幻灯片中输入文本非常简单，只需在文本或标题中单击占位符，占位符中就会出现一个闪烁的插入光标，然后输入文本内容就可以了，如图 5-13 所示。

如果在新建幻灯片时选择了空白的版式，就会发现无论怎么单击幻灯片也不会出现插入光标，从而无法输入文字。这是因为在幻灯片中文字输入都必须在文本框中进行，所以，想要在空白的幻灯片中输入文字，就必须首先添加文本框。

单击"插入"选项卡下的"文本框"按钮，移动鼠标至幻灯片上拖动来绘制文本框，如图 5-14 所示。然后就可以在文本框中输入所需的文字内容了。

当输入的文字内容较多而超过文本框的宽度时，文本框会自动换行，无须按回车键。文本框的高度是随文本框中文字的行数自动调整的。在创建文本框时，文本框的默认高度仅能容纳一行文字。当在文本框中输入的文字超过一行时，系统会自动调整文本框的高度，以适应文本的变化。如果文本框大小不合适，也可将鼠标移动到被选中的文本框右边框上的控点上，当鼠标变成一个水平的双箭头⇔时，按住鼠标左键拖动，即可调整文本框的宽窄。

图 5-13　在占位符中输入文字

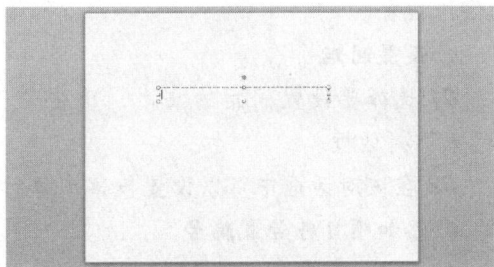

图 5-14　添加文本框

2. 设置文本格式

为了使幻灯片更加美观、便于阅读，可以重新设定文本和段落等格式。PowerPoint 中格式设置与 Word 基本类似，都可以通过"格式"工具栏或相关菜单命令来完成。

◇设置文本格式

01 选中要更改格式的文字，就会在其上方出现一个字体设置面板，可以在该用于设置文本格式，如图 5-15（左）所示。当然你也可以打开"开始"选项卡，选择"字体"，点击其右下角的 按钮，打开如图 5-15（右）所示字体对话框。

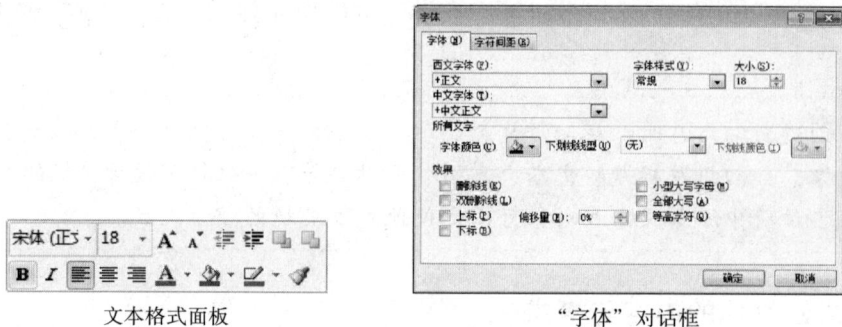

文本格式面板 　　　　　　　　　　　　　　　　　　"字体"对话框

图5－15　字体设置工具

02 在该对话框中可以设置文字的字体、字形、字号、颜色、效果等格式。

03 设置完成后，单击"确定"按钮即可。

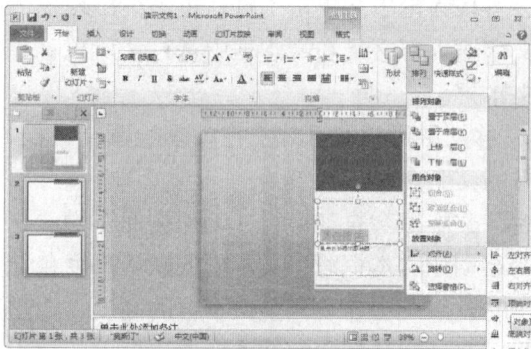

图5－16　对齐方式子菜单

◇**设置对齐方式**

选定要设置对齐方式的段落，单击"开始"→"排列"→"对齐"命令，在如图5－16所示打开的子菜单中提供了6种对齐方式：左对齐、右对齐、左右居中、顶端对齐、上下居中、底端对齐，用户可以从中任选一种。

◇**设置段落的缩进**

PowerPoint的段落缩进与Word稍有不同，PowerPoint中只能使用标尺来设置段落缩进，操作步骤如下：

01 选择"视图"→"标尺"命令，显示出标尺。

02 选择要缩进的文本，拖动标尺上的缩进标记，至合适位置松开鼠标，便可调整段落的缩进位置。

◇**设置间距**

01 选择要设置间距的文本，单击"开始"→"段落"命令，打开如图5－17所示的"段落"对话框。

02 在该对话框中可以设置段落中每行之间的距离和当前段落与前后段落之间的距离。

◇**添加项目符号或编号**

如果文本需要添加项目符号或编号，选择占位符或文本框后，选择"开始"选项卡，在"段落"那一栏中，单击编号按钮三▼，可插入相应的项目符号或编号。

若想更改列表的项目符号或编号项，或想使用图片作为项目符号，可以通过"项目符号和编号"对话框进行设置。

01 选择要更改编号的文本，单击"开始"→"段落"→"编号"按钮，打开如图5－18所示的对话框，选择"项目符号和编号"，单击打开。

02 在"项目符号和编号"对话框中选择一种项目符号或编号样式，也可以根据需要自定义项目符号或编号，同时可以设置其颜色及大小等。

03 单击"确定"按钮，将设定好的项目符号或编号应用到文本上。

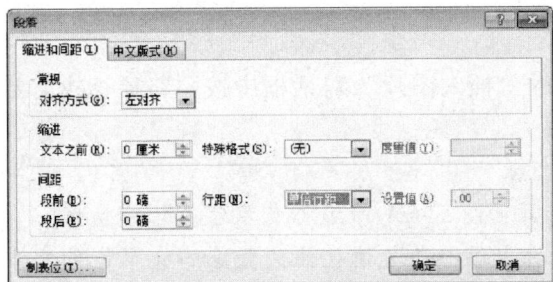

图 5-17 "行距"对话框

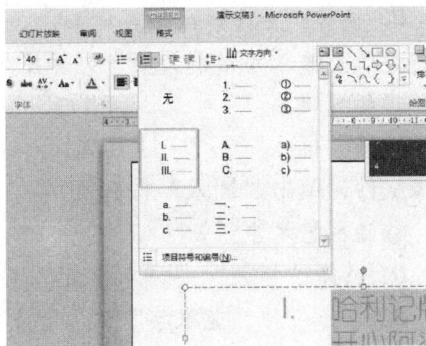

图 5-18 "项目符号和编号"对话框

◇设置占位符格式

选择文本框或占位符后，单击"开始"→"段落"→"文字方向"按钮，可改变当前文本框或占位符内文字的排列方向。PowerPoint 2010 提供了"横排"、"竖排"、"所有文字旋转 90°"、"所有文字旋转 270°"、"堆积"等 5 种文字排列方式。

当一个幻灯片内文本框较多时，就需要合理调节各本框的位置及大小，其操作方法与在 Word 中完全一样，这里就不再详细介绍了，大家可参考本书的相关章节。

提示：当两文本的格式完全一样时，使用"开始"选项卡下的"格式刷"工具可在文本之间快速复制所需的格式。

3. 插入剪贴画、图片和艺术字

要制作出一份图文并茂、极富感染力的演示文稿，仅有文字是远远不够的。PowerPoint 2010 提供了许多漂亮的图片、剪贴画和艺术字，插入与主题相关的图片或剪贴画可使幻灯片更富吸引力。插入和编辑图片的方法也非常简单。

◇插入剪贴画

01 选择"插入"→"剪贴画"命令，如图 5-19 所示。

02 打开"插入剪贴画"任务窗格，例如，在"搜索文字"文本框中输入"人物"，在"结果类型"下拉列表框中选择"所有媒体文件类型"，单击选择"搜索"按钮，即显示出关于人物类的剪贴画，如图 5-20 所示。

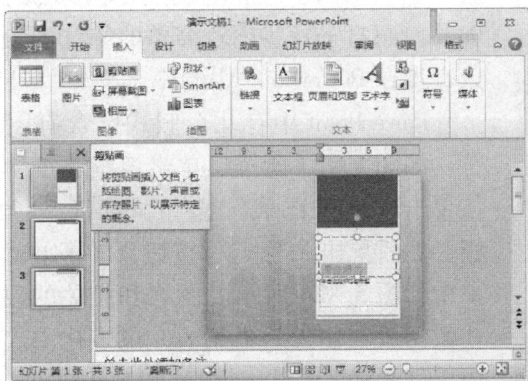

图 5-19 图片子菜单

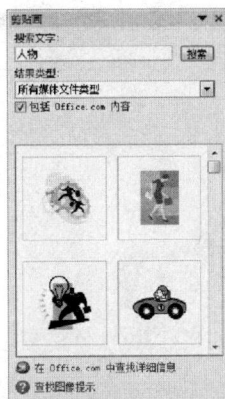

图 5-20 "插入剪贴画"

03 移动鼠标指针至某剪辑画上，单击下拉列表中按钮，选择"插入"命令，即可将选中的剪辑画插入到当前文档中光标所处的位置。

◇插入图片

选择"插入"→"图片"命令，在打开的"插入图片"对话框中按照路径查找需要的图像文件，单击"插入"按钮即可。

◇插入艺术字

01 选择"插入"→"艺术字"命令，打开如图5－21所示"艺术字库"对话框。

02 选择一种"艺术字"式样，界面上就会出现一个"请在此放置您的文字"的文本编辑框，如图5－22所示，输入艺术字文字内容，并设置字体及字号等格式，艺术字即插入至当前幻灯片。

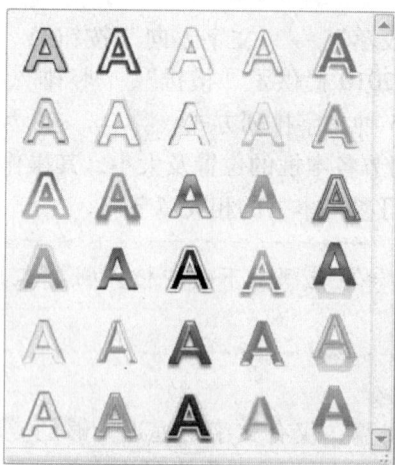

图5－21　"艺术字"库对话框

图5－22　编辑艺术字文字

4. 插入表格

选择"插入"→"表格"命令，在打开的"插入表格"对话框中设置表格的行数和列数。表格的编辑操作与Word类似，可以设置文本格式、边框、底纹等操作。

5. 插入图表

在本书的Excel部分中曾详细介绍过如何制作图表，这些图表都可以直接通过单击"插入"→"图表"按钮的方式导入到PowerPoint。而对于一些比较简单的统计图表，也可以直接在PowerPoint中制作。

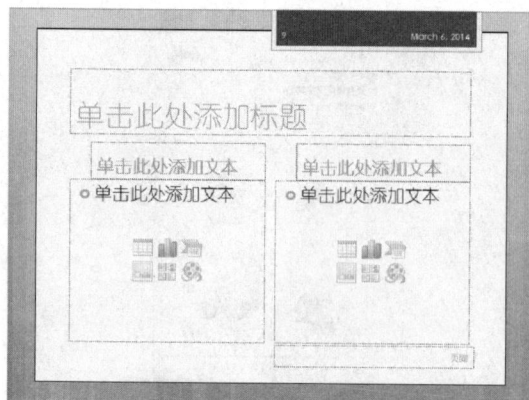

PowerPoint中有几个版式已含有图表占位符，如图5－23所示，单击该图表占位符或直接单击"插入图表"按钮，选择一种图表模板，然后单击"确定"按钮，屏幕上就会出现一个如图5－24所示的图表和相关的数据，这些数据放在称为"数据表"的表格中。数据表内提供了输入行与列标签和数据的示范信息。创建图表后，可以在数据表中输入自己的数据

图5－23　文本与图表版式

以更改原来的数据，或从文本文件或 Lotus 1－2－3 文件内导入数据、导入 Microsoft Excel 的工作表或者图表，或者从另一个程序中复制数据，修改数据表数据时幻灯片中的图表会发生相应的改变。

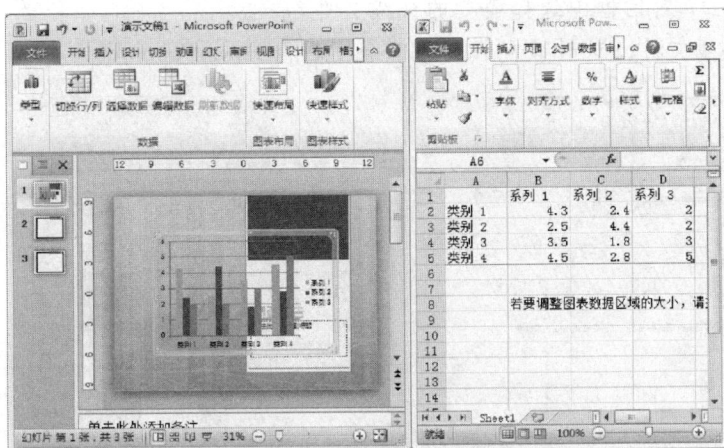

图 5－24　修改数据表

6. 插入组织结构图

"组织结构图"是用于表现公司、学校等组织机构中各成员之间的关系的一种图表。要使用组织结构图，首先必须安装"Microsoft 组织结构图"这一 Microsoft Office 组件。在 PowerPoint 中，用户可以使用该程序在幻灯片中嵌入"组织结构图"对象。

01 单击组织结构图版式中的"组织结构图"占位符，或选择"插入"→"图片"→"组织结构图"命令，此时将打开如图5－25所示的组织结构图。

02 当编辑好组织结构图之后，还可以对其稍加修饰。例如，改变图框的粗细和线条样式，添加阴影效果等。

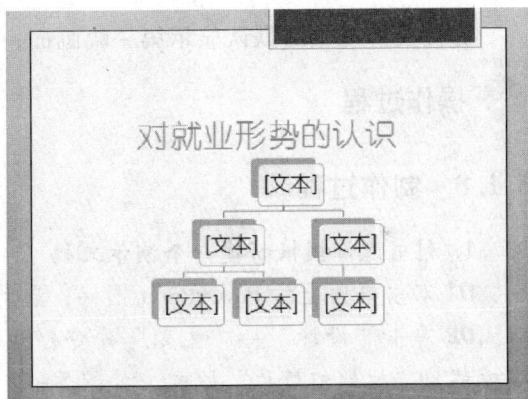

图 5－25　新建的组织结构图

7. 加入多媒体效果

在幻灯片演示时加入声音、音乐、视频、动画等多媒体效果，可以使演示文稿更为生动和专业。

◇**插入声音**

01 选择要添加声音的幻灯片，单击"插入"→"媒体"→"音频"命令，选择"剪贴画音频"。

02 在列表框中选择一种声音文件，单击将其插入到幻灯片中，如图5－26所示。

加入声音之后，此时幻灯片上将会出现一个声音图标 ◀》。当把鼠标移至声音图表上时，就会出现一个声音控制按钮 ▶ ◀▶ 00:00:00 ◀》，单击最左边的三角形按钮，可暂停或

211

播放声音。

◇插入影片

01 选择"插入"→"媒体"→"视频"命令，选择"剪贴画视频"打开"插入影片"对话框，在图5-27对话框中选择需要的视频文件。

02 单击该视频文件，这时该视频文件就会出现在PowerPoint上。

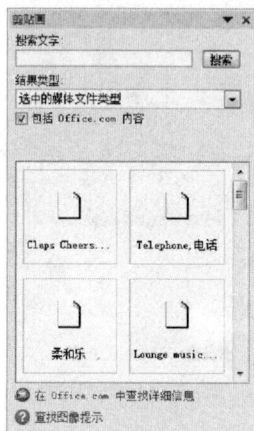

图5-26　单击插入声音　　　　图5-27　单击插入影片

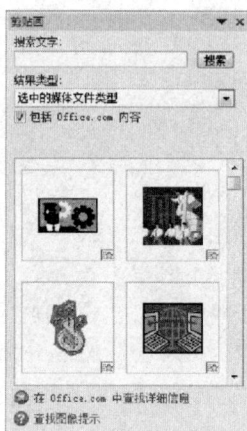

影片文件插入后默认显示第一幅画面，播放过程中可以随时单击播放画面停止。

操作过程

5.1.8　制作过程

1. 利用设计模板新建一个演示文稿

01 双击桌面上的PowerPoint图标，启动PowerPoint。

02 单击"设计"→"主题"命令打开列表，从中选定一个主题模板，这样选择的主题模板都是"标题幻灯片"版式，如图5-28所示。

图5-28　新建的演示文稿

2. 插入艺术字标题

01 单击"插入"→"艺术字"命令,打开"艺术字库"对话框,选择一种样式,然后单击。

02 在打开的编辑艺术字对话框中输入"大学生关注的问题"文本,并设置字体、字号等格式,如图 5 – 29 所示。

03 在添加副标题位置输入"调查报告",并设置文本格式。

04 在标题幻灯片中调整艺术字的位置,效果如图 5 – 30 所示。

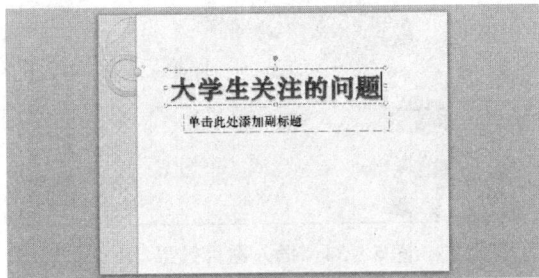

图 5 – 29　编辑"艺术字"对话框

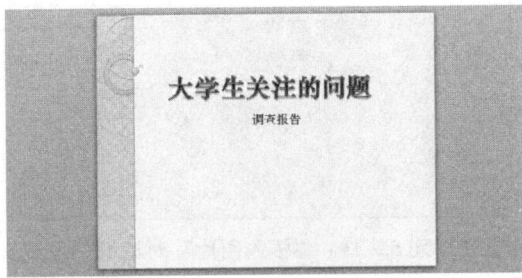

图 5 – 30　插入艺术字效果

3. 添加幻灯片

01 在"开始"选项卡下选择"新建幻灯片"命令,或者按 Ctrl + M 快捷键,在标题幻灯片后面添加一张新幻灯片。

02 在"新建幻灯片"选项卡下选择一种版式,也可以在"版式"下拉菜单中选择,(此处为"标题和内容"版式)。

03 按此方法,根据需要依次添加新的幻灯片。

4. 添加文字内容

01 在新幻灯片中添加相关文字内容,并根据需要为每张幻灯片的文字设置相应的字体属性。

02 选中需要添加项目符号的文本,单击"开始"→"段落"命令选择项目符号,打开"项目符号"对话框,选择如图 5 – 31 所示的项目符号。效果如图 5 – 32 所示。

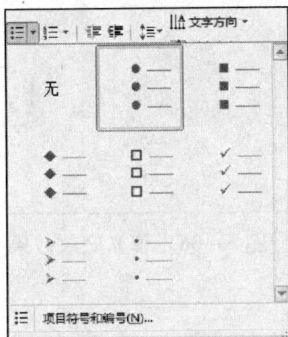

图 5 – 31　设置项目符号

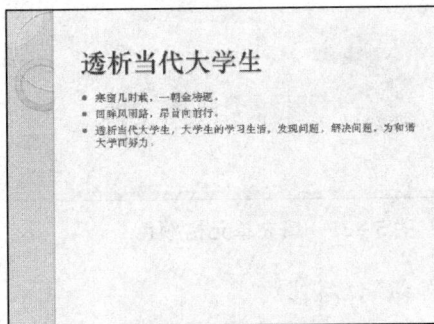

图 5 – 32　添加项目符号效果

5. 插入图片

01 选定要插入图片的幻灯片,单击"插入"→"图片"命令,选择图片所在的位置,

213

打开如图5-33所示"插入图片"对话框。

02 单击"插入"按钮，即可插入图片，然后调整图片的大小、位置。还可使用如图5-34所示中的"图片"工具栏对图片进行裁剪、添加边框、降低亮度等设置。

图5-33 "插入图片"对话框

图5-34 插入图片效果

6. 插入表格

01 选定要插入表格的幻灯片，单击"插入"→"表格"命令，打开"插入表格"对话框，输入行数和列数（2×2），单击"确定"按钮。

02 在表格中输入相关信息，并对表格的文本进行格式设置。

03 选定要填充底纹的单元格，右击鼠标，在快捷菜单中选择"设置形状格式"命令，弹出"设置形状格式"对话框，选择"填充"选项，选择你想要的颜色进行填充，如图5-35所示，也可以先选定单元格里面的文本，在出现的快捷菜单栏中选择"形状填充"选项。

04 单击目标颜色，就出现如图5-36所示的效果图。

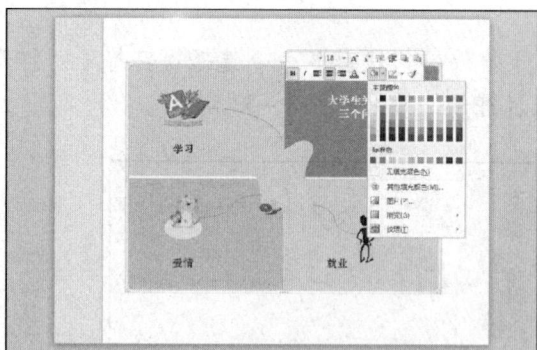

图5-35 填充单元格颜色

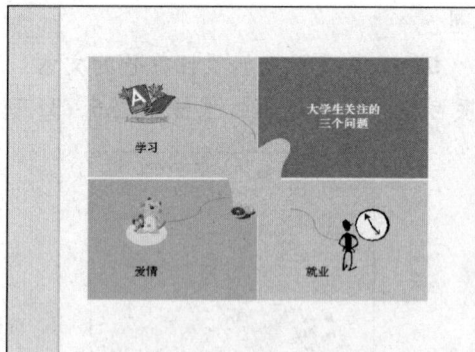

图5-36 填充底纹效果

7. 添加组织结构图

01 选定要添加组织结构图的幻灯片，单击"插入"→"图片"→SmartArt命令，找到"层次结构"，插入相应的组织结构图，你也可以在网上下载一些图表，插入PPT中，如图5-37所示。

02 右键单击"组织结构图"的单元格，在弹出的快捷菜单中选择"设置形状格式…"

命令弹出对话框，可以对单元格的"线条"、"线型"、"阴影"等进行设置，在 PowerPoint 2010 中，还可以选择"三维格式"，让单元格的样式更加丰富多彩，选好格式后，点击关闭即可。

03 根据调查情况在添加文本区域输入相关信息，并设置字体、字号和颜色等属性。单击"格式"工具栏上的"更改文字方向"按钮，将文字以竖排方式显示，效果如图 5-38 所示。

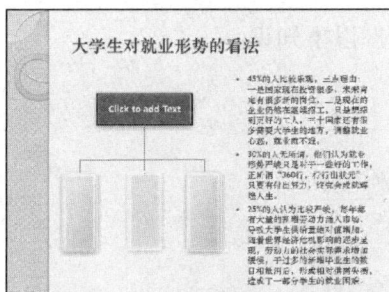

图 5-37　插入组织结构图　　　　图 5-38　编辑组织结构图

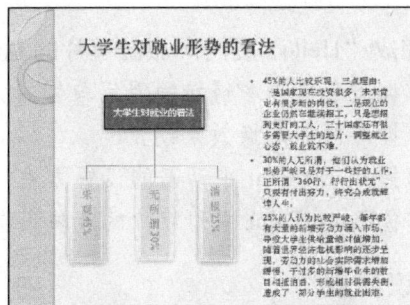

8. 创建图表

01 选定要插入图表的幻灯片，单击"插入"→"图表"→"饼图"→"分离型三维饼图"命令，即在屏幕中出现了默认的图表和 Excel 表格。

02 根据需要修改数据，如图 5-39 所示，修改完成后，单击一下 Excel 表格空白处，输入即完成。

03 调整图表在 PowerPoint 上的位置，效果如图 5-40 所示。

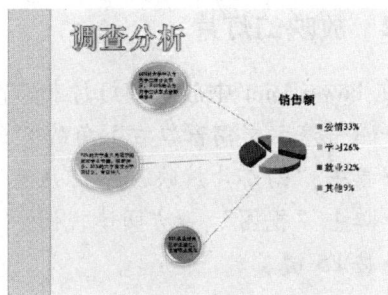

图 5-39　插入图表　　　　　　图 5-40　编辑后的效果

9. 保存文件

01 单击"文件"→"保存"命令，打开"另存为"对话框。

02 在对话框中选择保存路径，输入文件名"大学生关注的问题"。

03 单击"保存"按钮，完成"大学生关注问题"演示文稿的制作。

5.2　"Hello! 厦门" 旅游短片的制作

任务描述

选一个自己向往的旅游地点（我们以厦门旅游为例），制作一个旅游短片。我们可以通过 PowerPoint 中演示文稿的创建、幻灯片的编辑、在幻灯片中插入图片、艺术字、图表与对象等操作来制作旅游短片。为了让自己的演示文稿有特殊的视听和动画效果，可以向演示文稿中添加特殊效果，所使用的效果（如动画和切换效果）既能突出重点，但又不会让观众的注意力全放在特殊效果上。

任务分析

要完成"Hello！厦门"旅游短片的制作，应该掌握以下知识。
➤ 掌握演示文稿中链接的使用与编辑方法
➤ 掌握幻灯片切换效果设置
➤ 掌握 PowerPoint 中动画的设置方法
➤ 掌握 PowerPoint 中幻灯片的放映设置

知识要点

5.2.1 思路与素材准备

要制作一个"Hello！厦门"旅游短片，相对来说这是一个较复杂的任务，不过只要掌握了 PowerPoint 的大部分知识后，完成起来也不是很难。在设计思路上要求除了需要文本背景、图片、表格、图表和组织结构图外，还需要有播放动画、切换效果等，还要求自动播放。

要做好这个短片，要先了解与厦门旅游相关的景点和特产等，并搜集这些相关的文字资料和图片资源等。

5.2.2 放映幻灯片

在 PowerPoint 中放映幻灯片非常简单，执行下列操作之一即可：
➤ 单击演示文稿窗口右下角的"幻灯片放映"视图切换按钮 。
➤ 单击"幻灯片放映"→"从头开始"或者"从当前幻灯片开始"命令。
➤ 单击"视图"→"阅读视图"命令。
➤ 按 F5 键。

1. 人工放映方式

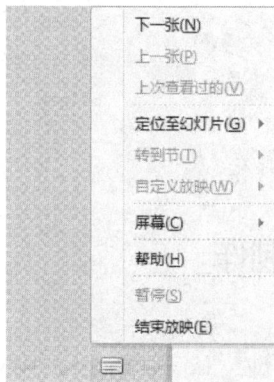

图 5-41 幻灯片放映控制菜单

人工放映方式比较方便控制，幻灯片开始放映后，可以使用以下方式人工控制。

➤ 若想显示下一张幻灯片，按下 N 键、Enter 键、Page Down 键、右箭头、下箭头、空格键或单击鼠标即可；若想显示上一张幻灯片，按下 P 键、Page Up 键、左箭头、上箭头或 Back Space 键即可；若想直接切换到某张幻灯片，在输入该幻灯片编号后按 Enter 键即可；按下 S 键或 + 键，可停止或重新启动自动放映；按 Esc 键、Ctrl + Break 键或 - 键，可结束幻灯片的放映。

➤ 在幻灯片放映屏幕的左下角有一个长方形标记按钮，用鼠标单击它就会打开如图 5-41 所示的幻灯片放映控制菜单。

该菜单中提供了控制幻灯片放映的众多命令。在屏幕上任意位置单击鼠标右键,同样也能弹出该放映控制菜单。

2. 自动放映方式

如果在幻灯片放映时不想人工移动每张幻灯片,而使幻灯片自动播放,则可以通过下述两种方法设置幻灯片在屏幕上显示时间的长短。

◇使用任务窗格设置时间间隔

人工为每张幻灯片设置时间,然后运行幻灯片放映并查看所设置的时间。

01 在普通或者幻灯片浏览视图中,选择要设置时间的幻灯片。

02 选择"切换"命令,打开如图5-42所示的任务窗格。

图5-42 "幻灯片切换"窗格

03 在"换片方式"栏中单击选择"设置自动换片时间"复选框,然后输入希望幻灯片在屏幕上出现的秒数。

04 如果要将此时间应用到所有幻灯片上,请单击"全部应用"按钮。否则,只运用于当前选择的幻灯片。

05 对要设置时间的每张幻灯片重复上述步骤。

> **提示**:如果希望在单击鼠标和经过预定时间后都能换页,并以较早发生者为准,请同时选中"单击鼠标换页"和"设置"复选框。

◇使用排练计时

所谓排练计时,指的是在排练幻灯片时,使PowerPoint自动记录设置每张幻灯片的放映时间间隔。当要求幻灯片中插入解说词、音乐等内容,都需要事先对演示文稿进行排练,以确定各幻灯片的放映时间。操作步骤如下:

01 选择"幻灯片放映"→"排练计时"命令,激活排练方式。此时在放映幻灯片的屏幕的左上角会出现一个如图5-43所示的"预演"窗口,上面会记录显示当前幻灯片的放映时间。

02 当前幻灯片排练结束,准备播放下一张幻灯片时,单击"下一项"按钮。该幻灯片的放映时间就会被自动记录下来。

03 当所有幻灯片排练结束时,会弹出一个如图5-44所示的对话框,请单击"是"按钮接受这项时间,或者单击"否"按钮重试一次。

图5-43 "预演"计时窗口

图5-44 提示对话框

> **提示：** 如果知道幻灯片放映所需的时间，可以直接在"排练"对话框内输入该取值。

3. 设置幻灯片切换效果

切换是一些特殊效果，大家平时在观看电视节目时会看到各种各样的画面切换效果。为幻灯片加入切换效果，可使演示文稿更专业，幻灯片之间的过渡更自然。PowerPoint 2010 中文版中提供了多达 30 余种的幻灯片切换效果，如百叶窗切换效果、溶解、淡出等，操作也很简单。

选择需要设置切换效果的幻灯片，单击"切换"命令，打开如图 5-45 所示的"幻灯片切换"任务窗格，在"切换到此幻灯片"栏中单击右侧的三角形按钮，从滚动列表中选择所需的切换方式。每选择一种切换效果，当前选择的幻灯片就会示范运行一次，也可单击"预览"按钮预览切换效果。

在该对话框的"声音"下拉列表框中，可选择一个伴随该幻灯片切换时的声音效果，如鼓掌、爆炸、风铃、打字机、鼓声、开枪、拍打、疾驰、照相机等。

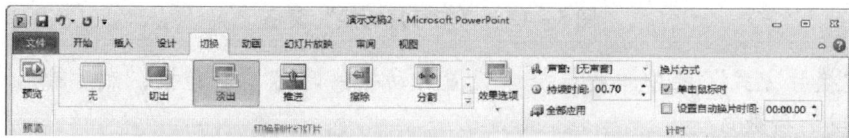

图 5-45 "幻灯片切换"任务窗格

4. 设置幻灯片对象的动画效果

动画是可以添加到文本或其他对象上（如图表或图片）的特殊视听效果。在 PowerPoint 中，可以为幻灯片所有对象（如标题、文本、图片）添加动画效果，以制作出具有动感的演示文稿，提高演示文稿的趣味性。

编辑文本或对象的动画操作步骤如下：

01 选择显示要更改动画的幻灯片。

02 选择"动画"选项卡，打开如图 5-46 所示的任务窗格。

图 5-46 "自定义动画"任务窗格

03 在对象列表框中单击选择需设置动画的对象（选择某个对象后，动画效果就会处于可选择状态），单击选择某一个动画效果，该动画效果就会被保存在该对象上，然后再单击动画选项卡下"效果选项"右下角的 按钮，打开如图 5-47 所示对话框，可以设置百叶窗的方向，播放时的声音等，单击"确定"按钮。

04 对于每个要添加动画的对象重复步骤 3。如果需要在原有的基础上再添加一个动画，就需要先单击"添加动画"按钮后才能生效。

05 在"动画"选项卡下，选择要更改动画顺序的对象，选择其中的一个动画效果，然后通过单击▲（向前移动）或▼（向后移动）按钮调节对象的播放顺序。

06 单击"预览"按钮可预览所做的修改。

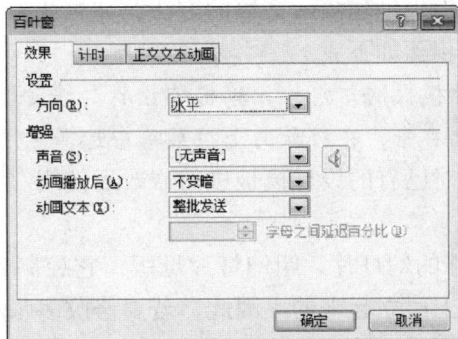

图 5 – 47　百叶窗 "效果选项" 对话框

07 删除动画。选择要删除动画的对象,单击 "动画" 选项卡下的 "动画窗格",在右侧出现的对话框中,选择要删除的动画,右击,单击 "删除" 选项即可。

5. 控制幻灯片放映

演示文稿根据演示者需要,可以按自动方式放映,也可按人工方式播放。单击 "幻灯片放映" → "设置幻灯片放映" 命令,打开 "设置放映方式" 对话框,如图 5 – 48 所示,进行相关设置即可。

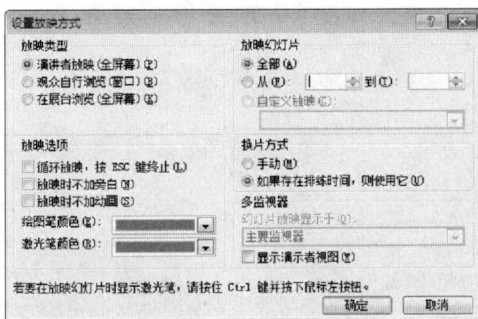

图 5 – 48　 "设置放映方式" 对话框

提示:如果要隐藏某张幻灯片,可以使用 "幻灯片放映" → "隐藏幻灯片" 命令;要取消隐藏,再使用一次该命令即可。

5.2.3　改变演示文稿外观

PowerPoint 的一大特色就是可以使演示文稿的所有幻灯片具有一致的外观。控制幻灯片外观的方法有四种:设计模板、母版、配色方案和幻灯片版式。

1. 使用设计模板

PowerPoint 2010 提供两种模板:样本模板和主题模板。样本模板包含预定义的格式和配色方案,可以应用到任意演示文稿中创建独特的外观。主题模板包含与模板类似的格式和配色方案,加上带有文本的幻灯片,文本中包含针对特定主题提供的建议。用户可以修改任意模板以适应需要,或在已创建的演示文稿基础上建立新模板,还可以将新模板添加到内容提示向导中以备下次使用。

在前面已经介绍了使用模板创建演示文稿的方法，如果认为当前模板不合适，也可以选择应用其他设计模板。操作步骤如下：

01 选择要应用其他设计模板的幻灯片，单击"设计"命令。

02 在需要的设计模板上右击，在打开的下拉菜单中选择应用范围。

用户也可以根据需要，对已有的设计模板进行修改后使用。

2. 使用母版

PowerPoint 中有一类特殊的幻灯片，叫幻灯片母版，它控制着整个演示文稿的格式，任何幻灯片都是在母版的基础上建立起来的。因此，若要修改多张幻灯片的外观，只需修改母版即可，而不必一张张幻灯片进行修改。如果要让艺术图形或文本（如公司名称或徽标）出现在每张幻灯片上，只需将其置于幻灯片母版上即可。

◇ 新建幻灯片母版

新建幻灯片母版的方法如下：

01 单击"视图"→"幻灯片母版"命令。就会出现如图 5-49 所示的幻灯片母版窗口。

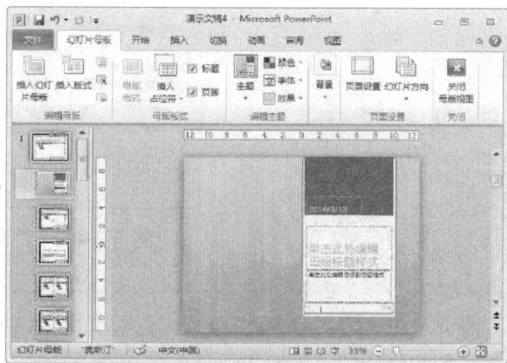

02 幻灯片母版共有 5 个占位符：标题区、文本区、日期区、页脚区和数字区。修改这些占位符内对象的格式，将影响所有基于该母版的幻灯片。在"幻灯片母版"选项卡下单击"主题"命令，选择一种模板，如图 5-50 所示。或者通过"插入"→"图片"命令，给母版添加一个图片背景。

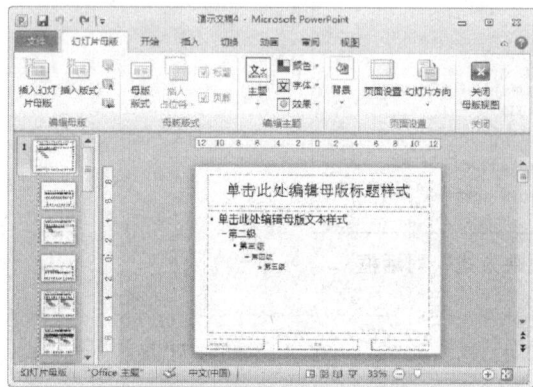

图 5-49 幻灯片母版

图 5-50 幻灯片母版

03 设置完成后，单击"视图"选项卡下的"普通视图"按钮切换回普通视图，或者直接单击"关闭母版视图"按钮，就能回到普通视图。

在该母版上插入的文本或图形等对象，也将出现在所有基于该母版的幻灯片上。

◇ 建立标题母版

标题母版控制标题版式的幻灯片格式和位置，如图 5-49 所示。

如果希望标题幻灯片与演示文稿中其他幻灯片的外观不同，可改变标题母版。标题母版仅影响使用了"标题幻灯片"版式的幻灯片，通常情况下，演示文稿的第一张幻灯片是标题幻灯片，它的内容是演示文稿的标题和副标题。例如，要强调演示文稿中每节的起始幻灯片，可将标题母版设置为不同的格式，再对每节的起始幻灯片使用"标题幻灯片"版式。由于对幻灯片母版上文本格式的改动会影响标题母版，所以请在改变标题母版之前先完成对幻灯片母版的设置。

并不是所有的幻灯片在每个细节部分都必须与幻灯片母版相同，例如可能要使某张幻灯片的标题与别的幻灯片的格式不同。这时，就可以使用更改一张幻灯片的布局的方法对需修改的幻灯片进行修改。这种修改不会影响其他幻灯片或母版。

此外，PowerPoint 中还有备注母版和讲义母版。备注母版用于格式化演讲者备注页面的内容，讲义母版用于讲义的标准格式化。

3. 使用配色方案

配色方案是用于演示文稿的一组颜色，其中包括：背景色、文本和线条颜色、阴影色、标题文本颜色、填充色、强调内容颜色、强调和超级链接颜色、强调和尾随超级链接颜色。使用配色方案有利于对演示文稿的颜色进行统一控制。

使用配色方案调整幻灯片颜色的操作步骤如下：

01 选定需要调整颜色的幻灯片。

02 单击"设计"选项卡下的"颜色"按钮，如图 5-51 所示。

03 在出现的"颜色"下拉列表中选择一种配色方案，如图 5-52 所示。右键单击你所选的颜色方案，在出现的快捷菜单中选择"应用于所有幻灯片"或"应用于所选幻灯片"。

04 如果不满意"内置"选项卡下的配色方案，还可以单击如图 5-52 中的"新建主题颜色"，对主题颜色进行自定义。

图 5-51　"幻灯片设计"窗格　　　　图 5-52　"编辑配色方案"对话框

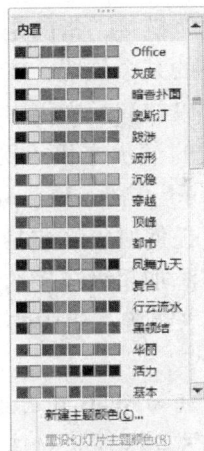

4. 设置幻灯片背景

使用模板建立的演示文稿每张幻灯片一般都有一个统一的背景，其实也可以为某张幻灯片单独设置一个别具一格的背景，或将该背景应用到所有幻灯片。

01 选择需要更改背景的幻灯片，选择"设计"选项卡下的"背景"组，单击"背景样式"命令，在弹出的下拉列表中选择背景样式即可。

02 自定义背景样式。若用户对配置的背景样式不满意，可以自定义背景样式。在背景列表中选择"设置背景格式"命令，如图 5-53 所示。

03 在该对话框中，用户可以为幻灯片添加图案、纹理、图片或背景颜色。如图 5-54 所示。

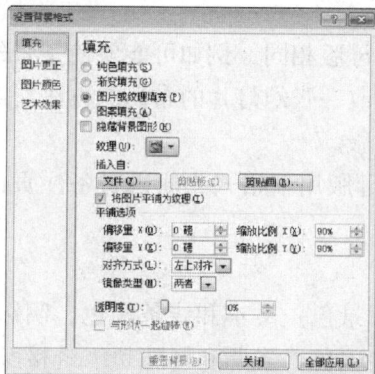

图 5-53　"背景格式"对话框

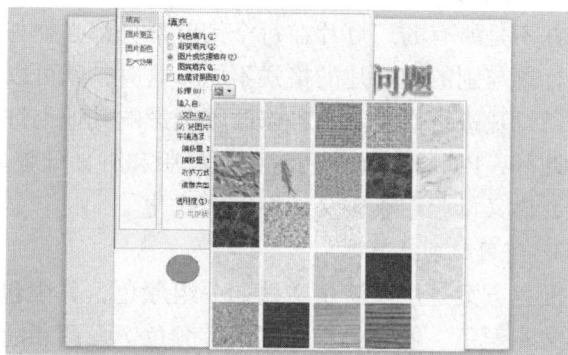

图 5-54　"填充效果"对话框

> **提示：**如果要更改备注的背景色，在备注页视图下，选择"颜色"→"灰度"或者"黑白模式"，可以设置备注页的背景；如果要更改讲义的背景色，可以使用"文件"→"保存并发送"→"创建讲义"命令，创建好讲义之后，可以在设计栏下更改讲义的背景色。

5.2.4　创建交互式演示文稿

1. 创建超级链接

所谓超级链接，指的是带有颜色和下划线的文本或图形，如果单击，就会跳转到某个文件或文件中的某个位置，或者跳转到全球广域网或局域网上的某个 HTML 页。

用户可以在演示文稿中添加超级链接，然后通过该超级链接跳转到不同的位置，从而创建出交互式的演示文稿。例如，自定义放映、演示文稿中的某张幻灯片、其他演示文稿、Microsoft Word 文档、Microsoft Excel 电子表格、Internet、公司内部网或电子邮件地址。用户还可以通过任何对象（包括文本、形状、表格、图形和图片）创建超级链接。

选择需添加超级链接的文本或图形，单击鼠标右键，选择"超链接"选项，或者单击"插入"→"链接"组中的"超链接"命令，打开如图 5-55 所示的对话框，在该对话框中进行操作。

◇ **创建指向 Web 页的超级链接**

在如图 5-55 所示对话框左侧的"链接到"区域单击"现有文件或网页"按钮，然后在下方的"地址"栏中输入要链接到的网址，单击"确定"按钮即可，如图 5-56 所示。

图 5-55　"插入超链接"对话框

图 5-56　创建指向 Web 页的超链接

◇ **创建指向某个应用程序或文件的超级链接**

在如图 5-56 所示对话框左侧的"链接到"区域单击"现有文件或网页"按钮，然后在下方的"地址"栏中输入要链接到的应用软件或文件的路径，或在查找范围中直接查找到应用软件或文件的路径，单击"确定"按钮即可，如图 5-57 所示。

◇创建指向当前演示文稿中某个位置的超级链接

在如图 5-57 所示对话框左侧的"链接到"区域单击"本文档中的位置"按钮，然后在"请选择文档中的位置"区域选择本文档中的某个幻灯片，单击"确定"按钮即可，如图 5-58 所示。

图 5-57 创建指向应用程序或文件的超级链接

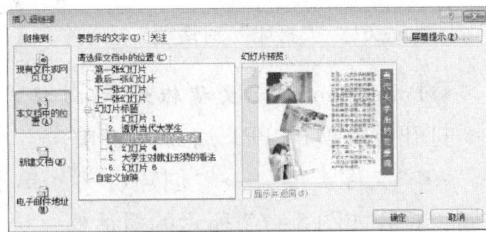

图 5-58 创建指向文档中某个位置的超级链接

2. 动作按钮

PowerPoint 带有一些制作好的动作按钮，可以将这些动作按钮插入到演示文稿中并为之定义超级链接。动作按钮包括一些形状，例如，左箭头和右箭头。可以使用这些常用的易理解符号转到下一张、上一张、第一张和最后一张幻灯片。Power-Point 还有播放电影或声音的动作按钮。如果希望同样的按钮出现在每张幻灯片上，可将其置于幻灯片母版上。

01 打开要设置动作按钮的幻灯片，选择"插入"选项卡中"插图"组中的"形状"下拉按钮，选择"动作按钮"中一个系统预定义的动作按钮。然后，在幻灯片中要插入动作按钮的位置拖动鼠标绘制该按钮。

02 绘制完动作按钮后，会自动弹出"动作设置"对话框，如图 5-59 所示，在"超链接到"中选择自己指定所需的链接，再单击"确定"按钮。

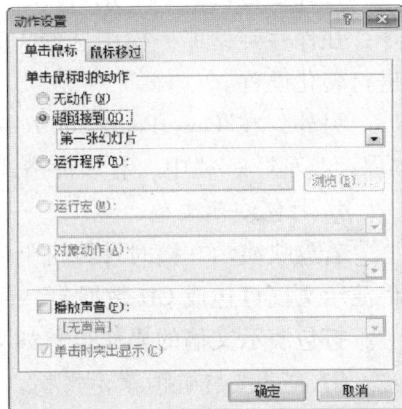

图 5-59 "动作设置"对话框

5.2.5 打印、传送、打包演示文稿

演示文稿制作完成之后，可以多种形式进行输出，如输出为 HTML 文件、GIF 或 JPEG 图像文件等。这里我们要讨论的是如何将演示文件进行打印输出和打包输出。

1. 页面设置

01 选择"设计"→"页面设置"命令，打开"设置"对话框如图 5-60 所示。

02 在该对话框中设置幻灯片的起始编号、幻灯片备注页以及大纲的页面方向。

2. 打印演示文稿

01 单击"文件"→"打印"命令，打开如图 5-61 所示的"打印"对话框。

02 在"打印机"栏中选择打印时所使用的打印机；

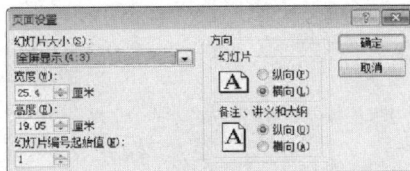

图 5-60 "页面设置"对话框

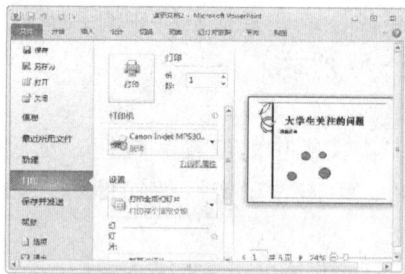

图 5-61 "打印"对话框

在"设置"栏的第一行设置打印的范围；在"份数"栏中确定打印的份数。

03 选择打印时的其他选项。例如，如果想打印灰度演示文稿，那么应单击"颜色"按钮，在下拉列表框中选择"灰度"。选中此项后，即使使用彩色打印机也只能打印灰白演示文稿。

04 单击"打印"按钮，演示文稿便开始打印输出了。

3. 演示文稿的格式转换

◇**PowerPoint 演示文稿转为 Word 格式**

打开要转换的 PPT 幻灯片，单击"文件"→"保存并发送"→"文件类型"→"创建讲义"单击右侧的"创建讲义"按钮，打开如图 5-62 所示的对话框，选择在 Word 文档中使用的版式，如果选中"粘贴"单选按钮表示单独转换，而选中"粘贴链接"单选按钮，则表示 Word 中的内容会随着 PowerPoint 中内容的改变而改变。

◇**PowerPoint 演示文稿转为 PDF 格式**

打开要转换的 PPT 幻灯片，单击"文件"→"另存为"命令，在保存类型那一栏中选择 PDF，也可以单击"选项"按钮进行转化设置。

另外，在 PowerPoint 2010 中，单击"另存为"按钮，在"保存类型"一栏中，有多种格式可以选择，功能强大。

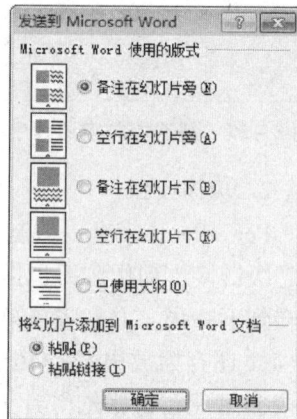

图 5-62 发送到 Microsoft Office Word 对话框

4. 打包演示文稿

若放映演示文稿时计算机上没有安装 PowerPoint，此时可以将演示文稿打包成 CD 数据包，通过 PowerPoint 播放器来观看。

打包演示文稿的操作步骤如下：

01 打开要打包的演示文稿。

02 单击"文件"→"保存并发送"命令，在"文件类型"区域中选择"将演示文稿打包成 CD"选项，在弹出的区域中单击"打包成 CD"按钮，打开如图 5-63 所示的"打包成 CD"对话框。

03 在"打包成 CD"对话框中，单击"复制到 CD"按钮，如果需要添加文件到 CD，则单击"添加"按钮。

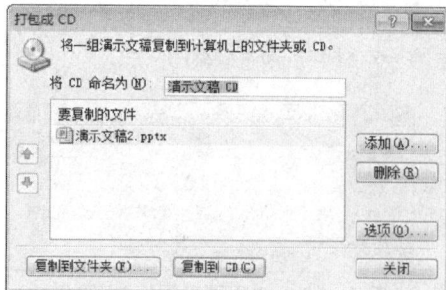

图 5-63 "打包成 CD"对话框

04 此时弹出"添加文件"对话框，在该对话框中打开文件所在的文件夹，然后选择需要添加的文件，单击"添加"按钮。

05 默认情况下，打包后创建的文件夹中包含了链接文件和 PowerPoint 播放器。若要更改设置，单击"选项"按钮，打开如图 5-64 所示对话框，进行相关设置。然后单击"确定"按钮，返回"打包成 CD"对话框。

06 单击"复制到 CD"按钮，系统开始打包复制。

如果当前没有刻录机或只想把文件打包到某个文件夹，可在如图 5-63 所示对话框中单击"复制到文件夹"按钮，打开如图 5-65 所示对话框，选择打包的演示文稿存放的位置，即可将演示文稿打包输出到指定的位置。

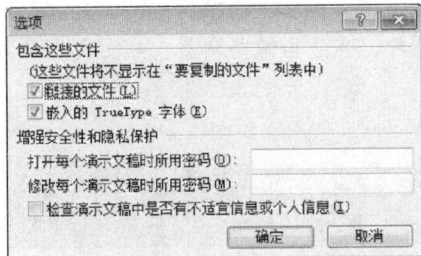

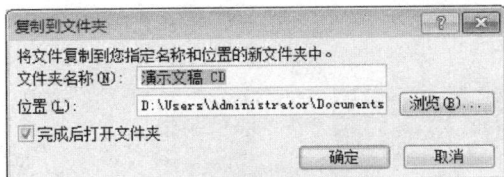

图 5-64 "选项"对话框　　　　图 5-65 "复制到文件夹"对话框

5. 保存演示文稿

保存演示文稿就是将其保存在电脑相应的磁盘中，在制作演示文稿时，需要养成及时保存演示文稿的好习惯，以避免因断电、死机或操作不当引起的文件信息丢失。

01 文稿的首次保存。单击快速访问工具栏中的"保存"按钮，或者执行"文件"→"保存"命令；弹出"另存为"对话框，从中设置演示文稿的保存路径、文件名及保存类型，然后单击"保存"按钮即可。

02 另存演示文稿。若希望在其他位置或以其他名称保存已经保存过的演示文稿，可执行"文件"→"另存为"命令，在打开的"另存为"对话框中进行设置即可。

5.2.6　制作过程

1. 设置母版

01 双击桌面上的 PowerPoint 图标，启动 PowerPoint，系统自动创建了一个演示文稿。

02 单击"视图"→"幻灯片母版"命令，打开幻灯片母版，如图 5-66 所示。

03 进入"幻灯片母版"选项卡，在"编辑主题"一栏中单击主题，选择"平衡"模式，如图 5-67 所示。

图 5-66 幻灯片母版　　　　图 5-67 选择模板

04 设置母版上的标题格式与文本样式等。

05 设置好后，单击"幻灯片母版"选项卡下的"关闭母版视图"按钮切换回普通视图。

2. 制作片头标题

01 单击"插入"→"艺术字"命令，打开"艺术字库"对话框，选择一种艺术字样式，在编辑艺术字对话框中输入内容，如图5-68所示，并设置字体、字号等格式。

02 单击"关闭"按钮，在标题幻灯片中调整艺术字的位置。

03 在添加副标题位置输入文本内容，并设置字体属性。

04 在 PowerPoint 标题位置的最右端插入有关厦门的图片，并适当做些调整。如图5-69所示。

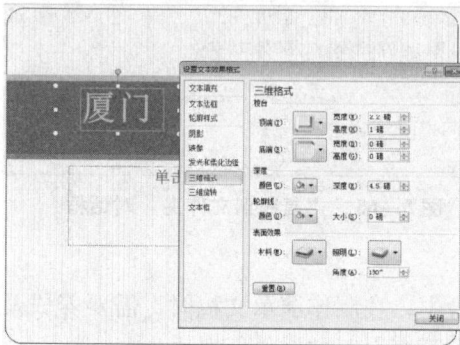

图5-68　幻灯片母版

图5-69　选择模板

3. 添加幻灯片

01 单击"开始"→"新建幻灯片"命令，或按 Ctrl + M 快捷键，在标题幻灯片片后添加一张新的幻灯片。

02 单击"版式"按钮，在任务窗格中选择一种版式（此处为"节标题"版式）。

03 按此方法，根据需要依次添加新的幻灯片。

4. 添加文字内容

01 在新幻灯片中添加与厦门旅游的相关文字内容。

02 设置文字的字体属性。

5. 插入图片

01 选定需要插入图片的幻灯片。

02 单击"插入"→"图片"命令，打开如图5-70所示的"插入图片"对话框。

03 按路径查找所要的图片，单击"插入"按钮，即可插入图片，然后调整图片的大小、位置。效果如图5-71所示。

图5-70　"插入图片"对话框

图5-71　插入图片效果

6. 设置动画

01 单击"动画"命令，打开"动画"任务窗格。

02 选择第二张幻灯片中的标题"厦门海沧大桥"，设置进入效果为"飞入"，在"效果选项"下拉列表框中选择"自右侧"，如图 5 - 72 示。

03 选择第二张幻灯片中的大图片，单击"添加动画"按钮，选择"进入更多效果"选项，在弹出的对话框中选择"菱形"，如图 5 - 73 所示。

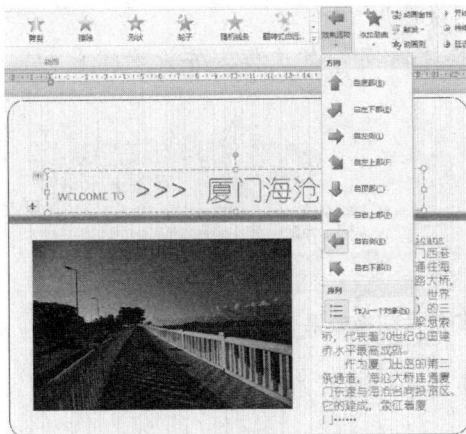

图 5 - 72　设置飞入方向

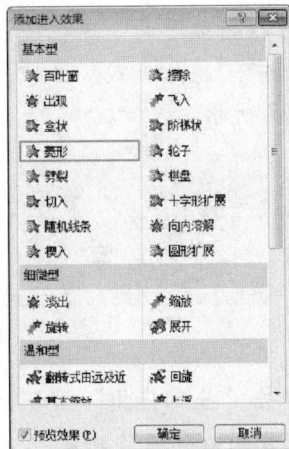

图 5 - 73　添加动画效果

04 按此方法，依次为第二张幻灯片中的"WELCOME TO"对象和文本对象添加动画效果"向内溶解"。

05 在如图 5 - 74 所示窗格中，单击"效果选项"命令，打开如图 5 - 75 所示对话框，在"动画文本"框中设置"按字/词"显示，单击"确定"按钮。

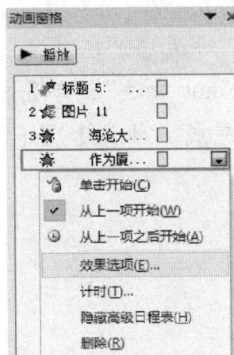

图 5 - 74　"插入图片"对话框

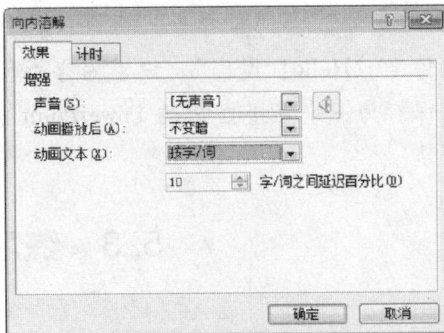

图 5 - 75　插入图片效果

06 在"动画窗格"中，选中"图片框 1"对象，单击上面的箭头▼，将该对象降后一位。

07 按上面的操作方法，设置其他幻灯片的动画效果。

7. 设置幻灯片的切换方式

01 单击"切换"命令，打开如图 5 - 76 所示的"幻灯片切换"任务窗格。

02 选中"随机线条"，再单击右侧的"效果选项"按钮，在下拉列表框中选择幻灯片

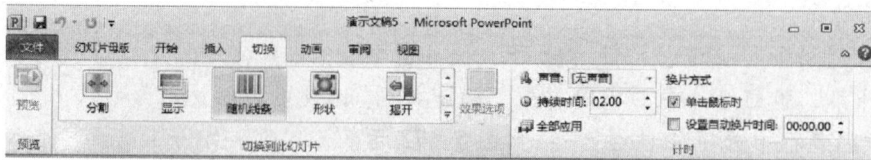

图5-76 "幻灯片切换"任务窗格

切换效果为"垂直"。

03 在"持续时间"一栏中设置幻灯片的切换速度。

04 选中"换片方式"区域的"设置自动换片时间"复选框，并设置播放的间隔时间，如图5-77所示。

图5-77 设置幻灯片切换效果

05 单击"全部应用"按钮，将幻灯片切换效果的设置应用于所有幻灯片。

8. 预览幻灯片播放效果

幻灯片制作好后，单击"幻灯片放映"按钮，选择"从头开始"或"从当前幻灯片开始"命令，或按F5键，观看幻灯片的播放效果，确定是否满意。

9. 保存文件

观看完幻灯片播放效果，确定满意后就可保存文件了。

01 单击"文件"→"保存"命令，打开"另存为"对话框，在对话框中选择保存路径，输入文件名"Hello! 厦门"，设置保存类型为"PowerPoint 演示文稿"。单击"保存"按钮。

02 单击"文件"→"另存为"命令，打开"另存为"对话框，在对话框中选择保存路径，输入文件名"Hello! 厦门"，设置保存类型为"PowerPoint 放映"，单击"保存"按钮。将演示文稿保存为一个直接播放的PowerPoint放映文件，完成"Hello! 厦门"旅游短片演示文稿的制作。

5.3 练习与思考

一、选择题

1. 演示文稿储存以后，默认的文件扩展名是（   ）。

A. . ppt   B. . exe   C. . bat   D. . bmp

2. 在PowerPoint中，"视图"这个名词表示（   ）。

A. 一种图形   B. 显示幻灯片的方式

C. 编辑演示文稿的方式   D. 一张正在修改的幻灯片

3. 在下列PowerPoint的各种视图中，可编辑、修改幻灯片内容的视图是（   ）。

A. 普通视图   B. 幻灯片浏览视图

C. 幻灯片放映视图　　　　　　　　D. 都可以

4. 幻灯片中占位符的作用是（　　　）。

A. 表示文本长度　　　　　　　　　B. 限制插入对象的数量

C. 表示图形的大小　　　　　　　　D. 为文本、图形预留位置

5. 幻灯片上可以插入（　　　）多媒体信息。

A. 音乐、图片、Word 文档　　　　B. 声音和超链接

C. 声音和动画　　　　　　　　　　D. 剪贴画、图片、声音和影片

6. PowerPoint 母版有（　　　）种类型。

A. 3　　　　　　B. 5　　　　　　C. 4　　　　　　D. 6

7. PowerPoint 的"超级链接"命令可实现（　　　）。

A. 幻灯片之间的跳转　　　　　　　B. 演示文稿幻灯片的移动

C. 中断幻灯片的放映　　　　　　　D. 在演示文稿中插入幻灯片

8. 在幻灯片中，将同时选中的多个对象进行组合，需按鼠标左键和（　　　）。

A. Tab 键　　　　B. Insert 键　　　C. Alt 键　　　　D. Shift 键

9. 在 PowerPoint 编辑状态下，采用鼠标拖动的方式进行复制，要先按住（　　　）键。

A. Ctrl　　　　　B. Shift　　　　　C. Alt　　　　　D. Tab

10. 下列关于自选图形对象操作描述不正确的是（　　　）。

A. 通过"插入"菜单中的"图片"命令可插入自选图形

B. 同一幻灯片中的自选图形对象可任意组合，形成一个对象

C. 自选图形内不能添加文本

D. 采用鼠标拖动的方式能够改变自选图形的大小与位置

11. PowerPoint 2010 的"设计"选项卡包含（　　　）。

A. PowerPoint 的页面设置　　　　B. PowerPoint 的主题设计

C. PowerPoint 的背景设置　　　　D. 预定义的幻灯片样式和配色方案

12. 在 PowerPoint 的幻灯片浏览视图下，不能完成的操作是（　　　）。

A. 调整个别幻灯片位置　　　　　　B. 删除个别幻灯片

C. 编辑个别幻灯片内容　　　　　　D. 复制个别幻灯片

13. 在 PowerPoint 中，"背景"设置中的"填充效果"所不能处理的效果是（　　　）。

A. 图片　　　　　B. 图案　　　　　C. 纹理　　　　　D. 文本和线条

14. 要从一张幻灯片"溶解"到下一张幻灯片，应使用功能区的（　　　）命令。

A. 视图　　　　　B. 动画　　　　　C. 切换　　　　　D. 幻灯片放映

15. 要从第二张幻灯片跳转到第八张幻灯片，应使用（　　　）。

A. 动作设置　　　　　　　　　　　B. 动画方案

C. 幻灯片切换　　　　　　　　　　D. 自定义动画

16. PowerPoint 超级链接的目标中不包括（　　　）。

A. 书签　　　　　B. 文件　　　　　C. 文件夹　　　　D. Web 页

17. 下列各命令中，可以在计算机屏幕上放映演示文稿的是（　　　）。

A. "工具"菜单的"观看放映"命令

B. "视图"菜单的"阅读视图"命令

C. "编辑"菜单的"幻灯片放映"命令

D. "视图"菜单的"幻灯片浏览"命令

18. 在 PowerPoint 中保存演示文稿时，若要保存为"PowerPoint 放映"文件类型时，其扩展名为（　　　）。

A. . txt　　　　　　B. . ppt　　　　　　C. . pps　　　　　　D. . bas

19. 下列关于幻灯片打印操作的描述不正确的是（　　　）。

A. 不能将幻灯片打印文件

B. 彩色幻灯片能以黑白方式打印

C. 能够打印指定编号的幻灯片

D. 打印纸张大小由"页面设置"命令定义

20. 在 PowerPoint 中，下列有关选定幻灯片的说法错误的是（　　　）。

A. 在幻灯片浏览视图中单击，即可选定

B. 选定多张不连续的幻灯片，在幻灯片浏览视图下按住 Ctrl 键并单击各幻灯片

C. 在幻灯片浏览视图中，若要选定所有幻灯片，应使用 Ctrl + A 键

D. 在幻灯片放映视图下，也可发选定多个幻灯片

21. 如果要将幻灯片方向改变为纵向，应使用的菜单是（　　　）。

A. "文件"菜单中的"页面设置"

B. "文件"菜单中的"打印"

C. "设计"菜单中的"幻灯片方向"

D. "格式"菜单中的"应用设计模板"

22. 在 PowerPoint 中，对于已创建的多媒体演示文档，可以用下列（　　　）命令转移到其他未安装 PowerPoint 的机器上放映。

A. 文件/打包　　　　　　　　　　B. 文件/发送

C. 复制　　　　　　　　　　　　D. 幻灯片放映

23. 关于 PowerPoint 幻灯片母版的使用，下列说法不正确的是（　　　）。

A. 通过对母版的设置可以控制幻灯片中不同部分的表现形式

B. 通过对母版的设置可以预定幻灯片的前景颜色、背景颜色和字体大小

C. 修改母版不会对演示文稿中任何一张幻灯片带来影响

D. 标题母版为使用标题版式的幻灯片设置了默认格式

24. 关于幻灯片切换，下列说法正确的是（　　　）。

A. 可设置进入效果　　　　　　　B. 可设置切换音效

C. 可用鼠标单击切换　　　　　　D. 以上全对

25. 关于修改母版，下列说法正确的是（　　　）。

A. 母版不能修改

B. 幻灯片编辑状态就可以修改

C. 进入母版修改状态就可以修改

D. 以上说法都不对

26. 关于演示文稿下列说法错误的是（　　　）。

A. 可以有多张幻灯片　　　　　　B. 可以调整文字的位置

C. 不能改变文字大小　　　　　　　D. 可以有背景画面

27. 在 PowerPoint 2010 中，关于动画，下列说法正确的是（　　）。

A. 可以调整顺序　　　　　　　　　B. 有些可设置参数

C. 可以带声音　　　　　　　　　　D. 以上都对

28. 在 PowerPoint 2010 中，画矩形时，按住（　　）能画正方形。

A. Ctrl 键　　　　B. Alt 键　　　　C. Shift 键　　　　D. 可上都不对

29. 在 PowerPoint 2010 中，将演示文稿插入幻灯片，则（　　）。

A. 能改变大小　　　　　　　　　　B. 能修改位置

C. 能播放　　　　　　　　　　　　D. 以上都对

30. 在 PowerPoint 2010 中，可以为一种元素设置（　　）动画效果。

A. 一种　　　　　　　　　　　　　B. 多种

C. 不多于两种　　　　　　　　　　D. 以上都不对

31. 在 PowerPoint 2010 中，如果要播放演示文稿，可以使用（　　）。

A. 幻灯片视图　　　　　　　　　　B. 大纲视图

C. 幻灯片浏览视图　　　　　　　　D. 幻灯片放映视图

32. 幻灯片的配色方案可以通过（　　）更改。

A. 模板　　　　B. 母版　　　　C. 设计　　　　D. 版式

33. 将演示文稿插入幻灯片应打开（　　）。

A. "视图" 菜单　　　　　　　　　　B. "插入" 菜单

C. "格式" 菜单　　　　　　　　　　D. "工具" 菜单

34. 如需要为 PowerPoint 演示文稿设置动画效果，如让文字以 "回旋" 方式播放，则可以单击 "动画" 菜单，再选择（　　）。

A. 动画方案　　　　　　　　　　　B. 幻灯片切换

C. 动画预览　　　　　　　　　　　D. 添加动画

35. 设置好的切换效果，可以应用于（　　）。

A. 所有幻灯片　　　　　　　　　　B. 一张幻灯片

C. A 和 B 都对　　　　　　　　　　D. A 和 B 都不对

36. 设置一张幻灯片切换效果时，可以（　　）。

A. 使用多种形式　　　　　　　　　B. 只能使用一种

C. 最多可以使用五种　　　　　　　D. 以上都不对

37. 在 PowerPoint 2010 中，（　　）元素可以添加动画效果。

A. 文字　　　　B. 图片　　　　C. 文本框　　　　D. 以上都可以

38. 输入或编辑 PowerPoint 幻灯片标题和正文应在（　　）下进行。

A. 幻灯片普通视图模式　　　　　　B. 幻灯片放映视图模式

C. 幻灯片浏览视图模式　　　　　　D. 幻灯片 "备注" 窗格

39. 下列各项可以作为幻灯片背景的是（　　）。

A. 图案　　　　B. 图片　　　　C. 纹理　　　　D. 以上都可以

二、填空题

1. PowerPoint 生成的文件称为_____。

2. 每一张幻灯片都是由_____组成。

3. _____视图下可以在同一屏上浏览到多张幻灯片。

4. 每一个对象在幻灯片中都有一个_____，根据提示单击或双击它可以填写或添加相应的内容。

5. 修改幻灯片配色方案，单击选定的颜色，则新配色方案的有效范围是_____。

6. 修改幻灯片配色方案后，选择"全部应用"按钮，则新配色方案的有效范围是_____。

7. 状态栏中的显示"幻灯片　8/10"说明当前演示文稿文件中共有_____张幻灯片，当前为第_____张。

8. 要在 PowerPoint 的占位符外输入文本，应先插入一个_____，然后再在其中输入字符。

9. 按下幻灯片放映按钮，可以运行幻灯片放映。如果在幻灯片普通视图中，按_____键开始放映。

三、判断题

1. 占位符是一种带有虚线或阴影线边缘的框，在此框内只能放置文字。　　　　　（　　）

2. PowerPoint 演示文稿放映时只能用手工方式切换幻灯片。　　　　　（　　）

3. 在幻灯片中添加文本的最简易方式是直接将文本输入到文本占位符。　　　　　（　　）

4. 在 PowerPoint 2010 幻灯片窗格中，利用"编辑"菜单中的"复制""粘贴"选项能实现整张幻灯片的复制。　　　　　（　　）

5. 选择性粘贴仅能复制内容，不能复制格式。　　　　　（　　）

6. 幻灯片母版可以控制所有幻灯片的格式，例如标题的位置和大小、文本的位置和大小、幻灯片编号的位置和大小、背景图案等。　　　　　（　　）

7. PowerPoint 提供了在幻灯片放映时播放声音、音乐和影片的功能，通过在演示文稿中插入声音和影视等对象，可使演示文稿更富有感染力。　　　　　（　　）

8. 在 PowerPoint 也可以像 Word 中一样使用标尺来控制文本缩进量。　　　　　（　　）

9. 每张幻灯片中只能包含一个链接点。　　　　　（　　）

10. 要使每张幻灯片都出现某个对象，可以向母版中插入该对象。　　　　　（　　）

11. 超级链接是从一个演示文稿或文件快速跳转到其他演示文稿或文件的捷径。（　　）

12. 动作设置可以在众多的幻灯片中实现快速跳转，也可以实现与 Internet 的超级链接，但不可以应用动作设置启动某一个应用程序。　　　　　（　　）

13. 动画设置可以添加声音效果，但动作设置不行。　　　　　（　　）

14. 幻灯片放映时不显示备注页面添加的备注内容。　　　　　（　　）

15. 可以选择"格式"菜单中的"段落"来设置段落格式。　　　　　（　　）

四、思考题

1. 在 PowerPoint 中，有哪几种视图？各适用于何种情况？

2. PowerPoint 的母版类型有几种？分别写出它们的名称与使用场合。

3. 在 PowerPoint 中，为什么要对演示文稿进行打包？

第6章 数据库基础

　　数据库（Database）是按照数据结构来组织、存储和管理数据的仓库，它产生于距今六十多年前，随着信息技术和市场的发展，特别是 20 世纪 90 年代以后，数据管理不再仅仅是存储和管理数据，而转变成用户所需要的各种数据管理的方式。数据库有很多种类型，从最简单的存储有各种数据的表格到能够进行海量数据存储的大型数据库系统都在各个方面得到了广泛的应用。

6.1 数据库基础知识

6.1.1 数据库系统的基本概念

1. 数据处理技术的发展

数据处理技术的发展经历了三种方式，即程序管理方式、文件系统方式和数据库系统方式。

（1）程序管理方式。

程序管理方式是将数据存放在由程序定义的内存变量中，该方式有以下三个缺点：数据不能保存；数据不能独立于程序；数据不能共享。如图 6-1 所示。

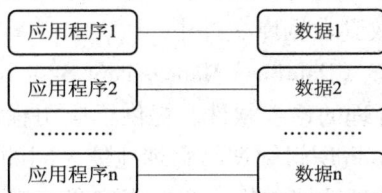

图 6-1 程序管理过程

（2）文件系统方式。

文件系统方式是将数据存放在数据文件中，数据文件可独立于应用程序。用户在程序中用文件操作语句对数据文件进行存取操作。数据可保存、可共享，但对数据文件处理需编写程序才能实现，且数据的安全性、一致性、完整性得不到保证。如图 6-2 所示。

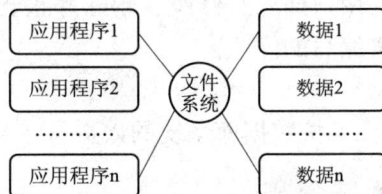

图 6-2 文件管理过程

（3）数据库系统。

数据库系统用专门软件对数据文件进行操作，不用编程就可实现对数据文件的处理，使操作更方便、更安全，并能保证数据的完整性、一致性，且能控制对数据文件的并发操作。如图6-3所示。

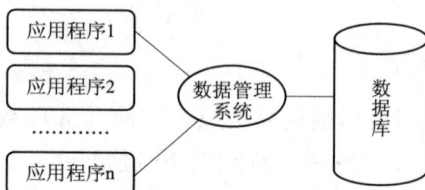

图6-3 数据库管理过程

2. 数据库系统的组成

数据库系统是由数据库DB、数据库管理系统DBMS、支持数据库运行的软硬环境、数据库应用程序和数据库管理员等组成。如图6-4所示。

图6-4 数据库系统的组成

（1）数据库DB（DataBase）。

数据库由一组相互联系的数据文件组成，其中最基本的是包含用户数据的数据文件。数据文件之间的逻辑关系也要存放到数据库文件中。

（2）数据库管理系统DBMS（DataBase Management System）。

DBMS是专门用于数据库管理的系统软件，提供了应用程序与数据库的接口，允许用户逻辑地访问数据库中的数据，负责逻辑数据与物理地址之间的映射，是控制和管理数据库运行的工具。DBMS可提供数据处理功能包括：数据库定义、数据操纵、数据控制、数据维护功能。

（3）支持数据库运行的软、硬件环境。

每种数据库管理系统都有它自己所要求的软、硬件环境。一般对硬件要说明所需的基本配置，对软件则要说明其适用于哪些底层软件、与哪些软件兼容等。

（4）数据库应用程序。

数据库应用程序是一个允许用户插入、修改、删除并报告数据库中数据的计算机程序。是由程序员用某种程序设计语言编写的。

（5）数据库管理员DBA。

数据库管理员DBA是管理、维护数据库系统的人员。

6.1.2 关系型数据库的基本概念

每一个数据库管理系统都是按一定的结构进行数据的组织的，这种数据用数据模型来表示。数据模型可分为层次型、网状型、关系型三种类型。自 20 世纪 80 年代以来，几乎所有的数据库管理系统都是关系数据库，如 Visual FoxPro，Microsoft SQL Sever，Oracle 等都采用关系模型。本章要学习的 Microsoft Access 2010 也是一种典型的关系数据库。

Access 2010 关系型数据库的基本概念

1. 数据表（Table）

描述事物的数据组织成的二维表称为数据表。

2. 记录（Record）

数据表中每一行数据称为一个记录。一般情况下，表中每行记录的内容应该不同。

3. 字段（Field）

数据表中每一列称为字段，当某个字段值在表中具有唯一性时，称此字段为主键（Primary Key），主键可以用来唯一地标识一个记录。

4. 索引（Indexes）

使用索引可快速访问数据库表中的特定信息。索引是对数据库表中一列或多列的值进行排序的一种结构，例如 employee 表的姓名（name）列。如果要按姓查找特定职员，与必须搜索表中的所有行相比，索引会帮助用户更快地获得该信息。

在关系数据库中，索引是一种与表有关的数据库结构，它可以使对应于表的 SQL 语句执行得更快。索引的作用相当于图书的目录，可以根据目录中的页码快速找到所需的内容。

5. 查询（Query）

是按照事先规定的准则，以不同方式查看相关表中数据的一种数据库对象。

6.2 了解 Access 2010

Microsoft Office Access 2010 是一个目前广泛应用的数据库软件，是 Office 2010 软件包的一个重要组成部分。它提供表、查询、窗体、报表、页、宏、模块等 7 种对象来建立数据库系统；能方便地运用多种向导、生成器、模板，使数据存储、数据查询、界面设计、报表生成等操作简单化、规范化；从而为建立功能完善的数据库管理系统提供了方便，让用户不必编写代码，就可完成日常的数据管理工作。

6.2.1 Access 2010 的新特性

Microsoft Access 2010 非常简单易用。使用 Access 2010，即使用户不是一位数据库专家，也可以充分利用自己的信息。并且，通过最新添加的 Web 数据库，它可以增强用户运用数据的能力，从而可以更轻松地跟踪、报告和与他人共享数据。从手边的 Web 浏览器即可轻松访问用户的数据。

1. 入门比以往更快速更轻松

利用 Access 2010 中的社区功能。以他人创建的数据库模板为基础开展工作，并共享自己的设计。使用 Office Online 上提供的专为经常请求的任务设计的新预建数据库模板，或从社区提交的模板中选择一些数据库模板并对其进行自定义以满足客户自身的具体需求。

2. 为用户的数据创建一个集中化的录入平台

利用多重数据连接以及从其他来源链接或导入的信息来集成 Access 报表。使用改进的条件格式和计算工具，用户可以创建内容丰富且具有视觉冲击力的动态报表。现在，Access 2010 报表支持数据条，从而使用户及其受众可以更轻松地跟踪趋势和深入了解情况。

3. 几乎可以从任何地方访问用户的应用程序、数据或表格

将用户的数据库扩展到 Web，这样没有 Access 客户端的用户就可以通过浏览器打开 Web 表格和报表，而所做更改会自动进行同步。也可以脱机处理 Web 数据库，更改设计和数据，然后在重新联网时将所做更改同步到 Microsoft SharePoint Server 2010。通过 Access 2010 和 SharePoint Server 2010，可以集中保护用户的数据以满足数据合规、备份和审核要求，从而使用户可以更容易地访问和管理自己的数据。

4. 在用户的 Access 数据库中应用专业设计

利用熟悉且具有吸引力的 Office 主题，并通过高保真的 Access 客户端和 Web 将其应用到用户的数据库中。从各种主题中进行选择，或者设计用户自己的自定义主题，以制作出美观的表格和报表。

5. 使用拖放功能将导航添加到用户的数据库中

创建外观专业、类似 Web 的导航表格，从而不用编写任何代码或逻辑，即可更容易地访问用户经常使用的表格或报表。从六个预定义的导航模板中进行选择，其中包含水平选项卡或垂直选项卡的组合。可以使用多层水平选项卡来显示带有大量 Access 表格或报表的应用程序。只需拖放表格或报表即可进行显示。

6. 更快速更轻松地完成用户的工作

Access 2010 简化了用户查找和使用功能的方式。新的 Microsoft Office Backstage™ 视图替代了传统的"文件"菜单，从而只需单击几下即可发布、备份和管理用户的数据库。并且，通过改进的功能区，用户可以通过自定义选项卡或创建自己的选项卡来更快速地访问最常用的命令，从而个性化定义工作方式体验。

7. 使用智能感知轻松编写表达式

使用简化的表达式生成器，用户可以在自己的数据库中更快速更轻松地编写逻辑和表达式。使用智能感知 - 快速信息、工具提示和自动完成，用户可以减少错误、用更少的时间来记住表达式名称和语法并用更多的时间重点关注编写应用程序逻辑。

8. 比以往更快速地设计宏

Access 2010 具有一个改进的宏设计器，使用该设计器可以更轻松地创建、编辑和自动化数据库逻辑。使用这个宏设计器，用户可以更高效地工作、减少编码错误，并轻松地整合更复杂的逻辑以创建功能强大的应用程序。通过使用数据宏将逻辑附加到用户的数据中来增加代码的可维护性，从而实现源表逻辑的集中化。使用功能更强大的宏设计器和数据宏，用户可以将自动化扩展到 Access 客户端以外的 SharePoint Web 数据库和可更新自己的表格的其他应用程序。

9. 将数据库的若干部分转变为可重复使用的模板

在数据库中重复使用其他用户创建的数据库部分可以节省时间和精力。现在，可以将经常使用的 Access 对象、字段或字段集合保存为模板，并将这些模板添加到现有的数据库中，

从而使用户能够更加高效地工作。应用程序部分可以在用户公司中共享，从而在创建数据库应用程序方面保持一致性。

10. 将 Access 数据与实时 Web 内容集成

现在，用户可以通过 Web 服务协议连接到数据源。通过业务连接服务（Business Connectivity Services），在创建的数据库中包括 Web 服务和业务线应用程序数据。并且通过新 Web 浏览器控件，用户可以在自己的 Access 表格中集成 Web 2.0 内容。

6.2.2　Access 2010 的启动与退出

1. 启动 Access 2010

启动 Access 2010 的方法有以下几种：

➤ 单击"开始"→"程序"→Microsoft Office→Microsoft Office Access 2010 命令。

➤ 如果在桌面上添加有 Access 图标，可以双击桌面图标启动 Access。

2. 退出 Access 2010

退出 Access 2010 的方法有以下几种：

➤ 单击"文件"菜单中的"退出"命令。

➤ 单击窗口标题栏最右端的关闭按钮。

➤ 当 Access 主窗口处于激活状态时，通过快捷键 Alt + F4。

6.2.3　Access 2010 的窗口组成

Access 2010 用户界面由三个主要组件组成。

功能区：是一个包含多组命令且横跨程序窗口顶部的带状选项卡区域。

Backstage 视图：是功能区的"文件"选项卡上显示的命令集合。

导航窗格：是 Access 程序窗口左侧的窗格，可以在其中使用数据库对象。

这三个元素提供了供用户创建和使用数据库的环境。如图 6－5 所示。

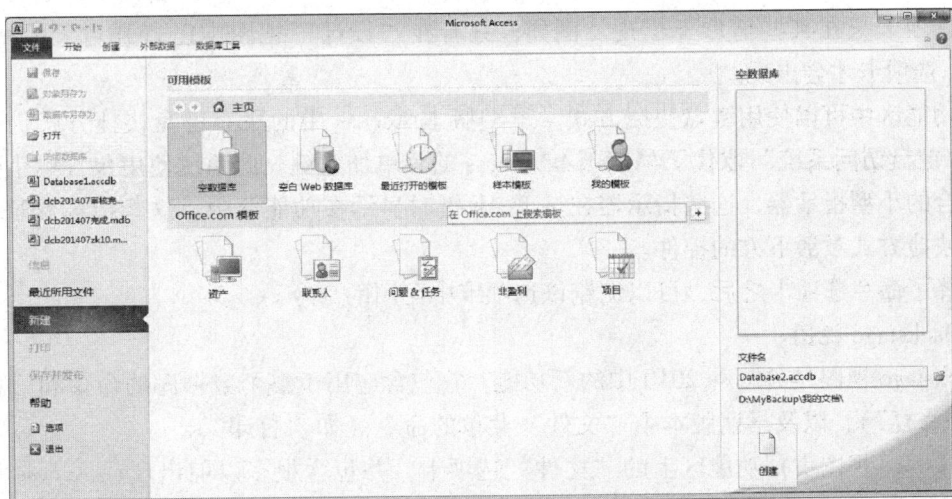

图 6－5　Access 2010 程序窗口

1. 功能区

功能区是替代 Access 2007 之前的版本中存在的菜单和工具栏的主要功能。它主要有多个选项卡组成，这些选项卡上有多个按钮组。如图 6-6 所示。

图 6-6　Access 2010 功能区

功能区含有：将相关常用命令分组在一起的主选项卡、只在使用时才出现的上下文选项卡，以及快速访问工具栏（可以自定义的小工具栏，可将常用的命令放入其中）。

在功能区选项卡上，某些按钮提供选项样式库，而其他按钮将启动命令。

功能区是菜单和工具栏的主要替代部分，并提供了 Access 2010 中主要的命令界面。功能区的主要优势之一是，它将通常需要使用菜单、工具栏、任务窗格和其他用户界面组件才能显示的任务或入口点集中在一个地方。这样一来，只需在一个位置查找命令，而不用四处查找命令。

打开数据库时，功能区显示在 Access 主窗口的顶部，它在此处显示了活动命令选项卡中的命令。

功能区由一系列包含命令的命令选项卡组成。在 Access 2010 中，主要的命令选项卡包括"文件"、"开始"、"创建"、"外部数据"和"数据库工具"。每个选项卡都包含多组相关命令，这些命令组展现了其他一些新的 UI 元素（例如样式库，它是一种新的控件类型，能够以可视方式表示选择）。如图 6-2 所示。

功能区上提供的命令还反映了当前活动对象。例如，如果用户已在数据表视图中打开了一个表，并单击"创建"选项卡上的"窗体"，那么在"窗体"组中，Access 将根据活动表创建窗体。也就是说，活动表的名称将被输入到新窗体的 RecordSource 属性中。而且，某些功能区选项卡只在某些情形下出现。例如，只有在"设计"视图中已打开对象的情况下，"设计"选项卡才会出现。

在功能区中可以使用键盘快捷方式。早期版本 Access 中的所有键盘快捷方式仍可继续使用。"键盘访问系统"取代了早期版本 Access 的菜单加速键。此系统使用包含单个字母或字母组合的小型指示器，这些指示器在按下 Alt 键时显示在功能区中。这些指示器显示用什么键盘快捷方式激活下方的控件。

选择了命令选项卡之后，可以浏览该选项卡中可用的命令。

2. Backstage 视图

Backstage 视图是 Access 2010 中的新功能。它包含应用于整个数据库的命令和信息（如"压缩和修复"），以及早期版本中"文件"菜单的命令（如"打印"）。

Backstage 视图占据功能区上的"文件"选项卡，并包含很多以前出现在 Access 早期版本的"文件"菜单中的命令。Backstage 视图还包含适用于整个数据库文件的其他命令。在打开 Access 但未打开数据库时（例如，从 Windows "开始"菜单中打开 Access），可以看到 Backstage 视图。

在 Backstage 视图中，可以创建新数据库、打开现有数据库、通过 SharePoint Server 将数据库发布到 Web，以及执行很多文件和数据库维护任务。

3. 导航窗格

导航窗格可帮助用户组织归类数据库对象，并且是打开或更改数据库对象设计的主要方式。导航窗格取代了 Access 2007 之前的 Access 版本中的数据库窗口。

导航窗格按类别和组进行组织。可以从多种组织选项中进行选择，还可以在导航窗格中创建自己的自定义组织方案。默认情况下，新数据库使用"对象类型"类别，该类别包含对应于各种数据库对象的组。"对象类型"类别组织数据库对象的方式，与早期版本中的默认"数据库窗口"显示屏相似。

在打开数据库或创建新数据库时，数据库对象的名称将显示在导航窗格中。数据库对象包括表、窗体、报表、页、宏和模块。

6.3 建立学生管理数据库

6.3.1 创建数据库

创建数据库，将其命名为"学生数据库"，此后所有操作均基于此数据。

1. 创建空数据库

01 执行"开始"→Microsoft Office→Microsoft Access 2010 菜单命令，打开 Access 2010。单击"空数据库"图标按钮，在右侧"文件名"文本框中默认的文件名为 Database1.accdb，这里将其更改为"学生数据库"，如图 6-7 所示。

图 6-7 为数据命名

02 在默认情况下，库文件将保存在文档文件夹中，若要更改文件的默认位置，单击文本框旁边的"浏览"按钮，通过浏览找到新位置来存放数据库，再单击"创建"按钮即可。

03 单击"创建"按钮后，在数据库视图中打开默认名为"表1"的空数据表，且鼠标聚焦在置于"添加新字段"列中的第一个空单元格中，如图6-8所示。

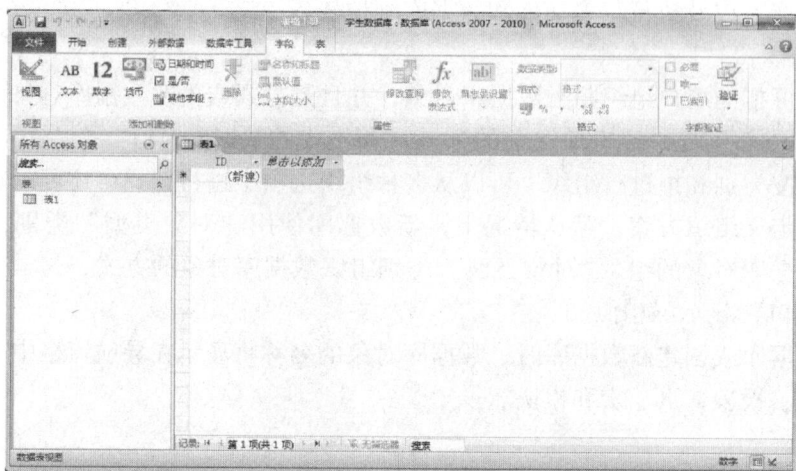

图6-8 新建数据库

开始添加数据表字段名称，添加主键和记录等数据内容，表的创建过程见任务二。

2. 使用模板创建数据库

01 执行"开始"→Microsoft Office→Microsoft Access 2010菜单命令，打开 Access 2010，在 Office.com 模板的搜索框中输入"学生"，在 Office.com 上搜索学生相关的模板，搜索结果如图6-9所示。

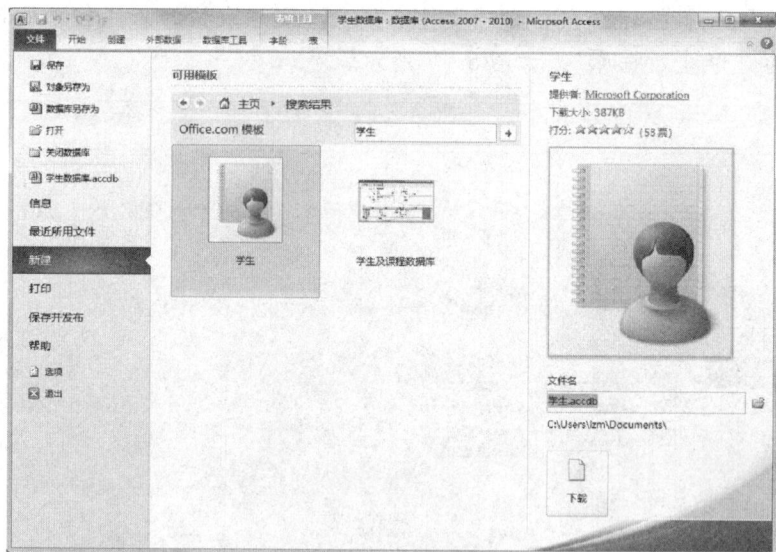

图6-9 搜索模板

02 单击"学生"模板，Access 将在"文件名"文本框中为数据库提供一个建议的文件名"学生.accdb"，同样可以为其更名和更改存储位置。

03 单击"下载"按钮，可将该模板的数据库文件下载到本机上，然后自动在 Access 中将实例打开，如图6-10所示。

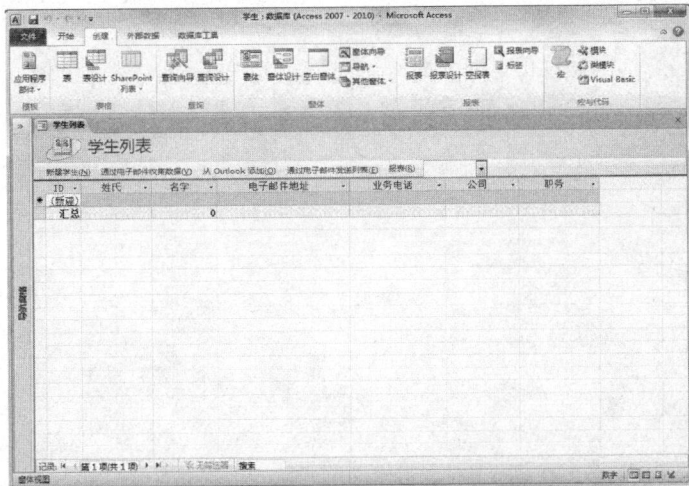

图 6 – 10　使用模板创建数据库

　　每个模板都是一个完整的跟踪应用程序，其中包含预定义的表、窗体、报表、查询、宏和关系。如果模板设计符合需求，则可以直接开始工作，如果不符合，则可以使用模板作为一个良好的开端，在原有基础上修改、添加满足特定需求的数据库对象。

6.3.2　数据表的基本操作

01 使用输入数据的办法创建数据表 student，最终数据如图 6 – 11 所示。

图 6 – 11　student 表

02 使用设计视图创建数据表 tBorrow，最终数据如图 6 – 12 所示。

图 6 – 12　tBorrow 表

1. 输入数据创建表

01 单击"创建"选项卡，再单击"表"，Access 在创建表的同时将光标置于"添加新字段"列中的第一个空单元格，单击"添加新字段"，可打开下拉列表框，从中选择字段类型，如图 6 – 13 所示，光标自动移动到下一个字段，字段名自动按照"字段 1"、"字段 2"……命名。数据类型使用依据如表 6 – 1 所示。

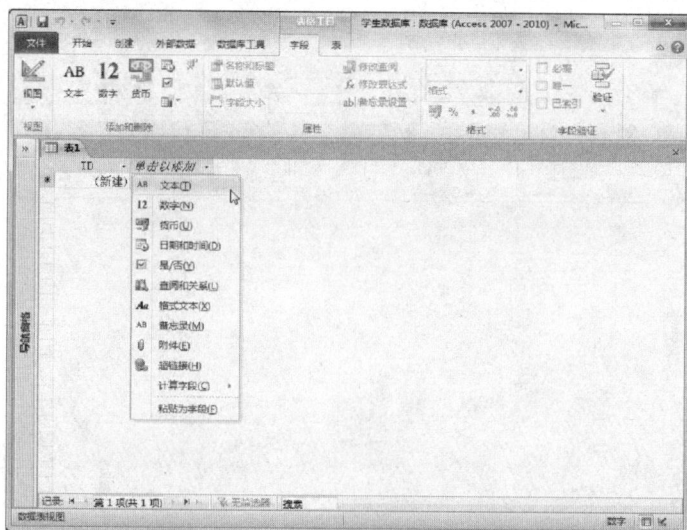

图 6 – 13　选择字段类型

表 6 – 1　数据类型设计依据

数据类型	说　明	举　例	存储空间
文本	用来存储文字数据，如字母、字符、汉字等	姓名、性别、电话号码等字符串	最长为 255 个字符
数字	用来存储需计算的数值数据，含字节、整型、长整型、单精度型、双精度型、同步复制 ID 与小数等 7 种	成绩、年龄、工资等需要计算的数据	
日期/时间	用来存储日期和时间数据	出生日期、入学时间等	8B
货币	用来存储货币数字	工资、单价、汇款金额等，如￥1000	8B
自动编号	在添加纪录时自动插入唯一序号（每次递增1）或随机编号	自动添加，不需人工输入	4B
是/否	代表两种值，是或否，真或假，开或关，1或 0	为复选框，是则选取，否则不选取	4B
OLE 对象	用来存放图片、声音、电子表格及二进制等各类型的数据文件（对象）	图片、声音、动画或 Excel 电子表格等	最大可为 1GB
超链接	保存超链接的字段，超链接可以使某个 UNC 路径或 URL	如 http://www.163.com	最大可达 64000 个字符
附件	用于窗体的标签，若未输入标题，则该字段可用作标签		
计算	用于函数、数值计算等	如工资总和、平均年龄	
查阅向导	可以在此字段中选择输入的数据	如在性别字段中可以选择事先设置好的男女	4B
备注	用来存储长度不固定的数据	简历、说明等	最大可达 64000 个字符

02 双击字段命名，可为字段重命名。

03 直接在空单元格中输入数据，结果如图 6 – 14 所示。

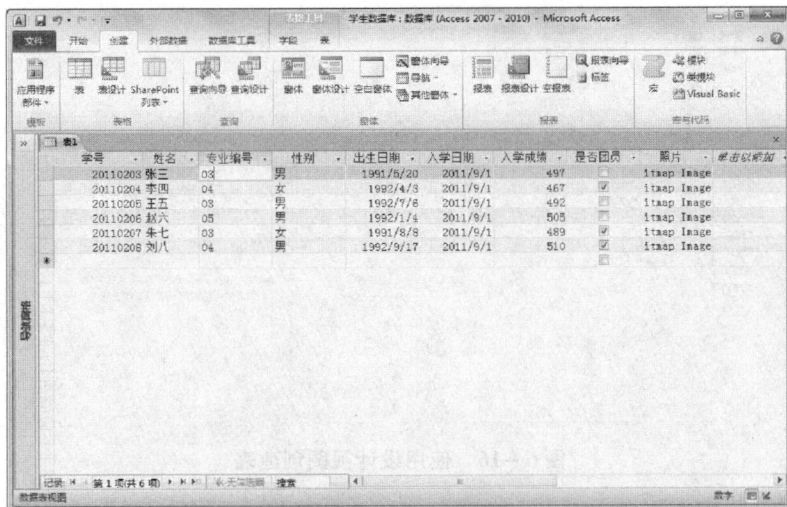

图 6 – 14　表 1 样式

04 "照片"字段为 OLE 对象类型，输入数据的方法是在字段中右击，在弹出的快捷菜单中选择"插入对象"命令，在打开的对话框中选中位图"Bitmap Image"选项，如图 6 – 15 所示，在自动打开的画图板对话框中单击"粘贴"下的"粘贴来源"，选择图片即可。

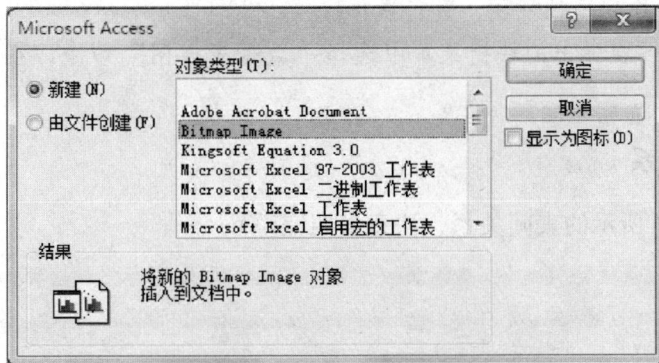

图 6 – 15　添加 OLE 对象数据

输入数据创建表是指在空白数据表中添加字段和数据，此种方法无须提前定义字段即可创建表及使用表，仅需要在开始出现的新数据表中输入数据即可。Access 2010 会自动确定适合每个字段的最佳数据类型。如果需要更改新字段或现有字段的数据类型或显示格式，可在功能区上"字段"选项卡中的命令，或右击字段名，在弹出的快捷菜单中选择"设计视图"命令进行更改。

2. 使用表设计器创建表

01 单击"创建"选项卡，再单击"表"，选择"表设计"或单击工具栏中的"表设计"按钮 ◻。

02 对于表中的每个字段，在"字段名称"列表中输入名称，然后从"数据类型"列表中选择数据类型、字段大小、格式、输入掩码、添加索引等，如图6-16所示。

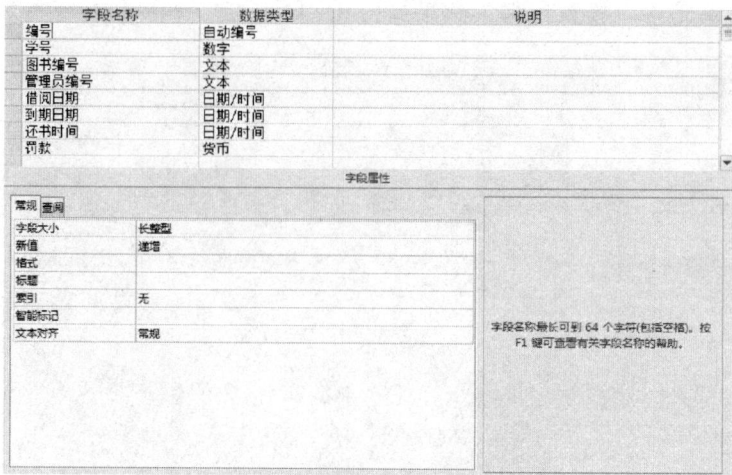

图6-16 使用设计视图创建表

03 添加主键：主键是数据库表中用来标志唯一实体的元素，一个表只能有一个主键，组建可以是一个字段，也可以由若干个字段组合而成，主键不能为空。该表中，选中"学号"字段，然后单击"设计"选项卡下的"主键"按钮即可将其设置为主键。

04 添加完所有字段后，单击"文件"菜单中的"保存"按钮，保存该表。

05 若要添加、删除、修改字段，可在导航窗格中右击该表，在弹出的快捷菜单中选择"设计视图"命令切换到设计视图，进行操作。

06 右击该表名，在弹出的快捷菜单中选择"数据表视图"命令，在数据表视图中输入数据即可。

6.3.3 创建表关系

创建如图6-17所示的表间关系，注意参照完整性。

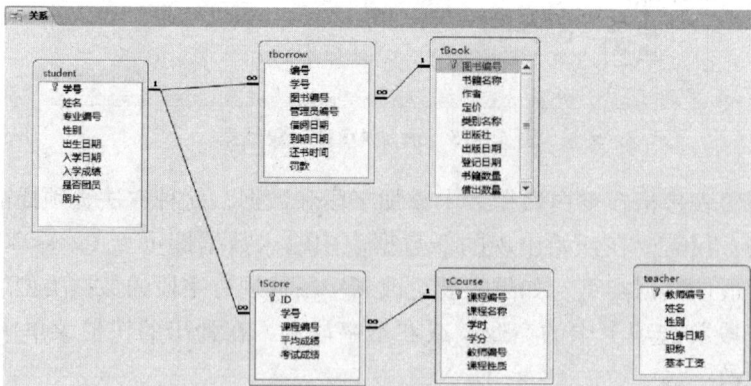

图6-17 tBook表

1. 建立多个表

依照任务二的方法，创建图书信息表（tBook）、学生成绩表（tScore）、课程表（tCourse）、教师表（teacher），如图6-18~图6-21所示。

图书编号	书籍名称	作者	定价	类别名称	出版社	出版日期	登记日期	书籍数量	借出数量
T1001	计算机应用基础	毛青山	¥39.00	计算机	高等教育出版	2012/8/1	2013/1/1	3	2
T1002	C语言程序基础	谭浩强	¥20.00	计算机	清华大学出版	2012/7/6	2012/9/5	3	1
T1003	红楼梦	曹雪芹	¥30.00	文学	北京理工大学	2009/9/7	2009/10/6	3	1
T1004	大学英语	艾青	¥29.00	语言	上海译文出版	2010/10/1	2010/11/20	3	1
T1005	西游记	吴承恩	¥30.00	文学	机械工业出版	2011/11/9	2011/12/1	3	0
T1006	编译原理	高强	¥35.00	计算机	北京理工大学	2012/8/20	2012/9/10	3	0

图 6－18　tBook 表

ID	学号	课程编号	平均成绩	考试成绩
1	20110203	C01	75	80
2	20110203	C02	75	70
3	20110204	C01	85	90
4	20110204	S02	85	80
5	20110205	C01	90	85
6	20110205	S02	90	95
7	20110206	C01	55	50
8	20110206	S01	55	60
9	20110207	C01	60	55
10	20110207	C02	60	75

图 6－19　tScore 表

课程编号	课程名称	学时	学分	教师编号	课程性质
C01	计算机应用基	48	2	tc01	选修课
C02	C语言程序设i	48	3	tc02	选修课
S01	计算机原理	60	3	tc03	必修课
S02	编译原理	60	3	tc04	指定选修课

图 6－20　tCourse 表

教师编号	姓名	性别	出身日期	职称	基本工资
tc001	王利明	男	1980/1/7	讲师	¥6,583.00
tc002	陈辉	男	1975/5/23	副教授	¥7,916.00
tc003	吴敏之	女	1970/8/13	教授	¥8,094.00
tc004	刘江	男	1974/7/3	副教授	¥7,402.00

图 6－21　teacher 表

2. 创建表关系

01 单击“数据库工具”菜单，选择“关系”按钮，将需要建立关系的表添加到对话框的空白处，如图 6－22 所示。

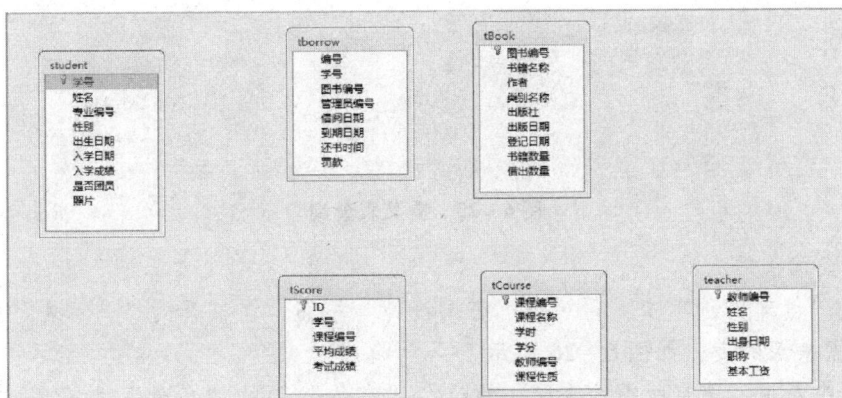

图 6－22　添加表

02 用鼠标拖动 student 表中主键字段到 tBorrow 表中外键关键字，系统会自动弹出"编辑关系"对话框，如图 6 – 23 所示。将三个复选框全部选中，单击"创建"按钮，即可完成关系的创建。

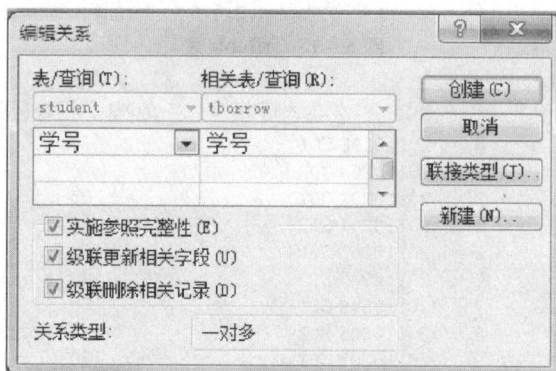

图 6 – 23　"编辑关系"对话框

依同样的办法创建几个表之间的关系，得出图 6 – 17 所示的关系图。

6.4　数据的查询

6.4.1　创建简单选择查询

01 图 6 – 18 是制作好条件查询试图。其数据源选择了学生基本情况表 student、借阅表 tBorrow 和图书信息表 tBook。图 6 – 24 查询"图书类别"是"计算机"且价格大于 30 元的学生借阅信息。

图 6 – 24　查询结果

02 创建交叉表查询，查询结果如图 6 – 25 所示。

图 6 – 25　交叉表查询

1. 设置查询条件

01 单击"创建"选项卡，再单击"查询设计"按钮，在打开的"显示表"对话框中选双击选定数据来源的表，如图 6 – 26 所示。

02 在表中双击，选定所需的字段，然后在"定价"下的"条件"中输入"＞30"，在"图书类别"中输入"计算机"，如图 6 – 27 所示。

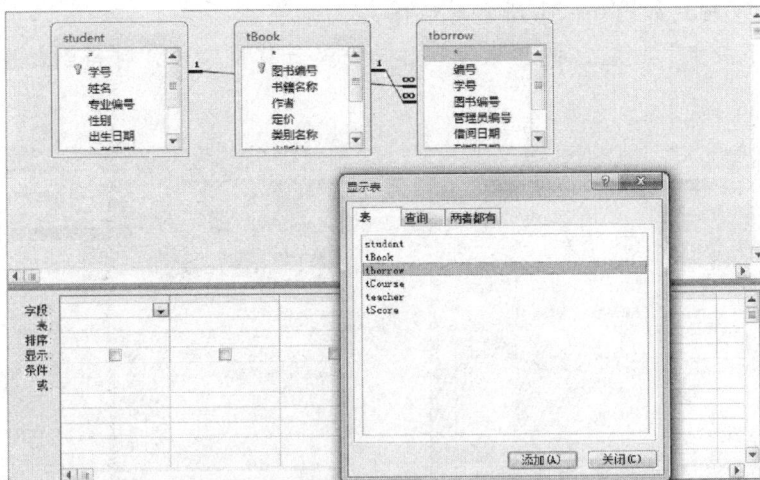

图6－26　选择数据来源表

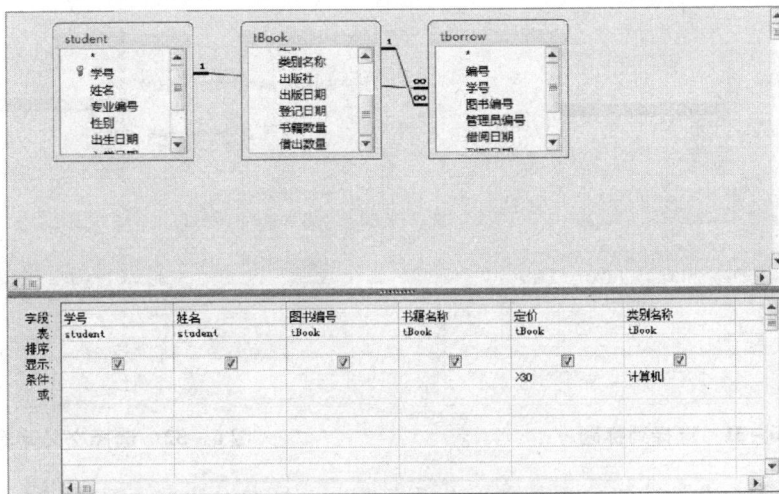

图6－27　选定字段并输入查询条件

03 保存为"图书定价查询"，然后双击导航窗格中的文件名，即可显示查询结果。

2. 交叉表查询

01 单击"创建"选项卡，单击"查询向导"按钮，在打开的"新建查询"对话框中选择"交叉表查询向导"选项，如图6－28所示，然后单击"确定"按钮。

02 选择"视图"中"表"的数据为student，如图6－29所示，单击"下一步"按钮。

03 选择"专业编号"作为行标题，可看到如图6－30所示对话框。

04 单击"下一步"按钮，把"性别"按

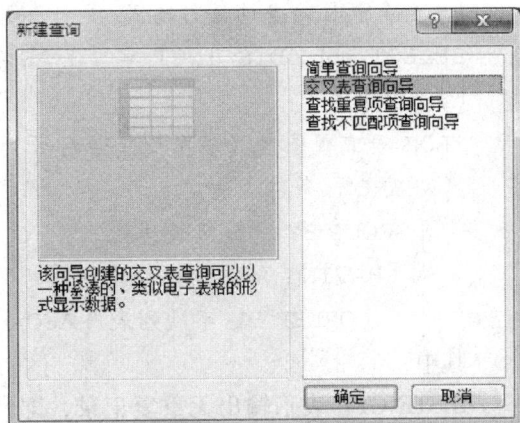

图6－28　新建查询

钮作为列标题，可看到如图 6-31 所示对话框。

05 单击"下一步"按钮，把"学号"作为交叉计算机字段，可得到如图 6-32 所示对话框。

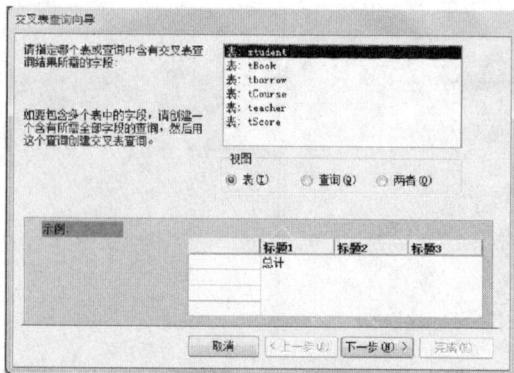

图 6-29　选择数据源表

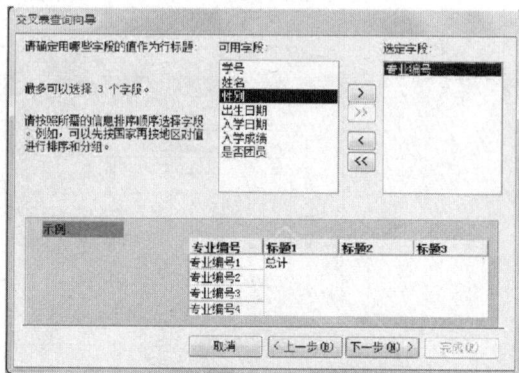

图 6-30　选择行标题

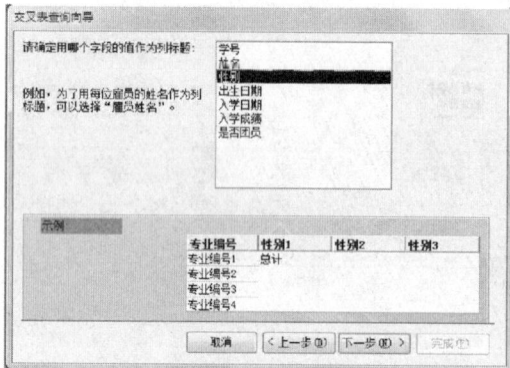

图 6-31　选择列标题

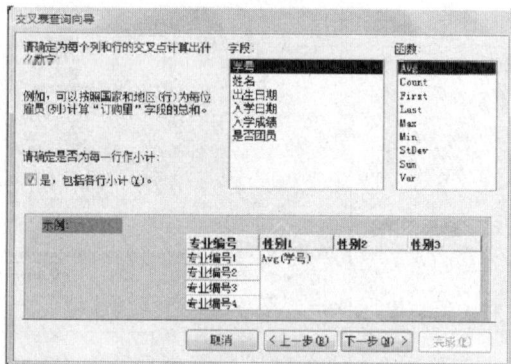

图 6-32　选择交叉计算字段

06 单击"下一步"按钮，添加文件名保存退出，其查询结果如图 6-24 所示。

6.4.2　SQL 查询

1. 了解 SQL 的查询语句格式

SELECT ALL/DISTINCT 字段1 AS 新字段名1，字段2 AS 新字段名2……

[INTO 新表名]

FROM 表或视图名（多个用逗号分开）

　[WHERE ＜条件表达式＞]

　　[GROUP BY ＜分组表达式＞]

　　　[HAVING ＜条件表达式＞]

　　　　[ORDER BY 字段列表 [ASC | DESC]]

其中，

DISTINCT：表示输出无重复记录，即计算时取消指定列中重复的值。

ALL：计算所有的值。

AS：后表示要输出一个新的字段名。

FROM：数据源。

WHERE：条件语句的关键字，是可选项。

ORDER BY：排序，ASC 为升序，DESC 为降序。

2. 创建 SQL 查询

01 单击"创建"菜单，选择"查询设计"项，并关闭弹出的"显示表"对话框。再选择"查询"菜单中的"SQL 视图"命令，如图 6 - 33 所示。

02 在弹出的"SQL 查询"编辑器中输入 SQL 语句。

03 单击工具栏中的"运行"按钮，即可执行该语句。

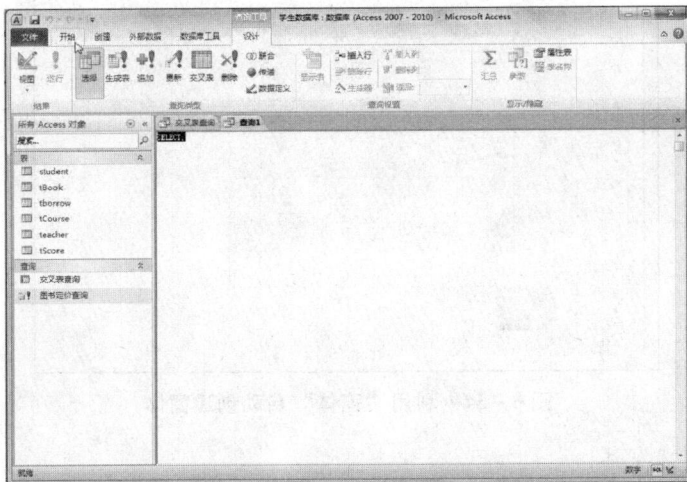

图 6 - 33　创建 SQL 查询

3. 最简单的 SQL 语句

选择 student 表中学号、姓名、性别字段构成的记录集，SQL 语句如下：

SELECT 学号，姓名，性别 FROM student

◇限定记录集筛选条件

选择 student 表中所有男生构成的记录集，SQL 语句如下：

SELECT * FROM student WHERE 性别 =" 男"

◇**用 Order BY 子句将记录排序输出**

所输出 tScore 表中的所有记录，按"考试成绩"降序排列，SQL 语句如下：

SELECT * FROM tScore ORDER BY 考试成绩 DESC

◇**SELECT 嵌套查询**

查询比学生"朱七"入学成绩高的同学信息，SQL 语句如下：

SELECT * FROM student WHERE 入学成绩 > （SELECT 入学成绩 FROM student WHERE 姓名 =" 朱七"）

6.5　窗体与报表

6.5.1　创建窗体

1. 自动创建窗体

在导航窗格中选中数据源 student 表，单击"创建"选项卡，再单击"窗体"命令即可完成布局显示的窗体，如图 6 - 34 所示。

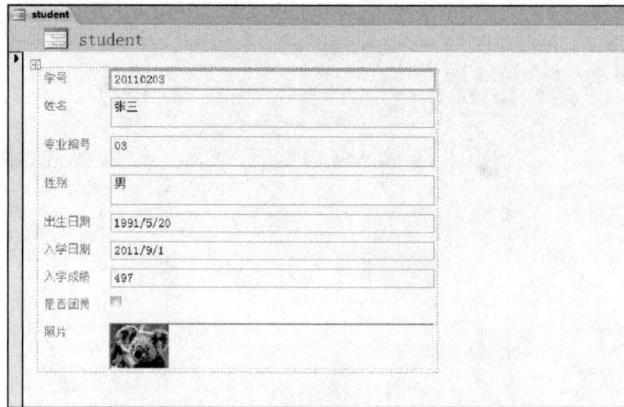

图 6 - 34　利用"窗体"自动创建窗体

2. 利用向导创建窗体

01 单击"创建"选项卡，再单击"窗体向导"按钮，在弹出的"窗体向导"对话框中选中已经存在的 tBook 表，选择该表的所有字段，如图 6 - 35 所示。

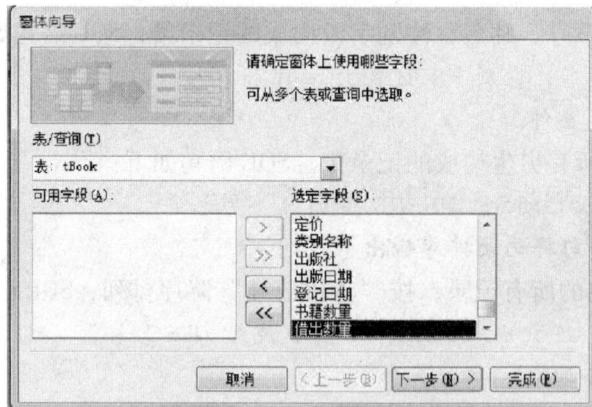

图 6 - 35　选择数据源中的字段

02 单击"下一步"按钮，选择窗体布局为"表格"，如图 6 - 36 所示。

03 单击"完成"按钮，出现如图 6 - 37 所示的表格窗体。

根据图 6 - 37 的表格窗体，通过窗体"设计视图"修改格式，即可得到最终结果。

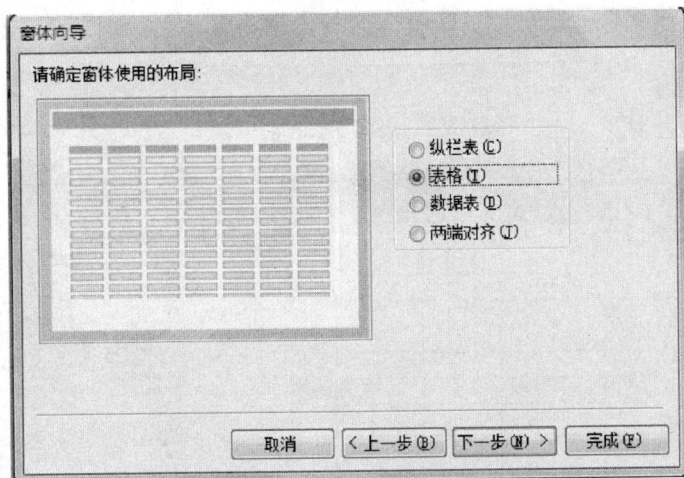

图6-36　选择窗体布局

图6-37　表格窗体

3. 在设计视图中创建窗体

01 单击"创建"选项卡,再单击"窗体设计"按钮,打开窗体"主体",如图6-38所示。

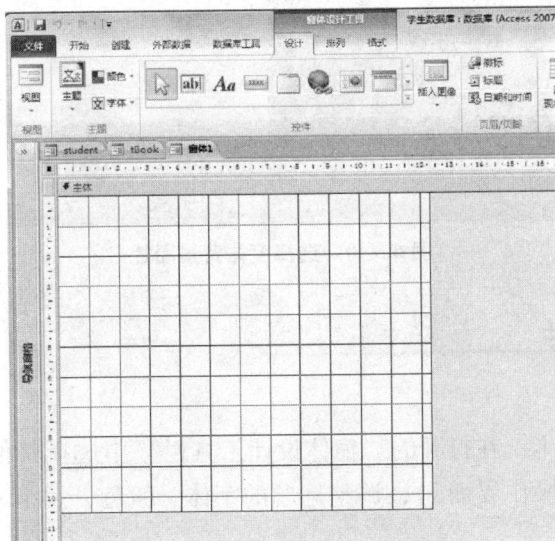

图6-38　窗体编辑视图

02 右击编辑窗口格线外空白处,在弹出的快捷菜单中选择"属性"命令,打开窗口属性面板。单击"记录源"下拉列表框,选择 tBook 选项,如图6-39所示。

03 单击属性面板的"格式"选项卡添加背景。选择"图片"选项打开图片所在位置,再选择"图片缩放模式",默认为"剪辑"这里选择"缩放",如图6-40所示。

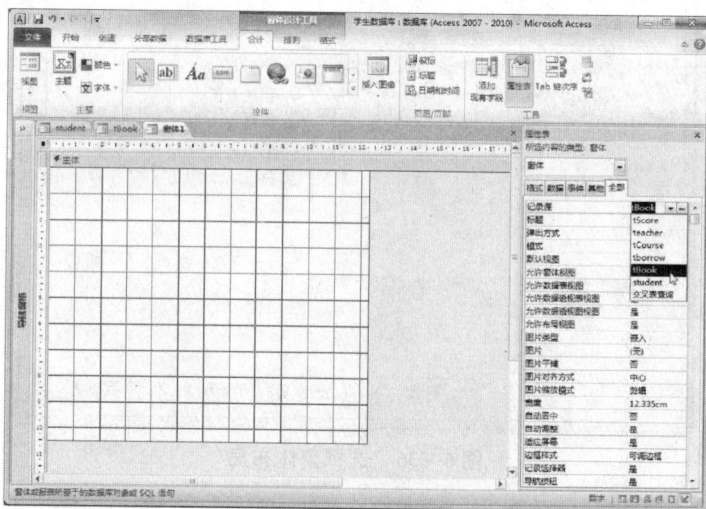

图6-39 窗体属性面板

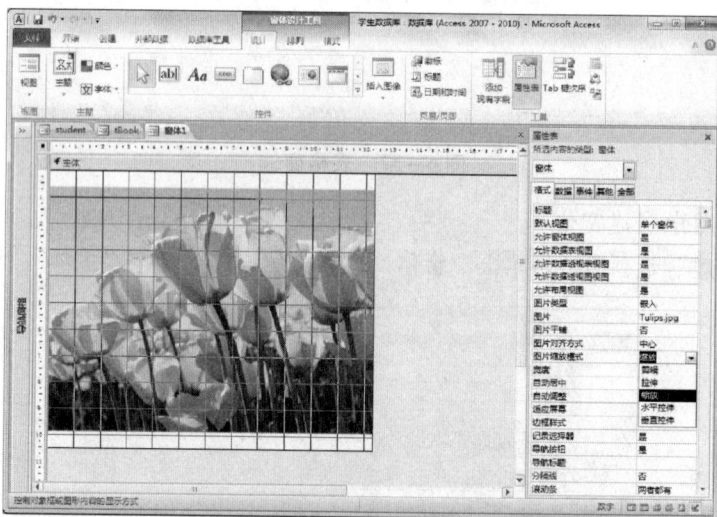

图6-40 选择窗体背景图片

6.5.2 添加窗体控件

1. 添加标签

单击"设计"选项卡,在打开的"窗体设计工具栏"中选择其他控件,加入标签(写入标题"图书管理系统操作界面"),调整标题的字体、颜色、大小。窗体设计工具栏如图6-41所示。

图6-41 窗体设计工具栏

2. 添加现有字段

在打开的"窗口设计"工具栏右侧，单击"添加现有字段"按钮，打开"字段列表"，选择表中字段拖动到窗体相应位置，如图 6 - 42。

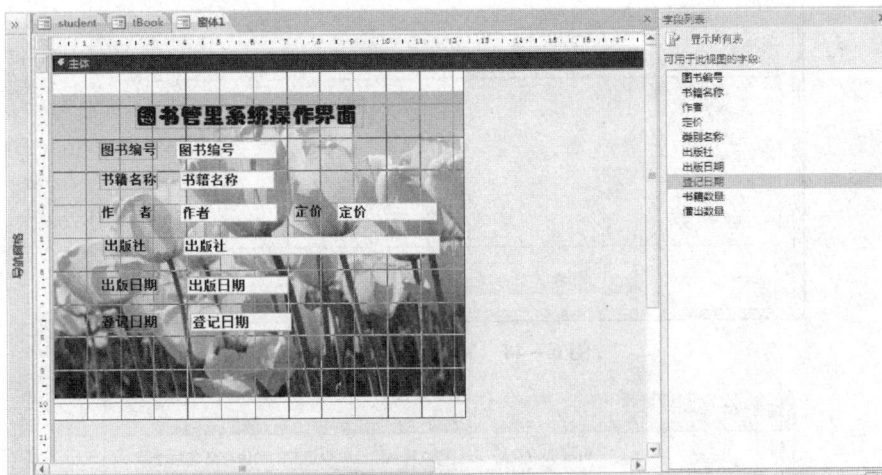

图 6 - 42　选择数据库表字段

3. 添加组合框

01 由于"操作员"是固定内容，这里选择"组合框"按钮工具。单击"组合框"按钮并拖动到"操作员"位置，则打开"组合框向导"对话框，如图 6 - 43 所示，选择"自行键入所需的值"单选按钮，单击"下一步"按钮。

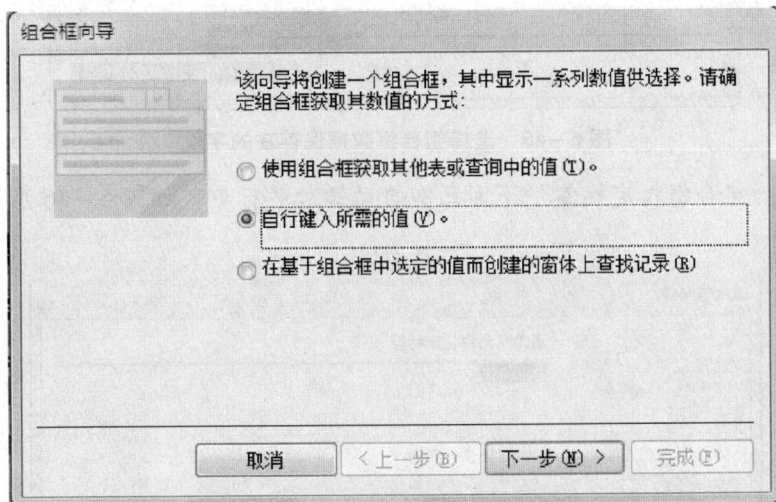

图 6 - 43　"组合框向导"对话框

02 在"第 1 列"下面输入已经固定的管理员名字，然后单击"下一步"按钮，如图 6 - 44 所示。

03 选中"将该数值保存在这个字段中"单选按钮，如图 6 - 45 所示，然后单击"下一步"按钮。

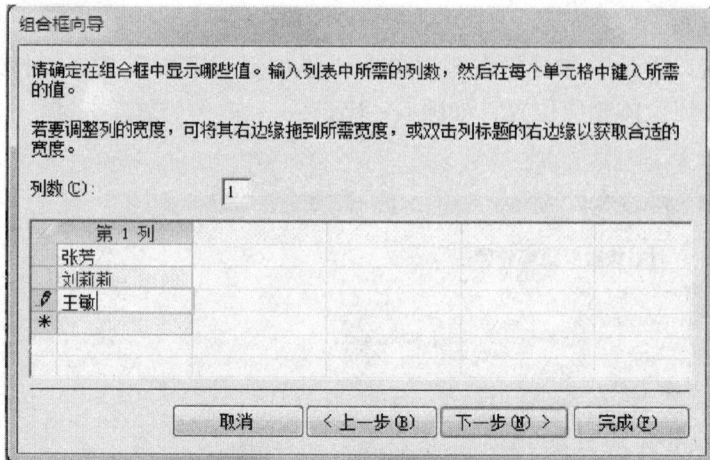

图 6 – 44　输入管理员名称

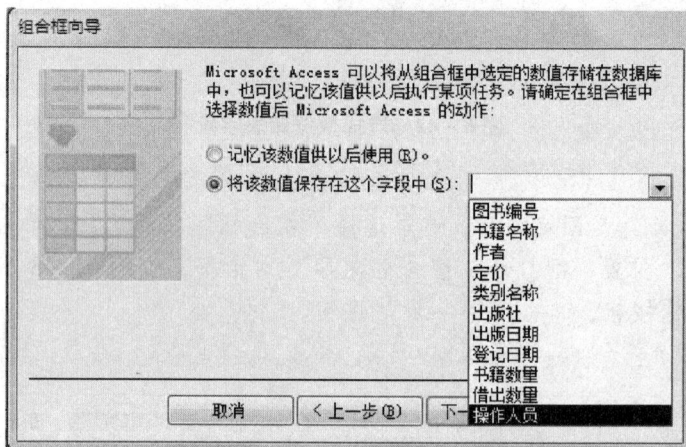

图 6 – 45　选择组合框数据保存在的字段

04 在"请为组合框指定标签"下面已有自动添加的标签，如图 6 – 46 所示，单击"完成"按钮。

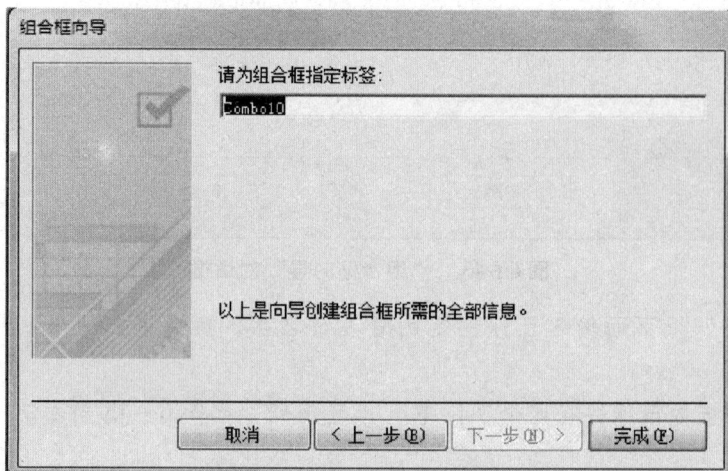

图 6 – 46　命名组合框标签

4. 添加命令按钮

01 拖动命令按钮框到窗体，则打开"命令按钮向导"对话框，如图 6－47，选择类别及操作，然后单击"下一步"按钮，输入按钮上文字，单击"完成"按钮即可。

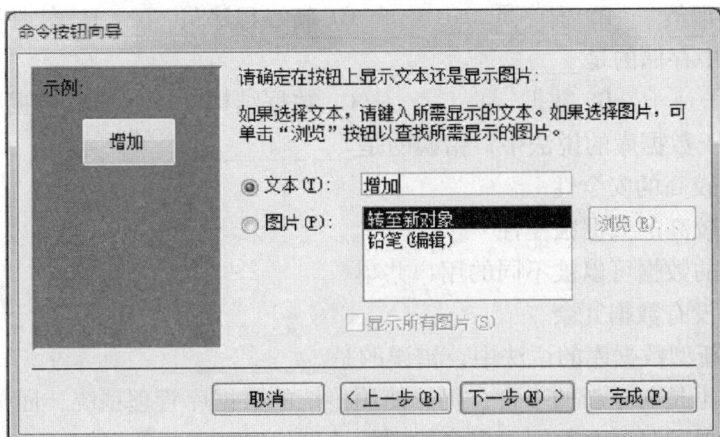

图 6－47 设置按钮名称

02 重复上述操作 6 次，完成窗体上 6 个按钮的添加，最后结果如图 6－48 所示。

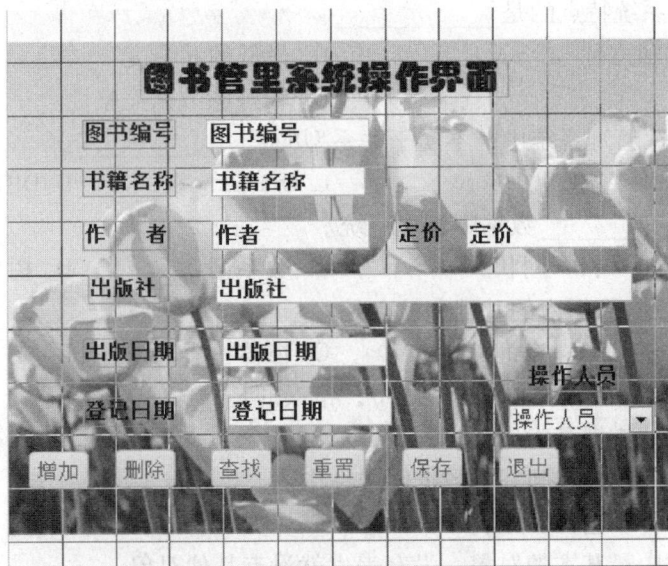

图 6－48 窗体效果

6.6 练习与思考

一、选择题

1. 用 Access 创建的数据库文件，其扩展名是＿＿＿＿＿＿。

A．.adp　　　　　　　B．.dbf　　　　　　　C．.frm　　　　　　　D．.mdbx

2. 数据库系统的核心是＿＿＿＿＿＿。

A．数据模型　　　　　　　　　　　　B．数据库管理系统

C. 数据库　　　　　　　　　　　　　　　D. 数据库管理员

3. 数据库系统是由数据库、数据库管理系统、应用程序、_____、用户等构成的人机系统。

A. 数据库管理员　　　B. 程序员　　　　　C. 高级程序员　　　D. 软件开发商

4. 在数据库中存储的是_____。

A. 信息　　　　　　　B. 数据　　　　　　C. 数据结构　　　　D. 数据模型

5. 在下面关于数据库的说法中，错误的是_____。

A. 数据库有较高的安全性

B. 数据库有较高的数据独立性

C. 数据库中的数据可以被不同的用户共享

D. 数据库中没有数据冗余

6. 下面关于新型数据库的说法中，错误的是_____。

A. 数据仓库不是一个新的平台，仍然使用传统的数据库管理系统，而是一个新的概念

B. 分布式数据库是一个数据在多个不同的地理位置存储的数据库

C. 面向对象数据库仍然采用传统的关系型数据库管理系统

D. 空间数据库是随着地理信息系统 gis 的开发和应用而发展起来的数据库新技术

7. 不是数据库系统特点的是_____。

A. 较高的数据独立性　　　　　　　　　　B. 最低的冗余度

C. 数据多样性　　　　　　　　　　　　　D. 较好的数据完整性

8. 在下列数据库管理系统中，不属于关系型的是_____。

A. Microsoft Access　　B. SQL server　　　C. Oracle　　　　　D. DBTG 系统

9. Access 是_____数据库管理系统。

A. 层次　　　　　　　B. 网状　　　　　　C. 关系型　　　　　D. 树状

10. 在 Access 中，数据库的基础和核心是_____。

A. 表　　　　　　　　B. 查询　　　　　　C. 窗体　　　　　　D. 宏

11. 在下面关于 Access 数据库的说法中，错误的是_____。

A. 数据库文件的扩展名为 mdb

B. 所有的对象都存放在同一个数据库文件中

C. 一个数据库可以包含多个表

D. 表是数据库中最基本的对象，没有表也就没有其他对象

12. 在一个单位的人事数据库，字段"简历"的数据类型应当为_____。

A. 文本型　　　　　　B. 数字型　　　　　C. 日期/时间型　　D. 备注型

13. 在一个学生数据库中，字段"学号"不应该是_____。

A. 数字型　　　　　　B. 文本型　　　　　C. 自动编号型　　　D. 备注型

14. 在下面关于 Access 数据类型的说法，错误的是_____。

A. 自动编号型字段的宽度为 4 个字节

B. 是/否型字段的宽度为 1 个二进制位

C. OLE 对象的长度是不固定的

D. 文本型字段的长度为 255 个字符

15. 假定姓名是文本型字段，则查找姓"李"的学生应该使用_____。

A. 姓名 like"李"   B. 姓名 like"［！李]"

C. 姓名 ="李＊"   D. 姓名 Like"李＊"

16. 如果字段"成绩"的取值范围为 0～100，则错误的有效性规则是_____。

A. ＞＝0 and ＜＝100   B. ［成绩］＞＝0 and［成绩］＜＝100

C. 成绩＞＝0 and 成绩＜＝100   D：0＜＝［成绩］＜＝100

17. 基本表结构可以通过_____，对其字段进行增加或删除操作。

A. insert   B. alter table   C. drop table   D. delete

18. 内部计算函数 SUM（字段名）的作用是求同一组中所在字段内所有的值的_____

____。

A. 和   B. 平均值   C. 最小值   D. 第一个值

19. 子句 where 性别 ="女"and 工资额 ＞2000 的作用是处理_____。

A. 性别为"女"并且工资额大于 2000 的记录

B. 性别为"女"或者工资额大于 2000 的记录

C. 性别为"女"并非工资额大于 2000 的记录

D. 性别为"女"或者工资额大于 2000 的记录，且二者择一的记录

20. 在 Access 的下列数据类型中，不能建立索引的数据类型是_____。

A. 文本型   B. 备注型   C. 数字型   D. 日期/时间型

二、填空题

1. 用于存放数据库数据的是_____。

2. 如果在创建表中建立字段"基本工资额"，其数据类型应当为_____。

3. 在 Access 中，表和数据库的关系是_____。

4. Access 数据库管理系统依赖于_____操作系统。

5. 在关系型数据库中，二维表中的一行被称为_____。

6. 定义某一个字段的默认值的作用是_____。

7. 常见的数据模型有 3 种，它们是_____、_____、_____。

8. 表的组成内容包括_____。

9. 用 Visual FoxPro 创建的数据库文件，其扩展名是_____。

10. 如果在创建表中建立字段"职工姓名"，其数据类型应当为_____。

11. 如果在创建表中建立字段"奖金"，其数据类型应当为_____。

12. 如果在创建表中建立需要随机编号的字段，其数据类型应当为_____。

13. 如果在创建表中建立需要存放逻辑类型的字段，其数据类型应当为_____。

14. 如果在创建表中建立需要存放 Word 文档的字段，其数据类型应当为_____。

15. 如果在创建表中建立需要存放 Excel 文档的字段，其数据类型应当为_____。

16. 如果在创建表中建立需要存放图片文档的字段，其数据类型应当为_____。

17. 如果在创建表中建立需要存放声音文档的字段，其数据类型应当为_____。

三、判断题

1. 查找姓张的学生，用到的表达式是"张＊"。   (   )

2. 查找不姓张的学生，用到的表达式是"not like 张?"。   (   )

3. 返回某一天的年份的表达式是"year（#12/1/1999#）"。　　　　　（　　）

4. 字符运算符是"&"。　　　　　　　　　　　　　　　　　　　（　　）

5. 算式 5 mod 3 的结果是 3。　　　　　　　　　　　　　　　　（　　）

6. 表示整除的是"\"。　　　　　　　　　　　　　　　　　　　　（　　）

7. 表示取余数的是 mod 。　　　　　　　　　　　　　　　　　　（　　）

8. 表示乘方的是"＊＊"。　　　　　　　　　　　　　　　　　　（　　）

9. 既可以直接输入文字，又可以从列表中选择输入项的控件是组合框控件。　（　　）

10. Access 2010 是层次型数据库管理系统。　　　　　　　　　　　（　　）

11. Microsoft 公司面向小型数据库系统的是 ACCESS。　　　　　　（　　）

12. 表中的一列叫做记录。　　　　　　　　　　　　　　　　　　（　　）

四、思考题

1. 为什么需要在表之间建立关系，如何建立关系？

2. 简述窗体和报表的异同。

3. Access 2010 数据库包含哪些数据操作对象，各用于对数据做哪些操作？

第1章　练习与思考参考答案

一、选择题

1. C	2. C	3. A	4. B	5. D
6. B	7. B	8. A	9. B	10. B
11. C	12. C	13. A	14. C	15. A
16. B	17. C	18. C	19. B	20. C
21. A	22. A	23. A	24. C	25. C
26. C	27. D	28. D	29. A	30. D
31. D	32. B	33. C	34. A	35. D
36. B	37. C	38. B	39. D	40. D
41. B	42. B	43. B	44. B	45. D
46. D	47. B	48. A	49. A	50. D
51. B	52. A	53. A	54. B	55. B
56. A	57. A	58. A	59. D	60. B
61. D	62. A			

二、填空题

1. 硬件，软件
2. 运算器，储存器
3. 30，1024
4. 时钟频率，字长
5. 辅助，内存
6. 二进制位（bit），字节（Byte）
7. 系统软件，应用软件
8. 显示分辨率，VGA
9. 数据总线，地址总线，控制总线
10. 只读，一次性写入，可重写
11. 128
12. ASCII
13. 1
14. 外设，主机
15. 引导型病毒，文件型病毒
16. 设备，文件
17. 分时，网络，中断
18. 作业
19. 桌面
20. 应用，程序
21. 图形，定位
22. 对话框，Tab
23. 空格，Shift
24. 控制面板，区域选项，应用，组建
25. 添加/删除程序，设置，更新，注册
26. Ctrl + Alt + Delete，结束任务
27. Exit

28. 8.3，255　　　　29. 多，某一　　　　30. 小图标，列表

31. Ctrl，文件夹　　32. Shift，文件夹，环境, 33. 即插即用，发现新硬件

控制面板

三、判断题

1. ×	2. ×	3. √	4. √	5. ×
6. √	7. √	8. ×	9. √	10. ×
11. √	12. ×	13. ×	14. √	15. √
16. √	17. √	18. ×	19. √	20. √
21. √	22. √	23. √	24. √	25. √
26. √	27. √			

四、思考题

1. 答：

一个完整计算机系统由两大部分组成：硬件系统和软件系统。硬件系统主要由运算器、控制器、存储器、输入设备和输出设备 5 个部分组成；软件系统主要由系统软件和应用软件组成。

2. 答：

第一代计算机的逻辑器件采用电子管作为基本元件，体积庞大、耗电量大、可靠性差，主要应用于科学计算领域。

第二代计算机的逻辑器件采用晶体管，体积缩小，功耗减小，可靠性提高，运算速度加快，提高到每秒几十万次基本运算。

第三代计算机的基本元件采用中小规模集成电路，基本运算速度提高到每秒几十万到几百万次。特点是小型化、耗电省、可靠性高、运算速度快。

第四代计算机普遍采用大规模、超大规模集成电路制作各种逻辑部件，特点是微型化、运算速度更快、可靠性更高。此时微型计算机问世并迅速得到推广，逐渐成为现代计算机的主流。

3. 答：

微型计算机内部的连接方式都是采用总线结构，即各个部分通过一组公共的信号线联系起来，这组信号线称为系统总线。根据微机内部传输的信息类型，系统总线可分为 3 类：数据总线、地址总线、控制总线。

4. 答：

冯·诺依曼计算机体系的基本内容是：

（1）采用二进制 0 和 1 表示计算机数据或指令。

（2）核心思想是：存储程序、程序控制；把指令存储在计算机内部，且能自动执行指令。

（3）计算机硬件主要由控制器、运算器、存储器、输入设备和输出设备 5 大部分组成。

第 2 章　练习与思考参考答案

一、选择题

1. B	2. B	3. A	4. A	5. A
6. C	7. C	8. B	9. A	10. C
11. A	12. B	13. D	14. D	15. C
16. C	17. C	18. B	19. D	20. C
21. C	22. A	23. D	24. B	25. D
26. B	27. A	28. C	29. C	30. D
31. D	32. B	33. C	34. A	35. B
36. A	37. C	38. C	39. B	40. D
41. D	42. D	43. B	44. D	45. C
46. A	47. C	48. D	49. D	50. A
51. C	52. C	53. B	54. D	55. C
56. D	57. C	58. A	59. C	60. B
61. D	62. D	63. A	64. D	65. D
66. A	67. C	68. B	69. D	70. B
71. B	72. A	73. B	74. C	75. D
76. C	77. C	78. C		

二、填空题

1. 存储管理	2. 高效地工作	3.．txt
4. 按名存取	5. 超文本	6. 系统忙
7. F1	8. 255	9. 双击
10. Ctrl	11. 底部	12. 左

三、判断题

1. √	2. ×	3. ×	4. ×	5. ×
6. √	7. ×	8. √	9. √	10. √
11. ×	12. √	13. ×	14. √	15. ×

四、思考题

1. 答：在桌面空白处右击鼠标，单击"新建"→"快捷方式"命令，根据向导完成创建快捷方式。

2. 答：在桌面空白处右击鼠标，在快捷菜单中选择"个性化"命令，打开"更改计算机视觉效果和声音"对话框，在对话框中分别选择"主题"和"屏幕保护程序"选项进行设置。

3. 答：快捷方式图标的左下角有一个箭头。

4. 答：右击"计算机"，在快捷菜单中选择"属性"命令；或双击"计算机"在"计算机"窗口中查看硬盘使用情况。

5. 答：通过"控制面板"中的"程序和功能"进行设置。

6. 答：复选框：可以不选，可以选一项或多项；单选按钮：必选，且只能选一项。

7. 答：选定连续排列的多个文件的方法是单击一个文件，按住 Shift 键的同时单击另一个文件；选定不连续排列的多个文件的方法是单击第一个要选定的文件，然后按住 Ctrl 键单击其他要选定的文件。

8. 答：复制：选定文件（夹）后，按 Ctrl 键 + 鼠标拖动到目标文件夹；移动：选定文件（夹）后，拖动到目标文件夹；删除：选定文件（夹）后，右击，在"快捷菜单"中单击"删除"选项。

9. 答：右击要查看属性的文件（夹），选择"属性"命令即可。单击选择"工具"→"文件夹选项"命令，在打开的对话框中单击"查看"选项卡中进行设置。

第 3 章　练习与思考参考答案

一、选择题

1. C	2. D	3. B	4. A	5. B
6. D	7. B	8. B	9. A	10. D
11. C	12. A	13. D	14. A	15. C
16. D	17. D	18. A	19. B	20. C
21. C	22. A	23. B	24. A	25. D
26. B	27. B	28. A	29. B	30. C

二、填空题

1. 嵌入式、浮动式	2. 24	3. Ctrl + Shift
4. Shift + Space	5. Ctrl + .	6. Insert
7. End	8. Ctrl + End	9. Ctrl
10. Ctrl + X，Ctrl + C，Ctrl + V	11. Ctrl + Z，Ctrl + Y	12. DOC，. DOT
13. 普通视图	14. 视图	15. 字体
16. 字体	17. 字体	18. Ctrl + S
19. Shift + F1	20. Ctrl + F1	21. Ctrl + A
22. 文本	23. 缩放	24. 动态

25. 格式，格式刷   26. 居中，右对齐   27. 左对齐

28. 表格

三、判断题

1. ×	2. ×	3. √	4. √	5. ×
6. ×	7. ×	8. √	9. ×	10. √
11. √	12. ×	13. √	14. √	15. ×
16. √	17. ×	18. √	19. √	20. ×
21. ×	22. √	23. √	24. ×	25. √

四、思考题

1. 答：确定插入点，单击"插入"选项卡，单击"艺术字"工具，在艺术字库中选用式样，输入艺术字文字，单击"格式"选项卡，设置艺术字效果。

2. 答：①单击"文件"→"另存为"命令，打开"另存为"对话框；②如果想将新建的文件夹置于某个文件夹中，应先选中该文件夹；③单击"新建文件夹"按钮，打开"新文件夹"窗口，在"名称"文本框中输入文件夹名称；④在浏览框中双击该文件夹图标，打开该新建文件夹；⑤在"文件名"框中输入文档名称；⑥单击"保存"按钮。

3. 答：

选定一个句子：按位 Ctrl 键，然后在该句的任何地方单击。

选定一行文本：将鼠标移到该行的左侧，直到鼠标变成一个向右斜指的箭头，然后单击。

选定一个段落：将鼠标移到该段落的右侧，直到鼠标变成一个向右斜指的箭头，双击鼠标。

选定整个文档：将鼠标移到文档正文的左侧，直到鼠标变成一个向右斜指的箭头，三击鼠标左键，也可用 Ctrl + A 组合键。

4. 答：

插入剪贴画：确定插入点，选择"插入"→"图片"→"剪贴画"命令，在图片选项卡中选择所需类别，选择图片，插入剪辑，关闭剪贴画插入对话框。

插入图片文件：确定插入点，选择"插入"→"图片"→"来自文件"命令，选择查找范围，找到文件路径，单击"插入"按钮。

图片格式有：图片大小、图片位置、环绕方式、裁剪图片、添加边框、调整亮度和对比度等。

图片格式设置：单击图片，弹出图片工具栏，单击所需修饰按钮，在对话框中进一步设置。也可拖动图片上的 8 个句柄，改变图片的尺寸大小。

第4章 练习与思考参考答案

一、选择题

1. C	2. B	3. C	4. A	5. B
6. B	7. D	8. D	9. A	10. B
11. C	12. A	13. B	14. D	15. A
16. C	17. A	18. A	19. B	20. A
21. C	22. A	23. B	24. D	25. A
26. A	27. D	28. D	29. A	30. D
31. B	32. A	33. A	34. A	35. B
36. C	37. C	38. A	39. C	40. A
41. A	42. C	43. C	44. C	45. B
46. C	47. C	48. C	49. A	50. C
51. C	52. B	53. D	54. B	55. D
56. C	57. C	58. B	59. B	60. C
61. B	62. B	63. A	64. B	65. B
66. A	67. C	68. A	69. D	70. A
71. A	72. A	73. A	74. B	75. A
76. A	77. B	78. C	79. A	80. A
81. A	82. B	83. B	84. B	85. B
86. C	87. D	88. A	89. C	90. A

二、填空题

1. Ctrl + N
2. 格式，合并及居中
3. 大
4. 右
5. 3
6. 4月5日
7. 插入
8. 作为新工作表，作为其中的对象
9. Delete
10. 引用运算符
11. =
12. 函数
13. F4
14. 相对引用，绝对引用
15. 复制，移动
16. 地址，D5
17. B5:B10
18. 分类合并
19. 列
20. 自动填充
21. 3

三、判断题

1. √	2. √	3. √	4. ×	5. ×
6. ×	7. ×	8. √	9. ×	10. ×

四、思考题

1. 答：工作簿：Excel 中的文档就是工作簿，一个工作簿由一个或多个工作表组成。工作表是在 Excel 中用于存储和管理数据的主要文档，工作簿与工作表的关系，像账簿与账页的关系。工作表在工作簿中。

2. 答：输入公式：①在编辑栏中输入公式；②在单元格里直接输入公式。编辑公式：①修改公式；②复制公式；③移动公式。输入函数：插入→函数或常用工具栏中"粘贴函数"。编辑函数：插入→函数或编辑栏→编辑公式→函数选项数。输入数组：单元格选定要输入数组公式→按 Ctrl + Shift + Enter 键。编辑数据：插入点至数组范围中→单击"编辑栏"或按 F2 键或双击数组域的第一个单元格→编辑数组公式→按 Ctrl + Shift + Enter 键。

3. 答：

直方图：突出显示数据间差异的比较。

线形图：突出显示数据间趋势的变化。

饼形图：表示数据间比例分配关系的差异。

组合图：表示进行多组数据关系的综合分析。

4. 答：清除单元格，可清除一个单元格所有的内容、格式、公式或单元格批注，而删除单元格是把单元格从工作表中连位置一起删除。它们的性质完全不同。

第 5 章 练习与思考参考答案

一、选择题

1. A	2. B	3. C	4. A	5. D
6. D	7. C	8. A	9. D	10. B
11. C	12. D	13. C	14. D	15. C
16. A	17. C	18. B	19. C	20. A
21. D	22. A	23. A	24. C	25. D
26. C	27. C	28. D	29. C	30. D
31. B	32. D	33. B	34. B	35. A
36. C	37. B	38. D	39. A	40. D

二、填空题

1. PPT	2. 对象	3. 幻灯片浏览
4. 母版	5. 当前幻灯片	6. 所有幻灯片
7. 10，8	8. 文本框	9. F5

三、判断题

1. ×	2. ×	3. √	4. √	5. ×
6. √	7. √	8. √	9. ×	10. √
11. √	12. ×	13. ×	14. √	15. ×

四、思考题

1. 答：

（1）普通视图：主要进行编辑操作，可用于撰写或设计演示文稿。

（2）浏览视图：用来观察演示文稿的整体效果。

（3）放映视图：查看演示文稿实际播放效果。

（4）备注页视图：用来记录演示文稿设计者的提示信息和注解。

2. 答：四种。

（1）幻灯片母版用来控制幻灯片上输入的标题和文本的格式与类型。

（2）标题母版用来控制标题幻灯片的格式和位置，甚至还能控制指定为标题幻灯片的幻灯片。

（3）讲义母版：控制在打印输出演示文稿讲义时的格式。

（4）备注母版：控制在打印输出幻灯片备注页时的格式。

3. 答：将演示文稿所需的所有文件和字体以及 PowerPoint 播放器打包到软盘内，然后将播放器和演示文稿一起解压缩到另一台计算机上，哪怕这台计算机没有安装 PowerPoint，照样能够进行幻灯片放映。

第6章　练习与思考参考答案

一、选择题

1. D	2. B	3. A	4. B	5. D
6. C	7. C	8. D	9. C	10. A
11. B	12. D	13. D	14. C	15. D
16. D	17. B	18. A	19. A	20. B

二、填空题

1. 表	2. 货币类型	3. 一个数据库可以包含多个表
4. Windows	5. 记录	6. 在未输入数值之前，系统自动提供数值
7. 层次、关系和网状	8. 字段和记录	9. .dbf
10. 文本类型	11. 货币类型	12. 自动编号类型
13. 是/否类型	14. OLE 类型	15. OLE 类型

16. OLE 类型　　　　17. OLE 类型

三、判断题

1. √　　　2. ×　　　3. √　　　4. √　　　5. ×

6. √　　　7. √　　　8. ×　　　9. √　　　10. ×

11. √　　　12. ×

四、思考题

1. 答：建立表间关系，是为了让数据库中有两个或两个以上的表之间进行查询。

在 Access 工具栏上有关系按钮或者单击"工具"→"关系"选项，要建立关系就是要表与表之间彼此有联系。关系一般分为三种：多对多、一对多或多对一、一对一。两个表之间建立关系基本上都是具有相同的字段名。

2. 答：窗体 Form 是程序设计中一个窗口的顶级控件容器，所有的控件都要放在其中方能使用，而报表 Report 是完全不同的一个概念，它是由数据文件或是数据库中提取的数据在窗体上的显示（若是放在窗体中显示的话）。

报表和窗体的区别窗体是一个数据库对象，可用于输入、编辑或者显示表或查询中的数据。可以使用窗体来控制对数据的访问，如显示哪些字段或数据行。

而报表是一个固定格式的数据集合，报表可以在窗体中按要求显示。创建报表应从考虑报表的记录源入手。无论报表是简单的记录罗列，还是按区域分组的销售数据汇总，首先都必须确定哪些字段包含要在报表中显示的数据，以及数据所在的表或查询。

3. 答：

（1）表：主要用于存储数据。为了保证数据的准确性，可以设置有效性、掩码等。为了数据安全和准确性期间，一般不建议让用户直接操作表，而是通过窗体来完成录入、删除或者修改等功能。

（2）查询：主要用于提取数据。主要包括列举、统计、增减删改数据等功能。数据库的主要功能将由查询来完成，但同样由于上述的原因，一般也是建议通过窗体来完成的。

（3）窗体：用户与程序的交互。通过对窗体上控件或菜单的操作，来完成数据的录入、修改和删除等工作。一方面窗体可以增加录入过程的趣味性，另一方面也保护了数据的完整性、准确性和安全性。

（4）报表：主要用于展示数据。为了数据的便携，可以通过打印报表把数据展现出来并分发下去。此外，通过格式化，可以更加个性化地设计报表，在加强数据可读性的同时，可以使得报表更加美观。

（5）页：主要用于数据共享。出于数据共享的目的，可以把数据库做成页，通过网页的形式分发给未装 Access 的用户来查看。

（6）宏：用于自动化完成。大部分功能是可以通过宏的组合（即宏组）来完成的，例如多步运行的查询，组合成一个宏，而最后只需要执行一次宏即可完成所有查询，从而简化了工作。此外，窗体上大部分控件都是可以通过宏来完成的。在对代码仍不太熟悉的人来说，宏应该算是一个不错的选择。

　　(7) 模块：用于自定义函数，或个性化工具。通过对 VBA 代码的编译，模块可以实现以下几种功能。①使用自定义公式。用户可以建立自定义公式并运用到查询当中。②自定义函数。用户可以自定义函数，赋值后被窗体其他控件命令所调用（当然，函数也可以用宏来调用：RunCode）。③操作其他命令。例如打开注册表写入注册信息、通过 Shell 函数打开一些文件或者程序。④美观登录界面。例如建立无边框界面等。